GONGYONGDIAN XITONG
YUNXING YU WEIHU

# 供用电系统运行与维护

周志良　主　编

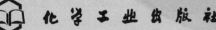

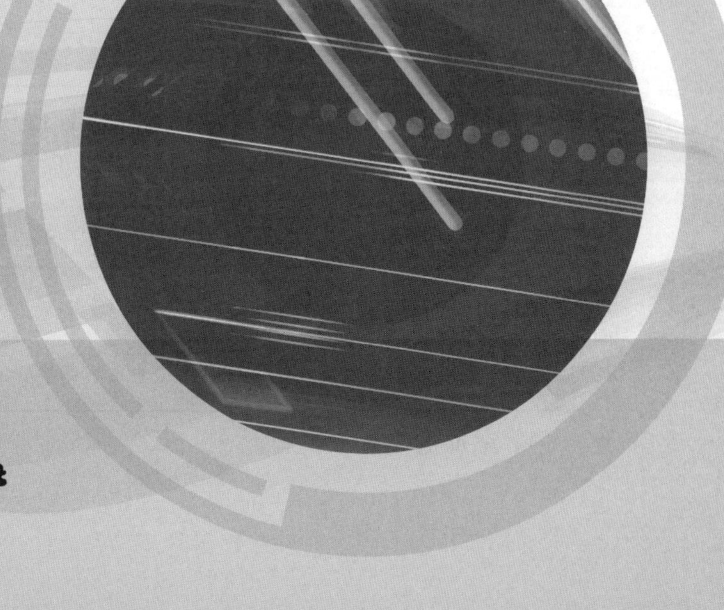

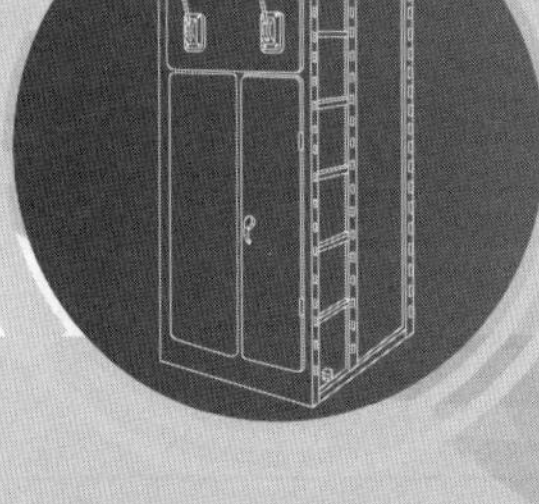

化学工业出版社
·北　京·

全书共6章，内容包括识读电气图、变配电所主要电气设备、敷设工厂供电线路、继电保护、供电系统的运行维护与检修试验和电气安全管理。通过本书的学习，读者可以进行继电保护装置的安装调试，能完成倒闸作业等变配电室（站、所）常规的值守工作，能进行供用电系统检修及常规试验，能对典型电气控制系统进行日常维护，对一般故障进行分析、排除等。

本书适合机电设备维修工和职业院校电力系统和电气运行与控制等相关专业学生学习。

**图书在版编目（CIP）数据**

供用电系统运行与维护/周志良主编. —北京：化学工业出版社，2019.6
ISBN 978-7-122-34080-1

Ⅰ.①供… Ⅱ.①周… Ⅲ.①供电系统-电力系统运行②配电系统-电力系统运行③供电系统-维修④配电系统-维修 Ⅳ.①TM732

中国版本图书馆CIP数据核字（2019）第049587号

责任编辑：刘　哲　　装帧设计：张　辉
责任校对：张雨彤

出版发行：化学工业出版社（北京市东城区青年湖南街13号　邮政编码100011）
印　　刷：北京京华铭诚工贸有限公司
装　　订：三河市振勇印装有限公司
787mm×1092mm　1/16　印张12½　字数322千字　2019年9月北京第1版第1次印刷

购书咨询：010-64518888　售后服务：010-64518899
网　　址：http://www.cip.com.cn
凡购买本书，如有缺损质量问题，本社销售中心负责调换。

定　　价：38.00元

# 前言

本书是根据中国化工教育协会中职仪电类专业委员会制定的《全国中等职业教育电气运行与控制专业教学标准》编写的。本书摒弃理论过深内容和繁杂的数学推导，采用理实一体化的模式，符合中职学生的学习习惯和工科课程的认知规律，也适合企业培训，将能力培养渗透到教学内容中，使教、学、做一体化教学过程具有可操作性。每一节编写内容由能力目标、知识链接、技能训练、思考与练习组成，着眼于职业生涯发展，突出职业能力培养，体现理论实践一体化，注重与专业基础课程的衔接，以及结合职业岗位技能鉴定等问题。

本书适用于中等职业学校电气运行与控制专业，同时也适用于电气技术、电气自动化、维修电工、机电技术应用、机电设备维修等专业及相关专业使用，也可供企业电气技术工人培训使用或自学。通过本书的学习，应能够进行继电保护装置的安装调试，能完成倒闸作业等变配电室（站、所）常规的值守工作，能进行供用电系统检修及常规试验，能对典型电气控制系统进行日常维护，对一般故障进行分析与排除等。本书适用的职业岗位是变电设备安装工和电气值班员。

全书共由 6 个章组成，其中第 1～3 章、第 6 章由云南省化工学校周志良编写，第 4、5 章由云南省化工高级技工学校李宗孔编写。周志良统稿并担任主编。

在本书编写过程中，得到了徐寅伟校长和化学工业出版社编辑多方面的指导，在此表示感谢。云南省化工学校陈明峰老师完成了书中图表的制作，在此表示感谢。

由于编者水平有限，书中难免存在不妥之处，恳请广大读者批评指正。

**编者**

**2019 年 2 月**

# 目录

# 第1章
# 识读电气图

## 1.1 认识电气图

**能力目标**

① 了解电气图的表达形式。
② 了解电气图图形符号的国家标准和新标准图形符号的使用规则。
③ 熟悉和掌握电气设备、元器件的图形符号及文字符号等。
④ 学会电气图的识读和绘制。

### 1.1.1 电气图的表达形式

电气图是采用规范的图形或文字符号绘制的，用来形象地表示电气设备的结构、工作原理、连接关系或安装位置等情况的图。图中采用图形符号或文字符号代表实际的电气设备、元器件、连接电缆或导线等，有严格的绘制标准。

电气图根据用途不同，可分为电气原理图、安装接线图等；根据图中涉及的电气设备在电力系统中所处地位不同，可分为一次回路图、二次回路图等；根据图中电气元器件反映的详细程度不同，可分为电气系统图、电气平面布局图、电气大样图等。

### 1.1.2 电气图的图形符号

（1）电气图图形符号的国家标准

为了适应新形势的需要，便于和国际接轨，参照国际电工委员会（IEC）的有关标准，我国也制定了电气图图形符号的国家标准，即 GB/T 4728《电气简图用图形符号》。

（2）新标准图形符号的使用

① 新标准已较完整地给出了符号要素、限定符号和一般符号，但只给出了有限的组合符号的例子。如果某些特定装置或概念的符号未做规定，允许通过已规定符号的适当组合进行派生。

② 为适应不同图样或用途的要求，可改变有关的符号的尺寸，如电力变压器和测量用互感器就经常采用不同大小的符号。

③ 新标准中的符号可根据需要缩小或放大，当一个符号用以限定另一个符号时，该符号常常缩小绘制。缩小或放大时，各符号相互间及符号本身的比例应保持不变。

④ 标准示出的符号方位不是强制的。在不改变符号含义的前提下，符号可根据图面布

置的需要旋转或成镜像放置，但文字和指示方向不得倒置。

⑤ 导线符号可以用不同宽度的线条表示。

⑥ 为清晰起见，符号通常带连接线示出。如果不另加说明，符号一般只给出带连接线的形式。

⑦ 大部分符号上都可以增加补充信息。但是仅在有表示这种信号的推荐方法的情况下，标准中才示出实例。

标准中有些符号具有几种图形形式。在同一张电气图样中只能选用一种图形形式，图形符号的大小和线条的粗细应基本一致。

### 1.1.3 常用图形符号

常用的图形符号可分为电气设备图形符号、电气元件图形符号、电气连接设备（电缆、导线或器件）符号、电气连接关系符号等。

常用图形符号根据具体用途，可分为电机类、开关类、保护类、变换器类、复合类、主令电器类、电磁铁类、继电器类、信号类、仪表类等。

现将常用图形符号列于表1-1中。为了便于读者阅读，在表中同时列出了旧标准的相应符号，以供对照。

**表1-1 一次回路图常用图形符号**

| 名 称 | 新图形符号（GB/T 4728） | 旧图形符号（GB 312） | 名 称 | 新图形符号（GB/T 4728） | 旧图形符号（GB 312） |
|---|---|---|---|---|---|
| 隔离开关 | 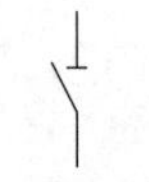 | 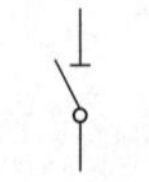 | 闪络、击穿 |  |  |
| 负荷开关 | 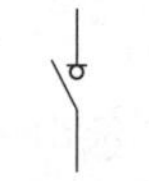 | 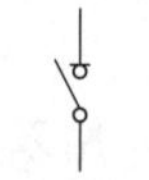 | 接地一般符号 |  |  |
| 断路器 | 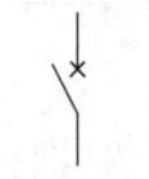 | 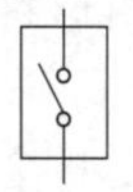 | 保护接地 |  | |
| 熔断器 | 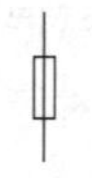 | 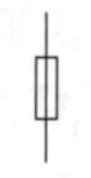 | 先断后合触点 | 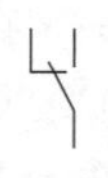 | |
| 接触器 | 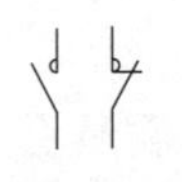 |  | 先合后断触点 | 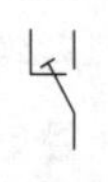 | |
| 熔断器式开关 | 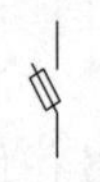 | 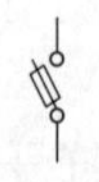 | 电感器、线圈、绕组 |  |   |
| 跌开式熔断器 |  | 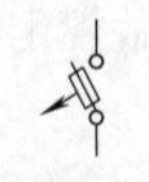 | 电容器 |  |  |
| 避雷器 |  |  | 电阻 | 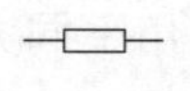 | 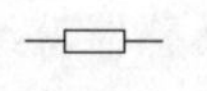 |
| 故障 |  | | 可调电阻 | 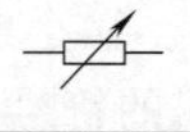 | 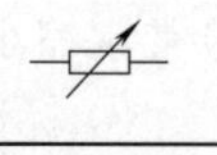 |

续表

| 名　称 | 新图形符号<br>(GB/T 4728) | 旧图形符号<br>(GB 312) | 名　称 | 新图形符号<br>(GB/T 4728) | 旧图形符号<br>(GB 312) |
|---|---|---|---|---|---|
| 带滑动触点的电阻器 | 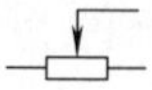 | 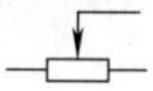 | 星形-三角形连接的三相变压器 |  | |
| 三相异步电动机 |  |  | 电压互感器 | 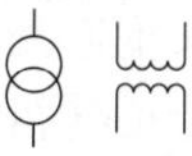 | 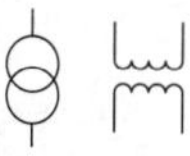 |
| 同步发电机 |  |  | 电流互感器 | 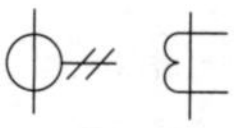 | 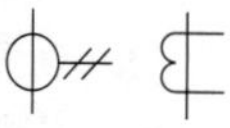 |
| 直流发电机 |  |  | 动合常开触点 |  | 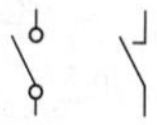 |
| 直流电动机 |  |  | 动断常闭触电 |  | 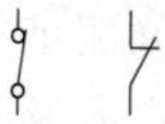 |
| 接机壳或底板 | 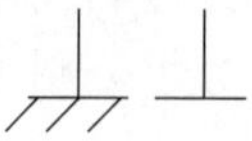 | 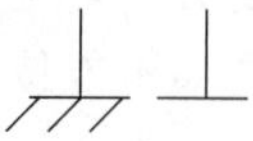 | 原电池或蓄电池 | 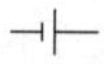 | 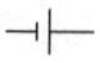 |
| 交流 | ～ | ～ | 端子 | ○ | ⌀　○ |
| 直流 | ⎓ | — | 同轴电缆 | 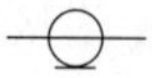 | 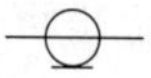 |
| 负极 | － | － | 导体的换位、相序变更、极性反向 |  | |
| 正极 | ＋ | ＋ | 三根导线的单线表示 | 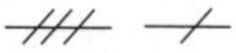 |  |
| 中性线 | N | N | 导线的双重连接 | 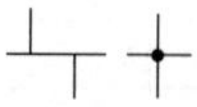 | 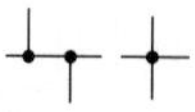 |
| 连线 | —— | —— | 接通的连接片 |  | 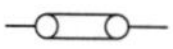 |
| 双绕组变压器 | 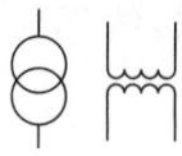 | 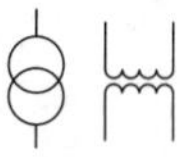 | 断开的连接片 | 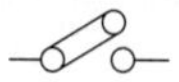 | 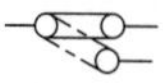 |
| 三绕组变压器 |  | 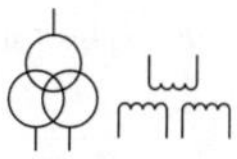 | 电缆密封终端 | 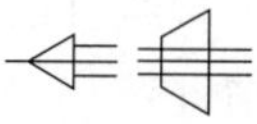 | |

### 1.1.4 连接线的表示方法

导线或电缆的符号、信号的通路以及元器件和设备的引线，统称为连接线。

（1）连接线的类型

常用的连接线有如下几种：

① 柔性连接；

② T 形连接；

③ 导线的双重连接；

④ 导线的换位（相序变更、极性反向）；

⑤ 电缆密封终端；

⑥ 直通接线盒；

⑦ 电缆接线盒；

⑧ 电缆气闭套管。

（2）连接线画法

按图线规定，一张图中连接线的宽度应保持一致，但为了突出和区别某些功能，可采用不同粗细的连接线。图 1-1 所示是一台高压电动机以及与其有关的开关装置和测量装置，其中电源及其引线用粗实线表示，而测量部分的连接线用细实线表示。

一条连接线不应在与另一条线的交叉处改变方向，也不应穿过其他连接线的连接点。

如有多条平行连接线，应按功能进行分组，如不能按功能分组，则可任意分组。每组不得多于 3 条，组间距离应大于线间距离。

（3）连接线标记

无论是单根还是成组的连接线，其识别标记一般标注在靠近连接线的上方（连接线水平布置时）或左方（连接线垂直布置时），也可以断开连接线并在中断处标注，如图 1-2 所示。标记也可用来表示连接线的去向。

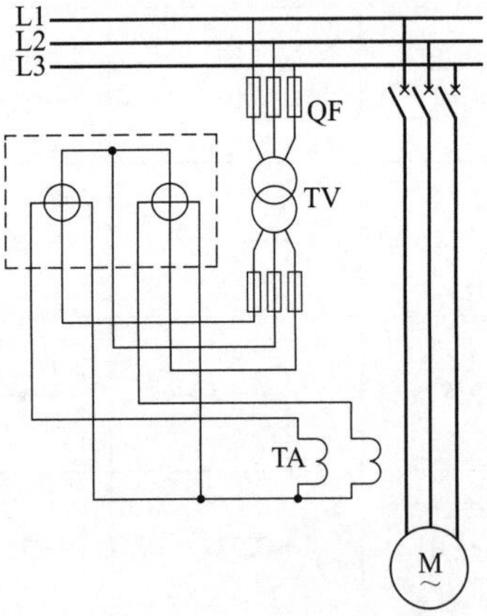


图 1-1　粗、细连接线的表示

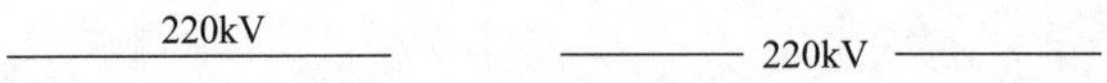


图 1-2　连接线标记

（4）中断线标记

必要时，连接线可以中断，但必须在中断处加相应的标记，以表示其去向。连接线中断用于以下三种情况：

① 当穿越图面的连接线较长，或穿越稠密区时，允许将连接线中断，在中断处加相应的标记，如图 1-3（a）中 A-A 所示；

② 去向相同的线组，也可以中断，并在图上线组的末端加注适当的标记，如图 1-3（b）所示；

③ 连到另一张图上的连接线应该中断，并在中断处注明图号、张次、图幅分区代号等标记，如图 1-3（c）所示。

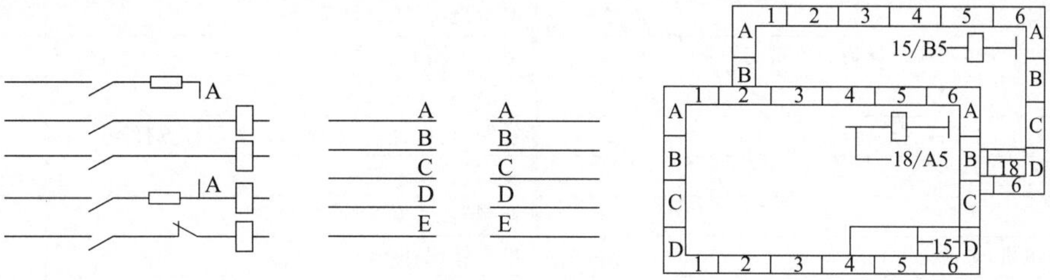


(a) (b) (c)

图 1-3　中断线标记

（5）单线表示法

单线表示法的主要目的是避免平行线太多，如图 1-4（a）所示。用单线表示多根导线或连接线时，要表示出线数，可在单线上加与线数相同的短斜线，或只加一根短斜线并用阿拉伯字表示线数，如图 1-4（b）所示。

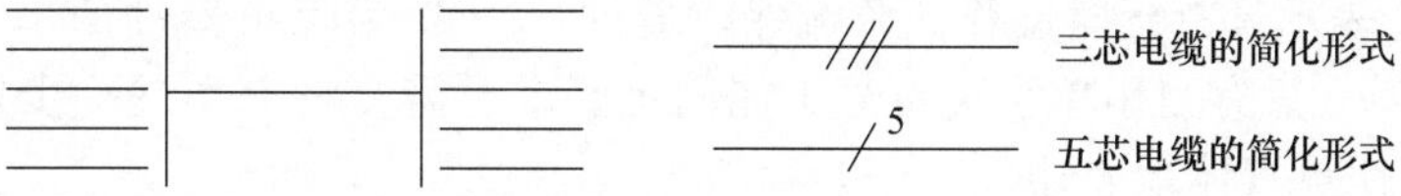


(a) (b)

图 1-4　单线表示法

如果有一组线，其两端都各按顺序编号，如图 1-5（a）所示，则可采用图 1-5（b）所示的单线表示法。在一组线中，当每一连接线在两端处于不同位置时，可用单线表示，但两端应标以相同编号，以避免交叉线太多，如图 1-6 所示（A 线一端在第 1 位置，另一端在第 4 位置，其他类推）。

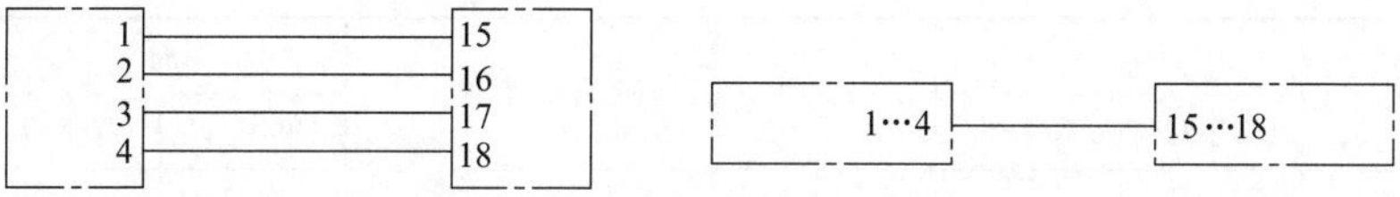


(a) (b)

图 1-5　两端各自按顺序编号的线组

### 1.1.5　文字符号

（1）文字符号的用途

① 为项目代号提供电气设备、装置和元器件种类字母代码和功能代码。

② 作为限定符号与一般图形符号组合使用，以派生新的图形符号。

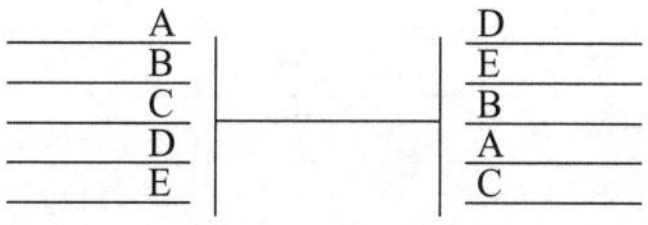


图 1-6　每一连接线两端处于不同位置时

③ 在技术文件或电气设备中表示电气设备及线路的功能、状态和特征。

（2）文字符号的组成

① 基本文字符号

a. 单字母符号　单字母符号是按英文字母将各种电气设备、装置和元器件划分为 23 大类，每大类用一专用单字母符号表示。如“R”表示电阻器，“L”表示电感，“C”表示电容等，见表 1-2。

**表 1-2　表示电气设备、装置和元器件种类的单字母符号**

| 种　类 | 符　号 | 种　类 | 符　号 |
|---|---|---|---|
| 组件、部件 | A | 测量设备、试验设备 | P |
| 非电量到电量变换器或电量到非电量变换器 | B | 电力电路的开关器件 | Q |
| 电容器 | C | 电阻器 | R |
| 二进制元件、延迟器件、存储器件 | D | 控制、记忆、信号电路的开关器件选择器 | S |
| 其他元器件 | E | 变压器 | T |
| 保护器件 | F | 调制器、变换器 | U |
| 发生器、发电机、电源 | G | 电子管、晶体管 | V |
| 信号器件 | H | 传输通道、波导、天线 | W |
| 继电器、接触器 | K | 端子、插头、插座 | X |
| 电感器、电抗器 | L | 电气操作的机械器件 | Y |
| 电动机 | M | 终端设备、混合变压器、滤波器、均衡器、限幅器 | Z |
| 模拟元件 | N | | |

b. 双字母符号　双字母符号是由一个表示种类的单字母符号与一个辅助字母组成，其组成形式以单字母符号在前、辅助字母在后的次序列出，辅助字母一般用英文单词的首字母表示。如“FR”表示具有延时动作的限流保护器件，“F”为保护器件的单字母符号，“R”表示接替（relay）。只有当用单字母符号不能满足要求、需要将大类进一步划分时，才采用双字母符号，以便更具体地表述。

② 辅助文字符号　辅助文字符号是用以表示电气设备、装置和元器件以及线路的功能、状态和特征的，一般用英文单词的缩写或首字母表示。如“ON”表示闭合（on），“U”表示向上（up），“RD”表示红色（red），“SYN”表示同步（synchronization）等。

（3）常用文字符号（新旧对照）

常用基本文字符号见表 1-3，常用辅助文字符号见表 1-4。

**表 1-3　常用基本文字符号**

| 名　称 | 新符号 | | 旧符号 | 名　称 | 新符号 | | 旧符号 |
|---|---|---|---|---|---|---|---|
| | 单字母 | 双字母 | | | 单字母 | 双字母 | |
| 交流同步发电机 | G | GS | TF | 转换开关 | Q | QC | HK |
| 直流发电机 | G | GD | ZF | 刀开关 | Q | QK | DK |
| 交流异步电动机 | M | MA | YD | 控制开关 | S | SA | KK |
| 直流电动机 | M | MD | ZD | 电阻器 | R | | R |
| 绕组 | W | W | Q | 电容器 | C | | C |
| 电力变压器 | T | TM | LB | 电感器 | L | | L |
| 升压变压器 | T | TU | SB | 电抗器 | L | | DK |
| 降压变压器 | T | TD | JB | 电缆 | W | | DL |
| 电流互感器 | T | TA | LH | 母线 | W | | M |
| 电压互感器 | T | TV | YH | 避雷器 | F | | BL |
| 整流器 | U | U | ZL | 熔断器 | F | FU | RD |
| 断路器 | Q | QF | DL | 照明灯 | E | EL | ZD |
| 隔离开关 | Q | QS | GK | 指示灯 | H | HL | SD |
| 自动开关 | Q | QA | ZK | 蓄电池 | G | GB | XDC |

表 1-4 常用辅助文字符号

| 名称 | 新符号 | 旧符号 | 名称 | 新符号 | 旧符号 |
|---|---|---|---|---|---|
| 高 | H | G | 直流 | DC | Z |
| 低 | L | D | 交流 | AC | J |
| 升 | U | S | 电压 | V | Y |
| 降 | D | J | 电流 | A | L |
| 主 | M | Z | 时间 | T | S |
| 辅 | AUX | F | 闭合 | ON | B |
| 中 | M | Z | 断开 | OFF | D |
| 正 | FW | Z | 异步 | ASY | Y |
| 反 | R | F | 同步 | SYN | T |
| 红 | RD | H | 自动 | A,AUT | Z |
| 绿 | GN | L | 手动 | M,MAN | S |
| 黄 | YE | U | 启动 | ST | Q |
| 白 | WH | B | 停止 | STP | T |
| 蓝 | BL | A | 控制 | C | K |

技能训练 掌握电气设备、元器件的图形符号及文字符号

(1) 训练目标

熟记电气设备、元器件的图形符号及文字符号。

(2) 训练内容

① 在表 1-5 中已知电气设备、元器件的名称，填出字母符号。

② 在表 1-5 中已知字母符号，写出电气设备、元器件的名称。

③ 在表 1-6 中已知一次回路的图形符号，写出元器件名称。

④ 在表 1-6 中已知元器件名称，画出一次回路的图形符号。

(3) 成绩评定

① 已知电气设备、元器件的名称，填出字母符号时，每个 2 分。

② 已知字母符号，写出电气设备、元器件的名称时，每个 3 分。

③ 已知一次回路的图形符号，写出元器件名称时，每个 2 分。

④ 已知元器件名称，画出一次回路的图形符号时，每个 3 分。

表 1-5 电气设备、元器件名称

| 名　称 | 单字母 | 双字母 | 名　称 | 单字母 | 双字母 |
|---|---|---|---|---|---|
| 交流同步发电机 | G | | 转换开关 | Q | |
| 直流发电机 | G | | 刀开关 | Q | |
| 交流异步电动机 | | MA | 控制开关 | S | |
| 直流电动机 | | MD | | Q | QF |
| 绕组 | W | | | Q | QS |
| 电力变压器 | T | | | Q | QA |
| 升压变压器 | T | | 熔断器 | | FU |
| 降压变压器 | T | | 照明灯 | | EL |
| | T | TA | 指示灯 | | HL |
| | T | TV | 蓄电池 | | GB |

分值:2 分×15+3 分×5=45 分　　　时限:15 分钟

表 1-6　一次回路图形符号

| 名　称 | 新图形符号（GB/T 4728） | 名　称 | 新图形符号（GB/T 4728） | 名　称 | 新图形符号（GB/T 4728） |
|---|---|---|---|---|---|
| 隔离开关 | | |  | |  |
| |  | |  | |  |
| 断路器 | | | 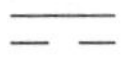 | | 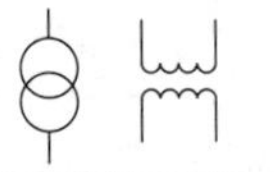 |
| 避雷器 | | | + | | 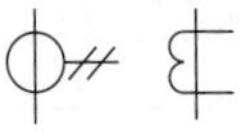 |
| |  | | − | 原电池或蓄电池 | |
| |  | | N | |  |
| |  | | —— | |  |
| 接地一般符号 | | 双绕组变压器 | | 三根导线的单线表示 | |

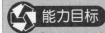

分值:2 分×17+3 分×7=55 分　　　时限:20 分钟

## 【思考与练习】

（1）什么是电气图？

（2）常用的图形符号可分为哪些类？

（3）如何用单线表示多根导线？应注意什么？

（4）图形文字符号有用单字母表示的，有用双字母表示的，什么时候用双字母表示？

# 1.2　认识电力系统及电气接线图

**能力目标**

① 了解电力系统和电力网的有关概念。

② 了解电气接线图的各种接线方式。

③ 学会电气接线图的识读和绘图。

### 1.2.1　基本概念

（1）电力系统

电力系统是发电、变电、输电、配电和用电等环节构成的统一整体。也就是说，由发电厂、电力网和电能用户组成的发电、输电、变配电和用电的整体，称为电力系统。

我国目前已形成华北、东北、华东、华中、西北和南方六个大型的电力系统，四川、山东、福建等省则为独立电力系统。

一个电力系统，可用图1-7的示意图表示。

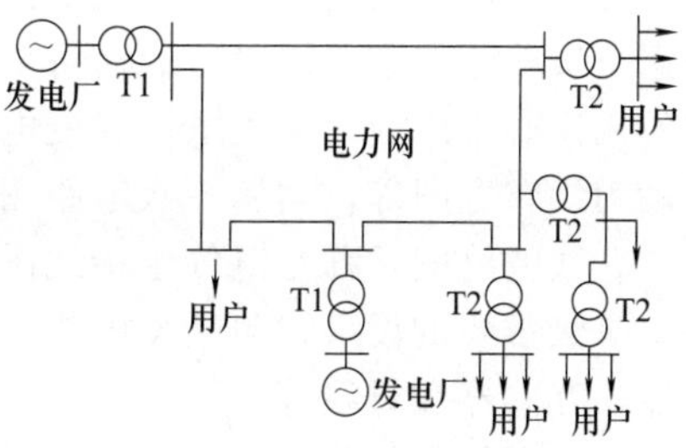


图1-7 电力系统示意图

T1—升压变压器；T2—降压变压器

(2) 电力网

电力系统中的各级电压线路及其联系的变配电所，称为电力网。电力网是电力系统的重要组成部分。电力网的作用是将电能从发电厂输送并分配到电能用户。

① 发电厂　发电厂又称发电站，是将自然界蕴藏的多种形式的能源转换为电能的特殊工厂。发电厂的种类很多，一般根据所利用能源的不同分为火力发电厂、水力发电厂、原子能发电厂。此外，还有风力、地热、潮汐、太阳能等发电厂。

② 变配电所　变配电所又称为变配电站。变电所是接受电能、变换电压和分配电能的场所。而配电所只用来接受和分配电能，不承担变换电压的任务。

变电所又可分为升压变电所和降压变电所两大类。升压变电所一般建在发电厂；降压变电所一般建在靠近用电负荷中心的地点。

③ 电力线路　电力线路又称输电线。由于各种类型的发电厂多建于自然资源丰富的地方，一般距电能用户较远，所以需要各种不同电压等级的电力线路，将发电厂生产的电能源源不断地输送到各电能用户。电力线路的作用是输送电能，并把发电厂、变配电所和电能用户连接起来。

④ 电能用户　电能用户又称电力负荷。在电力系统中，一切消耗电能的用电设备均称为电能用户。

用电设备按其用途可分为动力用电设备（如电动机等）、工艺用电设备（如电解、电镀、冶炼、电焊、热处理等设备）、电热用电设备（如电炉、干燥箱、空调器等）、照明用电设备和试验用电设备等，它们分别将电能转换为机械能、热能和光能等不同形式的适于生产、生活需要的能量。

(3) 电力系统的优点

① 提高供电的可靠性。

② 减少备用机组的容量。

③ 保证供电质量。

④ 充分利用自然资源，提高电力系统的经济性。

### 1.2.2 电力系统的电气接线图

(1) 一次结线图和二次接线图

电力系统的电气接线图，按其在电力系统中的作用分为一次接线图和二次接线图。

一次接线图又称为电气主接线图或一次电路图，是由各种主要电气设备（包括变压器、开关电器、互感器及连接线路等）按一定顺序连接而成的接受和分配电能的总电路图。而二次接线图又称二次电路图，是表示用来控制、指示、测量和保护一次电路及其设备运行的电路图。一次电路中的所有电气设备，称为一次设备或一次元件；二次电路中的所有电气设备，称为二次设备或二次元件。一次电路与二次电路之间的联系，通常是通过电流互感器和电压互感器完成的。

在发电厂和变电所中，一次电路图和二次电路图都是很重要的电路图。但二次电路图是根据一次电路图按一次设备的运行要求而设计绘制的，所以一次电路图尤为重要。一次电路图的用途非常广泛，除发电厂和变电所外，在工矿企业也普遍应用，如电动机控制电路和车间动力线布置图等，均属一次电路图。

一次电路图常称为电气主接线图。电气主接线图所连接的设备是发电厂和变电所的主设备，是最重要的设备，包括发电机、主变压器、输配电线路，以及必须相应配置的高压开关电器、互感器和母线等。

（2）电气主接线的基本形式

通常电气主接线以单线图形式表示，仅在个别情况下，当三相电路中设备不对称时，则部分地用三线图表示。

电气主接线应按国家标准的图形符号和文字符号绘制。为了阅读方便，常在图上标明主要电气设备的型号和技术参数。

电气主接线的基本形式，有单母线接线、双母线接线、桥式接线和线路-变压器组单元接线等几种。

① 单母线接线

a. 单母线不分段接线　如图 1-8 所示，每条引入线和引出线的电路中都装有断路器和隔离开关。断路器用来切断负荷电流或短路故障电流。隔离开关有两种：靠近母线侧的称为母线隔离开关，用来隔离母线电源，检修断路器；靠近线路侧的称为线路隔离开关，用于防止在检修断路器时倒送电和雷电过电压沿线路侵入，保证检修人员的安全。

单母线不分段接线的优点是电路简单、使用设备少和配电装置的建造费用低。其缺点是可靠性和灵活性差。当母线和隔离开关发生故障或检修时，必须断开所有回路的电源，因而造成全部用户停电。所以这种接线方式只适用于容量较小和对供电可靠性要求不高的用户。

b. 单母线分段接线　如图 1-9 所示，这种接线是克服不分段母线存在的工作不可靠、灵活性差的有效方法。单母线分段是根据电源的数目、功率和电网的接线情况来确定的。通常每段接一个或两个电源，引出线分别接到各段上，使各段引出线负荷分配尽量地与电源功率相平衡，尽量减少各段之间的功率变换。

单母线可用隔离开关分段，也可用断路器分段。由于分段的开关设备不同，其作用也有差别。

用隔离开关分段的单母线接线：母线检修时可分段进行，当母线发生故障时，经过倒闸操作可切除故障段，保证另一段继续运行，故比单母线不分段接线提高了可靠性。

用断路器分段的单母线接线：分段断路器除具有分段隔离开关的作用，该断路器还装置了继电器保护，不但能切断负荷电流和故障电流，还可自动分、合闸。在检修故障段母线时，不会引起正常段母线的停电，可直接操作分段断路器，拉开分段隔离开关检修，其余各段母线继续运行。在母线发生故障时，分段断路器的继电保护动作，自动切除故障段母线，从而提高了可靠性。

② 双母线接线　双母线接线克服了单母线接线的缺点，两根母线互为备用，具有较高的可靠性和灵活性。图 1-10 为双母线接线。双母线接线一般只用在对供电可靠性要求很高的大型工厂总降压变电所的 35～110kV 的母线系统和有重要高压负荷或有自备发电厂的 6～10kV 的母线系统。

双母线接线有两种运行方式：一种方式是一组母线工作，另一组母线备用，母联断路器正常时是断开状态；另一种运行方式是两组母线同时工作，也互为备用，此时母联断路器及母联隔离开关均为闭合状态。

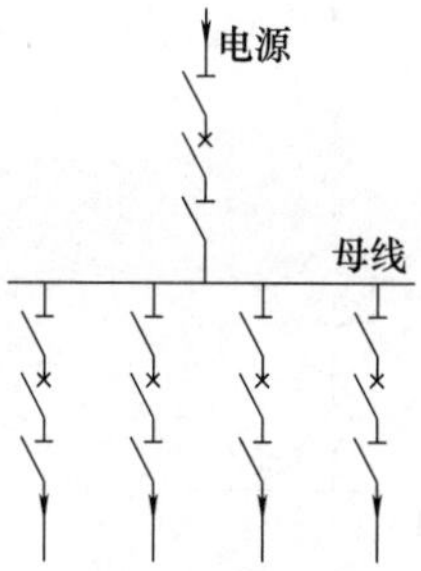


图 1-8　单母线不分段接线

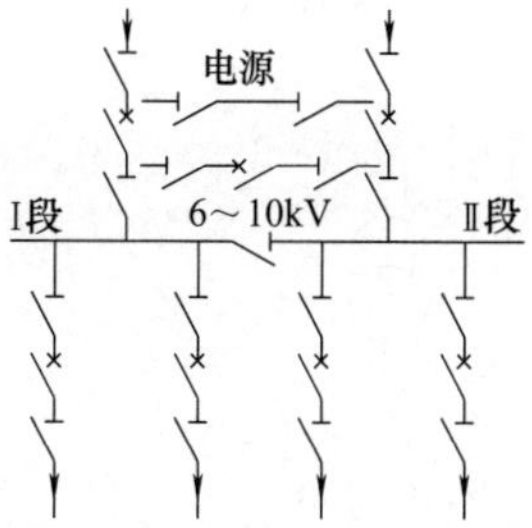


图 1-9　单母线分段接线

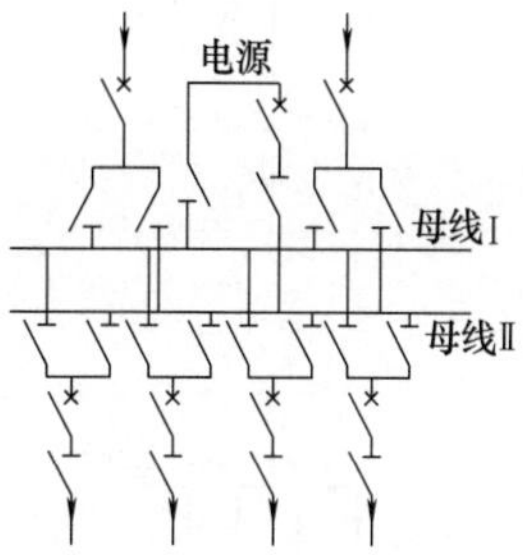


图 1-10　双母线接线

③ 桥式接线　对于具有两条电源进线、两台变压器终端式的地区变电所或工厂总降压变电所，可采用桥式接线。其特点是有一条跨接的“桥”。它比单母线分段接线简单，可减少断路器的数量。根据跨接桥横连位置的不同，又分为内桥接线和外桥接线两种。

a. 内桥接线　如图 1-11 所示，这种接线的跨接桥靠近变压器侧，断路器 QF3 装在线路断路器 QF1 和 QF2 的内侧，变压器回路仅装隔离开关，不装断路器。采用内桥接线，可提高改变输电线路运行方式的灵活性。例如，当检修线路 WL1 时，把断路器 QF1 断开，此时变压器 T1 可由线路 WL2 经过跨接桥继续受电，而不致停电。同样，当检修线路断路器 QF1 或 QF2 时，借助跨接桥的作用，两台变压器仍能始终维持正常运行。

b. 外桥接线　如图 1-12 所示，这种接线的跨接桥靠近线路侧，断路器 QF3 装在断路器 QF1 和 QF2 的外侧，进线仅装隔离开关，不装断路器，使外桥接线对变压器的切除和投入都比较方便，但对电源进线回路操作不方便。

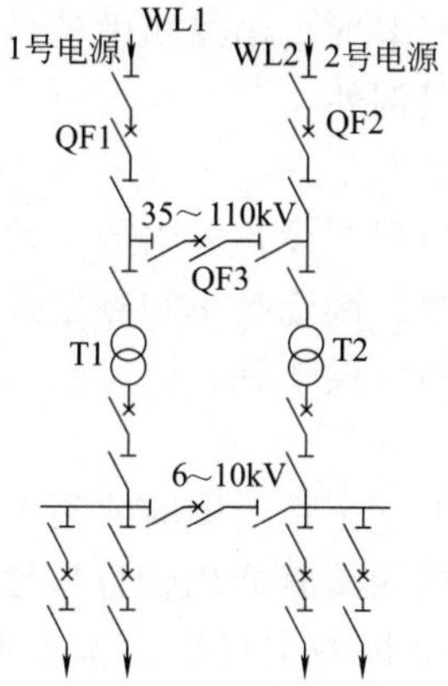


图 1-11　内桥接线

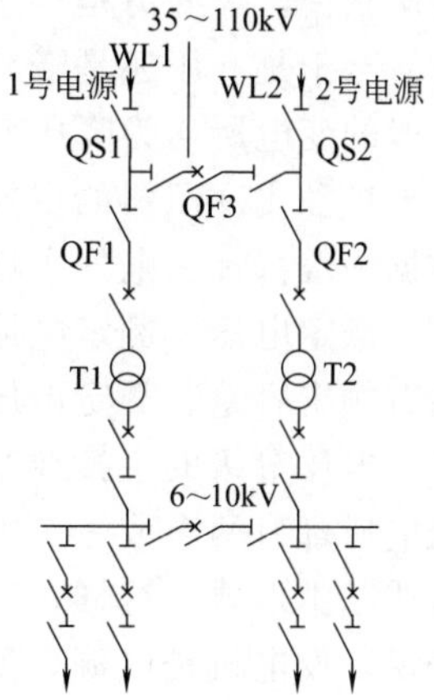


图 1-12　外桥接线

④ 线路-变压器组单元接线　在用户变电所中，当只有一条电源进线和一台变压器时，可采用线路-变压器组单元接线，如图 1-13 所示。这种接线在变压器高压侧可视具体情况的不同，装设不同的开关电器。

这种接线的优点：接线简单，所用电气设备少，配电装置简单，占地面积小，投资省。不足的是，当该单元中任一台设备出现故障或检修时，全部设备将停止工作。但由于变压器故障概率较小，所以仍具有一定的供电可靠性。

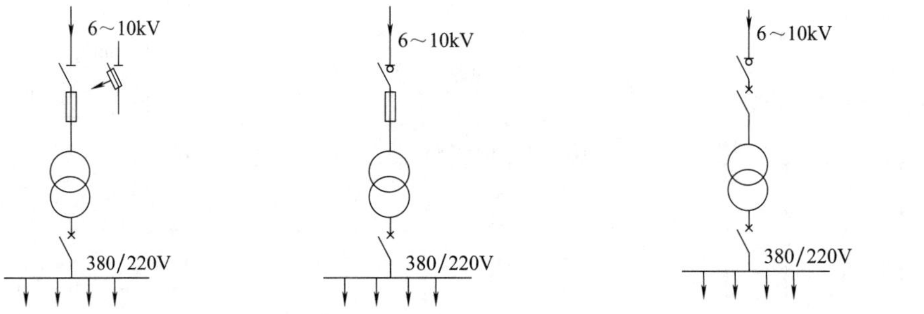


(a) 高压侧采用隔离开关—熔断器或跌落式熔断器　(b) 高压侧采用负荷开关—熔断器　(c) 高压侧采用隔离开关—断路器

图 1-13　单台变压器的变电所主电路图

### 1.2.3 电气主接线的识读方法

电气主接线图是发电厂和变电所的主要图纸，有些发电厂或变电所的电气主接线图比较复杂，要能看懂它必须掌握一定的方法。对电气主接线图，一般可按以下步骤来逐步地进行读图。

(1) 了解发电厂或变电所的基本情况

这一工作应在读电气主接线图之前进行，可以查阅有关资料了解，或请有关人员介绍下列有关情况。

① 发电厂或变电所在系统中的地位和作用　所谓在系统中的地位和作用，是指该发电厂或变电所在电力系统中的重要程度。比如，如果全厂或全所停电将会给系统造成什么影响等。对发电厂来说，要了解该厂装机总容量的大小；对变电所来说，要了解该所的供电范围。

② 发电厂或变电所的类型　对发电厂来说，要弄清楚是火力发电厂、水力发电厂还是核电站；对变电所来说，要弄清是枢纽变电所、地区变电所还是用户变电所，是中间变电所还是终端变电所。至于是升压还是降压的问题，发电厂电气主接线图中已包括该厂升压站的接线情况，而一般的变电所均为降压变电所，特殊情况例外。

(2) 了解发电机和主变压器的主要技术数据

这些技术数据一般都标在电气主接线图中，也有另列在设备表内的。发电机的主要技术数据有额定容量、额定电压、额定电流、额定功率因数、额定频率和额定效率等；主变压器的主要技术数据有额定容量、额定电压、额定电流和额定频率等。

(3) 明确各个电压等级的主接线基本形式

发电厂或变电所都有两个或三个电压等级。阅读电气主接线图时应逐个阅读，明确各个电压等级的主接线基本形式，这样，对复杂的电气主接线图就能比较容易地看懂。

对发电厂来说，发电机是电源，所以，要先看发电机的主接线图基本形式，是发电机-变压器单元接线，还是专设发电机电压母线。如果是单元接线，再区分是一般的还是扩大的；如果有发电机电压母线，则区分是单母线还是双母线，是分段的还是不分段的。然后，再看主变压器高压侧的主接线基本形式：是单母线还是双母线，是不分段的还是分段的，是带旁路母线的还是不带旁路母线的；是不是桥式，是内桥还是外桥；是否为一台半断路器接线。如果主变压器有中压侧，则最后看中压侧的主接线基本形式，其思考方法与看高压侧的相同。

对变电所来说，主变压器高压侧的进线是电源，所以要先看高压侧的主接线基本形式，如有中压再看中压侧的，最后看低压侧的。对变电所电气主接线图，看各个电压等级的主接线基本形式时，其思考方法与看发电厂高、中压侧的相同。

（4）明确开关设备的配置情况

对于开关设备的配置，主要有以下两点。

① 断路器的配置　对发电机、主变压器、线路和母线等，与电源有联系的各侧都应配置有断路器，这是因为当它们发生故障时，有断路器能迅速切除故障。

② 隔离开关的配置　隔离开关主要是根据电路检修工作和线路切换的需要而配置的，一般情况下，断路器两侧均应安装隔离开关（断路器直接与变压器原副边相连时除外）。

### 1.2.4　发电厂电气主接线图读图示例

电气主接线图除绘制得很齐全的工程图外，还有一种简明的形式。简明的电气主接线图只画出各电压等级主接线的接线方式和发电机、变压器等主要设备；出线并不全部画出，只画几条有代表性的出线；所有设备都不标注技术数据。简明的电气主接线图用于分析研究主接线的接线方式，在设计过程中时常采用。

在发电厂电气主接线图读图示例中，以简明的发电厂电气主接线图为例介绍读图方法。

图 1-14 所示为某中型热电厂的简明电气主接线图。这个发电厂有以下的一些特点：一是总容量为 200～1000MW，单机容量为 50～200MW；二是除向用户供电外，还兼供蒸汽和热水，一般建设在工业中心；三是用发电机电压向附近用户供电，剩余电能用升高电压送给远方用户和系统。

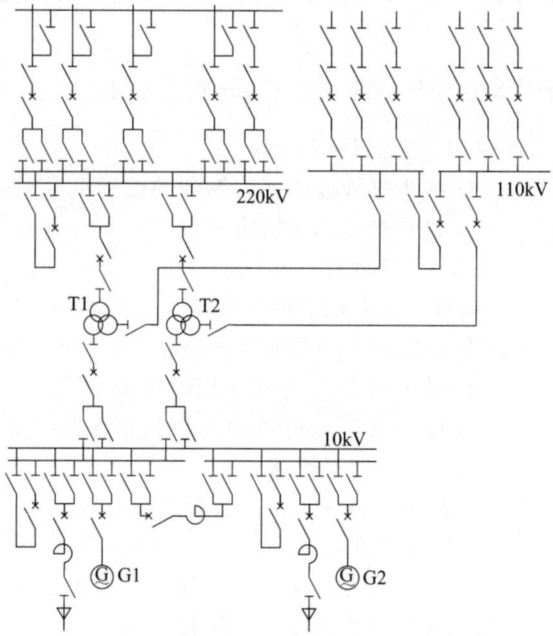


图 1-14　某中型热电厂的简明电气主接线图

从图 1-14 中可以看出，该热电厂装有两台发电机，接到 10kV 母线上。主变压器是两台三绕组变压器，每台主变压器的三个绕组都分别接到三个电压等级的母线上。

该热电厂除发电机电压的 10kV 母线外，还有 220kV 和 110kV 两个升高电压的母线，要逐个对三个电压等级的母线的基本接线方式认识清楚。发电机电压的 10kV 母线是分段的双母线接线。母线分段断路器上串接有母线电抗器，出线上串接有线路电抗器，分别用于限制发电厂内部故障和出线故障时的短路电流，以便选用轻型的断路器。因为 10kV 用户都在附近，采用电缆馈电，可以避免因雷击线路而直接影响到发电机。

220kV 侧母线采用不分段双母线接线，出线侧带有旁路母线并设有两台专用旁路断路器。不论母线故障或出线断路器检修，都不会使出线长期停电。但是变压器侧不设置旁路母线，因为在一般情况下变压器高压侧的断路器可与变压器同时进行检修。

110kV 侧母线采用分段的单母线接线，平时分开运行，如有重要用户，可用接在不同分段上的双回路进行供电。

这个电气主接线图有以下特点。

① 可靠性高　10kV 和 220kV 所有出线都能满足对Ⅱ类负荷供电的要求，并且只要用双回路供电，也能满足Ⅰ类负荷的要求。用双回路供电时，对分段的双母线和单母线，两回路分别接不同分段；对不分段双母线，则分别接两组同时运行的母线。

② 短路电流小　由于装有母线电抗器和线路电抗器，可采用轻型断路器，这样就节省了断路器的设备投资费和土建建设费。

③ 扩建方便　不论是单母线或双母线（分段或不分段），只要留有配电装置的位置，都便于扩建。热电厂今后如果要增加机组，则可以采用发电机-变压器单元接线方式，直接接到 220kV 母线。

④ 操作复杂　10kV 和 220kV 都是双母线接线，并且出线较多，倒换母线时有很多的操作步骤，运行人员操作和管理较辛苦，还易于发生误操作，所以应装设必要的闭锁装置。

⑤ 造价较高　这是由于可靠性要求高而带来的问题，是不可避免的。

## 技能训练一　识读单台变压器的总降压变电所主电路图

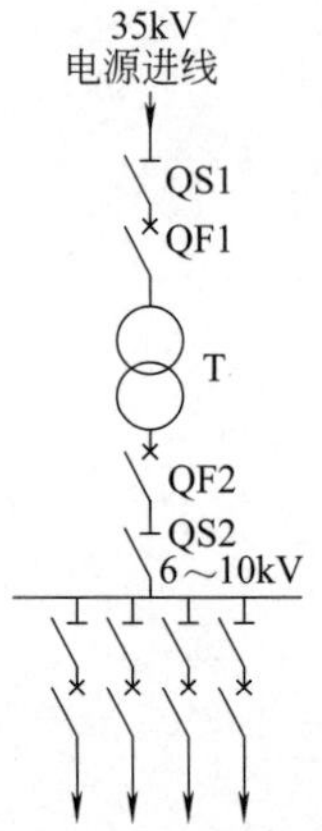


图 1-15　单台变压器的总降压变电所主电路图

（1）训练目标

① 熟悉电气设备、元器件的图形符号及文字符号。

② 熟悉电路的接线方式。

（2）训练内容

单台变压器的总降压变电所主电路图如图 1-15 所示。

① 说出图 1-15 中每个图形符号和文字符号所代表的电气设备名称。

② 说出图 1-15 中所采用的接线方式。

③ 说出图 1-15 中每个电气设备在图中所起的作用。

（3）训练注意事项

三名同学为一组，一名读图，其他人检查纠正，依次轮换。

（4）成绩评定

① 图形符号和文字符号每错一个扣 2 分。

② 接线方式叙述不正确扣 5 分。

③ 电气设备在图中所起的作用叙述不正确每个扣 2 分。

## 技能训练二　识读双电源高压配电所主电路图

（1）训练目标

① 熟悉电气设备、元器件的图形符号及文字符号。

② 熟悉电路的接线方式。

(2) 训练内容

双电源高压配电所主电路图如图 1-16 所示。

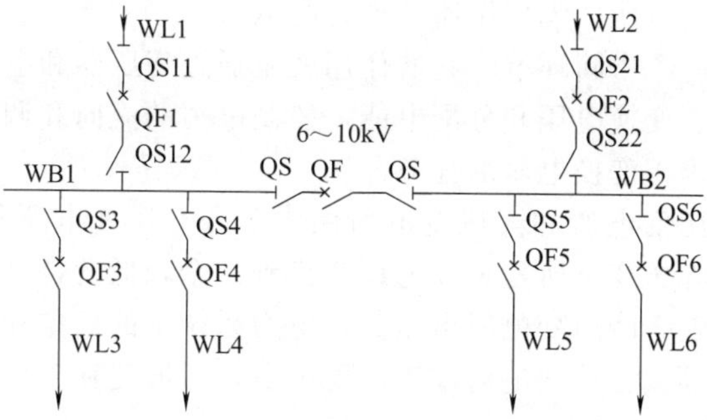


图 1-16 双电源高压配电所主电路图

① 说出图 1-16 中每个图形符号和文字符号所代表的电气设备名称。

② 说出图 1-16 中所采用的接线方式。

③ 说出图 1-16 中每个电气设备在图中所起的作用。

(3) 训练注意事项

三名同学为一组，一名读图，其他人检查纠正，依次轮换。

(4) 成绩评定

① 图形符号和文字符号，每错一个扣 2 分。

② 接线方式叙述不正确扣 5 分。

③ 电气设备在图中所起的作用叙述不正确，每个扣 2 分。

**【思考与练习】**

(1) 什么是电力系统？什么是电力网？

(2) 变电所和配电所的区别在哪里？

(3) 电力线路的作用是什么？

(4) 什么叫一次电路？什么叫一次元件？

(5) 电气主接线的基本形式有哪些？各有什么特点？

## 1.3 认识变电所及其值班制度

**能力目标**

① 通过参观一个区域变电所，大致了解变电所的作用。

② 了解和认识变电所中变压器、熔断器、变压断路器、变压隔离开关、互感器、电力线路等主要设备。

③ 根据变电所的布局和实际接线，进一步熟悉变电所电气主接线。

④ 了解变电所运行值班人员的工作内容、职责、值班记录内容、交接班制度、值班抄表等。

### 1.3.1 变配电所的概念

变配电所又称为变配电站。变电所（站）和配电所（站）的区别在于所（站）内有无变压器，有变压器的称为变电所，无变压器的称为配电所。

变电所是电网中的一个中间环节，它的作用就是通过变压器和电力线路将各级电力网联系起来，用于接受电能、变换电压和分配电能，控制电力的流向和调整电压。而配电所只用来接受和分配电能，不承担变换电压的任务。

变电所又可分为升压变电所和降压变电所两大类。升压变电所是将低电压变换为高电压，一般建在发电厂；降压变电所是将高电压变换到一个较低的合理的电压等级，一般建在靠近用电负荷中心的地点。降压变电所根据其在电力系统中的地位和作用的不同，又分为地区变电所和工厂变电所等。工厂变电所和工厂配电所，一般建在工厂内部。

### 1.3.2 变电所的主要设备

变电所的主要设备包括变压器、熔断器、高压断路器、高压隔离开关、互感器和电力线路等。

（1）变压器

变压器是变电所中最主要的设备，又称主变压器。电力变压器按变压性质分为升压变压器和降压变压器，按冷却方式分有油浸式变压器和干式变压器等，按其绕组的材质分有铜绕组和铝绕组变压器，目前一般采用铜绕组变压器。

（2）熔断器

熔断器是一种在通过的电流超过规定值时，使其熔体熔化而切断电路的保护电器。熔断器的功能主要是对电路及其电气设备进行短路保护，但有的也具有过负荷保护的功能。

（3）高压断路器

高压断路器是供电系统中最重要的电气设备之一。高压断路器具有相当完善的灭弧装置，其用途是使高压电路在正常负荷下接通和断开，在发生短路故障时，通过继电保护装置的作用将故障线路自动断开，使非故障部分正常运行。

（4）高压隔离开关

高压隔离开关主要用于隔离高压电源，将线路中高压电气设备与带电部分可靠地断开，使其有一个明显可见的断开点，确保其他高压电气设备及工作人员安全检修。另外，在供配电系统中，可以利用隔离开关进行倒闸操作。

（5）互感器

互感器是电流互感器和电压互感器的统称。从其基本结构和工作原理来说，互感器是一种特殊的变压器。它是一次电路和二次电路之间的联络元件，用以分别向测量仪表、继电器的电流线圈和电压线圈供电。

（6）电力线路

电力线路又称输电线。它的作用是输送电能，并把发电厂、变配电所和电能用户连接起来。

电力线路按其用途及电压等级分为输电线路和配电线路。电压在 35kV 及以上的电力线路为输电线路；电压在 10kV 及以下的电力线路称为配电线路。电力线路按其架设方法可分为架空线路和电缆线路；按其传输电流的种类又可分为交流线路和直流线路。

### 1.3.3 变配电所值班制度

（1）变配电所值班人员的工作内容

① 变电所运行值班人员必须按有关规定进行培训、学习，经考试合格后方能上岗值班。值班期间，应穿戴统一的值班工作服和值班岗位标志，不进行与工作无关的其他活动，要服从指挥，尽职尽责，确保所内设备的安全运行。

② 依据调度指令正确地进行倒闸操作，并对所内设备运行状况进行监视，按时进行巡视检查、抄表和计算电量，发现缺陷和异常时及时汇报和处理。

③ 完成日常运行维护工作，认真做好各种记录、报表，并做好所内保卫、保密、消防和环境卫生工作。

④ 完成电气设备工作的安全措施，办理工作票的开工和完工手续，并对设备进行完工验收。

⑤ 当运行方式改变、恶劣天气、设备存在严重缺陷和缺陷有发展时，认真做好事故预案。

⑥ 当发生事故、故障时，按规定及时进行处理并汇报。

（2）变配电所值班人员的职责

① 监视和调整电气设备的各项参数，如电压、电流、温度和噪声等，使其在规定的范围内。如发现问题，要及时采取必要的处理措施，并做好有关记录，以备查考。

② 巡视和维护运行中的电气设备，使其正常工作。

③ 值班人员在当班时间内应具有高度责任感，集中精力，按照规定抄报各种运行数据，记录运行日志。

④ 做好备品（如熔断器、电刷等）、安全用具、资料图表、图纸、钥匙、电工仪表、消防器材等的管理工作，保持变配电所内设备、环境的清洁卫生。

⑤ 按规定进行交接班。未办完交接手续，不得擅自离岗。

（3）值班记录

值班人员对变配电所所发生的一切情况应做好记录，记录内容如下：

① 值班工作日记；

② 工作票、操作票记录；

③ 设备缺陷管理记录；

④ 检修工作记录；

⑤ 变配电所异常情况，人身和设备事故分析记录；

⑥ 外来人员出入登记等。

（4）交接班制度

交接班工作是否完整，是关系到变配电所能否安全有效运行的一个关键，因此，交接班人员必须严格按规定履行交接班手续。

① 按有关规定进行交接班。未办完交接手续，不得擅自离岗。

② 若遇接班者有醉酒或精神失常时，交班人员应拒绝交接，并立即上报有关领导，做好相应的安排。

③ 交接班前，交班人员应详细填写好各项记录，并做好卫生工作。

④ 交班人员应将有关注意事项对接班人员介绍清楚，并将有关工具、仪表、钥匙、备用品等完整交给接班人员。

⑤ 交接班时原则上应避免倒闸操作和许可操作。交接过程中一旦发生意外情况，必须立即停止交接，以交班人为主、接班人员为辅进行紧急处理，处理结束后方能继续办理交接班手续。

⑥ 接班人员必须认真听取交接内容，并进行核对。交接完毕，双方应在交接记录簿上签名。

（5）值班抄表

每逢月头、月中或月底，值班电工对电能表或其他仪表要进行抄录，以便掌握本变配电所的用电情况。一般抄表用的表格是关口电能表和电能平衡表。这两种表的格式如表1-7和表1-8所示。

**表 1-7　关口电能表**　　　　填报月份：

| 表计名称 | 上月末底数 | | 10 日底数 | | 20 日底数 | | 本月末底数 | |
|---|---|---|---|---|---|---|---|---|
| | 有功 | 无功 | 有功 | 无功 | 有功 | 无功 | 有功 | 无功 |
| | | | | | | | | |
| | | | | | | | | |
| | | | | | | | | |
| | | | | | | | | |
| | | | | | | | | |
| ＃1 变电所 | | | | | | | | |
| ＃1 变电所 | | | | | | | | |

填表人：

**表 1-8　电能平衡表**

单位：　　　　填报日期：　　　　（单位：$10^4$kW・h）

| 开关名称 | 电能表常数/(r/kW・h) | 受进电能表读数 | | 电能表差值/kW・h | 电网受进电量/kW・h | 送出电能表读数 | | 电能表差值/kW・h | 输向电网电量/kW・h |
|---|---|---|---|---|---|---|---|---|---|
| | | 1 日数据/kW・h | 月底数据/kW・h | | | 1 日数据/kW・h | 月底数据/kW・h | | |
| | | | | | | | | | |
| | | | | | | | | | |
| 小计 | | | | | | | | | |
| | | | | | | | | | |
| | | | | | | | | | |
| 小计 | | | | | | | | | |
| | | | | | | | | | |
| | | | | | | | | | |
| …… | | | | | | | | | |
| 小计 | | | | | | | | | |
| | | | | | | | | | |
| | | | | | | | | | |
| 小计 | | | | | | | | | |
| | | | | | | | | | |
| | | | | | | | | | |
| 小计 | | | | | | | | | |
| 变电所电能不平衡率/% | | | | | | | | | |
| 35kV 母线电能不平衡率/% | | | | | | | | | |
| 10kV 母线电能不平衡率/% | | | | | | | | | |
| ＃1 主变电所损耗电量 | | | | | | | | | |
| ＃2 主变电所损耗电量 | | | | | | | | | |

审核人：　　　　填报人：

**技能训练** 设计变电所的电气主接线图

（1）训练目标

① 熟悉变电所各主要电气设备的作用。

② 熟悉变电所主要电气设备的安装位置。

（2）训练内容

已知变电所的主要电气设备有变压器、断路器、隔离开关、互感器和电力线路等若干，试设计变电所的电气主接线图。

要求：

① 变电所由双电源供电，双台变压器同时工作，低压母线采用断路器单母线分段的接线方式，左段母线有三路出线，右段母线分两路出线；

② 在设计图中要全部用到上述五种已知电气设备；

③ 画出相应的变电所电气主接线图。

（3）训练注意事项

三名同学为一组共同完成设计任务。

（4）成绩评定

① 少用一种电气设备，扣 5 分。

② 接线方式不正确，扣 5 分。

③ 开关设备少用或多用，每个扣 2 分。

④ 每个设备均应标明文字符号（字母符号），漏标一个扣 2 分。

⑤ 设备之间位置顺序错误，每个扣 2 分。

**【思考与练习】**

（1）变电所的作用是什么？

（2）变压器的作用是什么？

（3）熔断器的作用是什么？

（4）隔离开关的作用是什么？

（5）互感器的作用是什么？

（6）输电线路和配电线路有什么区别？

（7）变电所运行值班人员的工作内容是什么？

## 1.4 识读工厂变配电所的电气主接线图

**能力目标**

① 了解对工厂变配电所电气主接线的基本要求。

② 了解工厂变配电所电气接线图的各种接线方式。

③ 熟练各种电气接线图的读图。

### 1.4.1 工厂变配电所的电气主接线

（1）对工厂变配电所电气主接线的基本要求

电气主接线是变配电所电气部分的主体，它对安全运行、电气设备的选择、配电装置的布置和电能质量都起着重要的作用。为此对主接线的基本要求是：安全、可靠、灵活、经济。

① 安全：符合有关技术规范的要求，能充分保证人身和设备的安全。

② 可靠：保证在各种运行方式下，能够满足负荷对供电可靠性的要求。

③ 灵活：能适应供电系统所需的各种运行方式，操作简便，并能适应负荷的发展。

④ 经济：在满足安全、可靠、灵活的前提下，应力求投资省、运行维护费用最低，同时为今后发展留有余地。

（2）高压配电所的电气主接线

① 单电源的高压配电所　当高压配电所只有一条电源进线时，其电气主接线可采用单母线不分段接线，如图 1-8 所示。此类单电源高压配电所适用于对二、三级负荷供电。

② 双电源的高压配电所　图 1-17 为双电源高压配电所主接线，它实际上就是单母线分段式接线。两路进线 WL1 和 WL2 引自不同电源。一般采取一路电源供电，另一路电源备用，两段母线并列运行。当一路电源失电时，可手动或自动投入备用电源，即可恢复对整个高压配电所的供电。

此类双电源高压配电所适用于对供电可靠性要求较高的一、二级负荷供电。

（3）总降压变电所的电气主接线

电源进线电压为 35kV 及以上的大型工厂，一般需两级降压，即先经总降压变电所将电压降为 6～10kV 的高压配电电压，然后经车间变电所降为低压用电设备所需电压，如 380/220V。

① 单台变压器的总降压变电所　如图 1-18 所示，在变压器 T 高低压两侧各装一台断路器 QF1 和 QF2，用于正常通断和故障时自动切断电路。变压器二次侧各路出线都经过断路器送出。总降压变电所的 6～10kV 侧是中性点不接地系统，所以 6～10kV 母线上必须装一组 $Y_0/Y_0/$ㄙ接线或 $Y_0/Y_0$ 接线的电压互感器（图上未给出），用于监视 6～10kV 系统的单相接地故障。

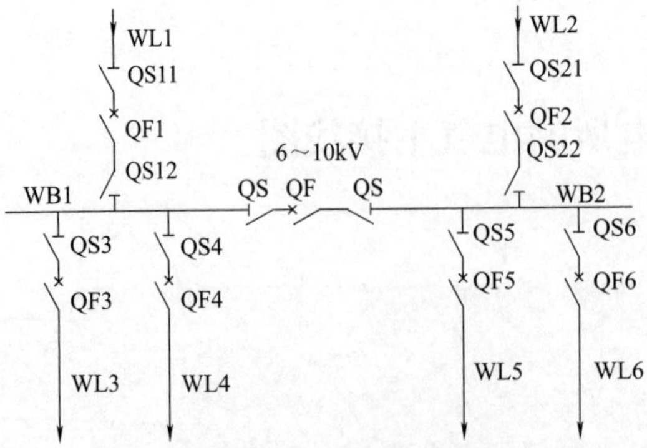


图 1-17　双电源高压配电所主电路图

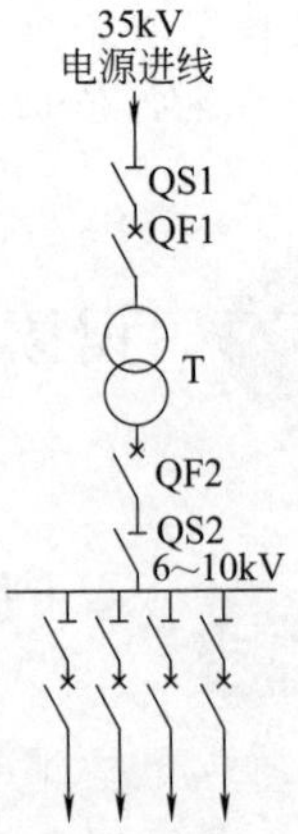


图 1-18　单台变压器的总降压变电所主电路图

② 双电源双台变压器的总降压变电所　对具有双电源进线和双台变压器的总降压变电所，通常采用桥式接线。为了进一步分析此类总降压变电所的运行情况，将两种桥式接线标以文字符号重绘加以说明。

a. 外桥式接线的运行操作　如图 1-19（a）所示。如果要停用变压器 T1，只要断开断路器 QF11 和 QF21 即可。如果要停用变压器 T2，只要断开断路器 QF12 和 QF22 即可。操作均较简便。

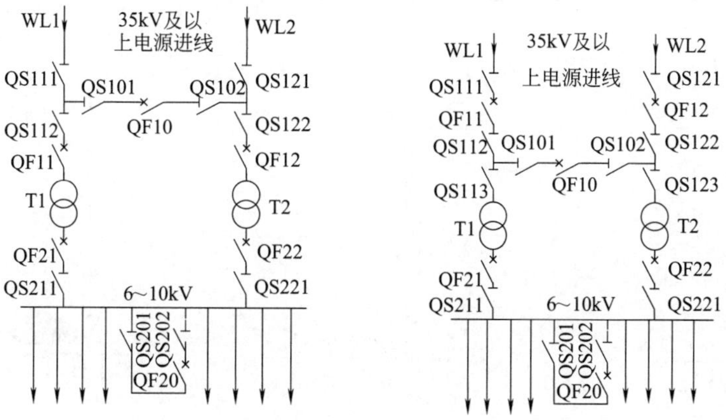


(a) 外桥式接线　　(b) 内桥式接线

图 1-19　桥式接线的总降压变电所主电路图

如果要检修电源进线 WL1，则需先断开断路器 QF11 和 QF10，然后断开线路隔离开关 QS111，最后合上断路器 QF11 和 QF10，使两台变压器均由电源进线 WL2 供电，显然操作比较麻烦。

由此可见，外桥式接线适用于电源线路较短、故障和检修机会较少、但变电所负荷变动较大、需经常切换变压器的总降压变电所。

b. 内桥式接线的运行操作　如图 1-19（b）所示。如果电源进线 WL2 失电或检修时，只要断开断路器 QF12、隔离开关 QS122，然后接通跨桥断路器 QF10，使两台变压器均由电源进线 WL1 供电，操作比较简便。

如果要停用变压器 T2，则需先断开断路器 QF12、QF22 及 QF10，然后断开变压器 T2 的高压侧隔离开关 QS123，最后接通断路器 QF12 和 QF10，使变压器 T1 由两路电源进线供电，显然操作比较麻烦。

由此可见，内桥式接线适用于电源线路较长、故障检修机会较多、而变压器不需经常切换的总降压变电所。

（4）车间变电所的电气主接线

车间（或小型工厂）变电所是工厂供电系统中将高压（6～10kV）降为一般用电设备所需低压（如 380/220V）的终端变电所。这类变电所的主接线相当简单。从车间变电所高压侧主电路的接线方案看，一般分为两种情况：

① 对于建有工厂总降压变电所或高压配电所的车间变电所来说，用来控制变压器的一些高压开关电器及其保护装置和测量仪表等，通常装设在高压配电线路首端，即工厂的总降压变电所或高压配电所的 6～10kV 配电室内，而车间变电所的高压侧可不装开关设备，或只装简单的隔离开关、熔断器或跌落式熔断器等，因此这类车间变电所不设高压开关柜，当然也没有高压配电室；

② 对于没有总降压变电所和高压配电所的车间变电所或小型工厂降压变电所来说，则其变电所高压侧必须配置足够的高压开关设备。

下面介绍没有总降压变电所和高压配电所的车间或小型工厂的变电所常见的主接线方案。

① 高压侧采用隔离开关—熔断器或跌落式熔断器的变电所主接线　如图 1-20（a）所示。由于隔离开关不能带负荷操作，只能切断不大于 2A 的变压器空载电流，所以这种接线的变压器容量不能超过 500kV·A，且其低压侧必须装设能带负荷操作的低压断路器、熔断器或跌落式熔断器进行高压侧的短路保护。这种接线的供电可靠性不高，只能用于供三级负荷的车间变电所。

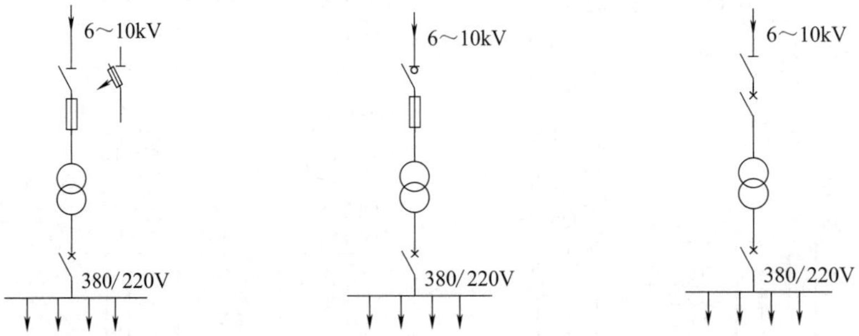


(a) 高压侧采用隔离开关—熔断器或跌落式熔断器　(b) 高压侧采用负荷开关—熔断器　(c) 高压侧采用隔离开关—断路器

图 1-20　没有总降压变电所和高压配电所的车间变电所常见的主接线

② 高压侧采用负荷开关—熔断器的变电所主接线　如图 1-20（b）所示。由于负荷开关能带负荷操作，从而使变电所的操作比①方案要灵活得多，也不存在带负荷拉闸的危险。在发生过负荷时，负荷开关可由热脱扣器进行保护，使开关跳闸；但在发生短路故障时，只能是熔断器熔断。这种接线的供电可靠性也不高，一般也只用于供三级负荷的车间变电所。

③ 高压侧采用隔离开关—断路器的变电所主接线　如图 1-20（c）所示。由于采用了高压断路器，从而使变电所的切换操作非常灵活方便；同时高压断路器配有继电保护装置，在变电所发生短路时能自动跳闸，而且在短路故障消除后，又可直接迅速合闸，从而使恢复供电的时间大大缩短。这种接线由于只有一路电源进线，一般也只能用于供三级负荷的车间变电所。

④ 双台变压器的车间变电所主接线　如图 1-21 所示。装设双台变压器的变电所，它的负荷多数比较重要，或者负荷变动比较大，需要经常负荷切换或自动切换，因此其高低压侧开关都要采用断路器，低压母线通常也采用低压断路器。当任一台变压器或任一电源进线检修或发生故障时，只要断开 QF3 或 QF4，接通 QF5，即可恢复整个变电所的供电。如果安装了备用电源自动投入装置（APD），可在失电 1～2s 后恢复供电。一般双台变压器的变电所可对一、二级负荷供电。

### 1.4.2　工厂供电系统电气主接线实例

（1）电气主接线的绘制方式及有关要求

① 电气主接线绘制方式　工厂变配电所电气主接线有两种绘制方式：一种是系统式主接线，另一种是装置式主接线。这里仅介绍系统式主接线。

图 1-8～图 1-21 所示，均为系统式主接线。在系统式主接线中，所有元件均只示出其相互连接关系，而不考虑具体安装位置。这种形式的主接线应用最为普遍，特别广泛地用于运行中的变配电所。供电设计也采用这种主接线。

② 绘制电气主接线的有关要求　前面所列举的电气主接线方案，均只示出了主变压器

及主要开关电器，而没有示出其他有关的电气设备。这是为了使主接线方案的特点突出，便于分析。按供电设计要求，绘制变配电所电气主接线时，还必须遵守以下有关要求。

a. 按我国有关规定，工厂变配电所的电源进线上，必须装设连接计费电度表的专用电压互感器和电流互感器柜及专用电能计量柜。

b. 根据变配电所监视和保护的要求，装设电流互感器和电压互感器。

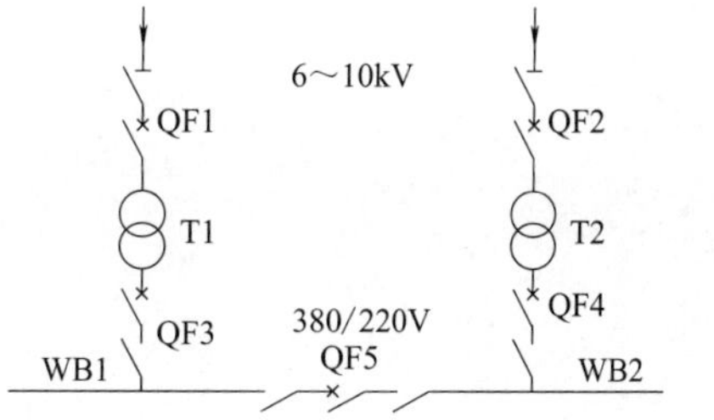

图 1-21　双台变压器的车间变电所主接线图

c. 根据变配电所防雷保护的要求，装设避雷器。

d. 所有一次电路和一次设备均应标明其型号和主要技术规格；电力变压器除标明其型号、额定容量和一、二次电压外，还应标明其连接组别；高压断路器除标明其型号外，还应标明其电压、电流、断流能力和操作机构型式；电流互感器和电压互感器除标明其型号外，还应标明其一、二次电流比和一、二次变压比；所有高低压开关柜（屏）除标明其型号和线路方案号外，还应分项标明其中一次设备的型号和主要技术规格；电缆和绝缘导线除标明其型号、线芯数和线芯截面外，还应标明其电压等级。

（2）工厂供电系统电气主接线实例

图 1-22 是某中型工厂供电系统中高压配电所及其附设 2 号车间变电所的系统式主接线，它具有一定的代表性。下面按顺序作出简要分析。

① 电源进线　这个高压配电所有两路 6kV 电源进线，一路是架空线 WL1，另一路是电缆线 WL2。最常见的进线方案是一路电源来自发电厂或电力系统变电站，作为正常工作电源；而另一路电源则来自邻近单位的高压联络线，作为备用电源。

根据国家有关规定，在电源进线处各装设一台 GG-1A-J 型电能计量柜（No101 和 No112），其中的电压互感器和电流互感器只用来连接计费的电度表。

这里装的高压开关柜（No102 和 No111），因需与计量柜相连，因此采用 GG-1A（F）-11 型。由于进线采用高压断路器控制，所以切换操作十分灵活方便；而且可配以继电保护和自动装置，使供电可靠性大大提高。

考虑到进线断路器在检修时有可能两端来电，因此为保证断路器检修时的人身安全，断路器两侧（母线侧和线路侧）都必须装设高压隔离开关。

② 母线　又称为汇流排，是配电装置中用来汇集和分配电能的导体。高压配电所的母线，通常采用单母线制。如果是两路及以上的电源进线时，则采用单母线分段制。这里高低压侧母线都采用单母线分段接线，高压母线采用隔离开关分段，分段隔离开关可单独安装在墙上，也可采用专门的分段柜（亦称联络柜，如 GG-1A-119）。

图 1-22 所示的高压配电所通常采用一路电源工作、一路电源备用的运行方式，因此母线分段开关通常是闭合的。如果工作电源进线发生故障或检修时，在切除该进线后，投入备用电源即可使整个高压配电所恢复供电。如果采用备用电源自动投入装置（APD），则供电可靠性更高。

为了测量、监视、保护和控制一次电路设备的需要，每段母线上都接有电压互感器，进线上和出线上均串接有电流互感器。图 1-22 上的高压电流互感器均有两个二次绕组，其一接测量仪表，另一接继电保护装置。为了防止雷电波侵入高压配电所时击毁其中的电气设备，各段母线上都装设了避雷器。避雷器和电压互感器装在同一个高压柜中，并共用一组高压隔离开关。

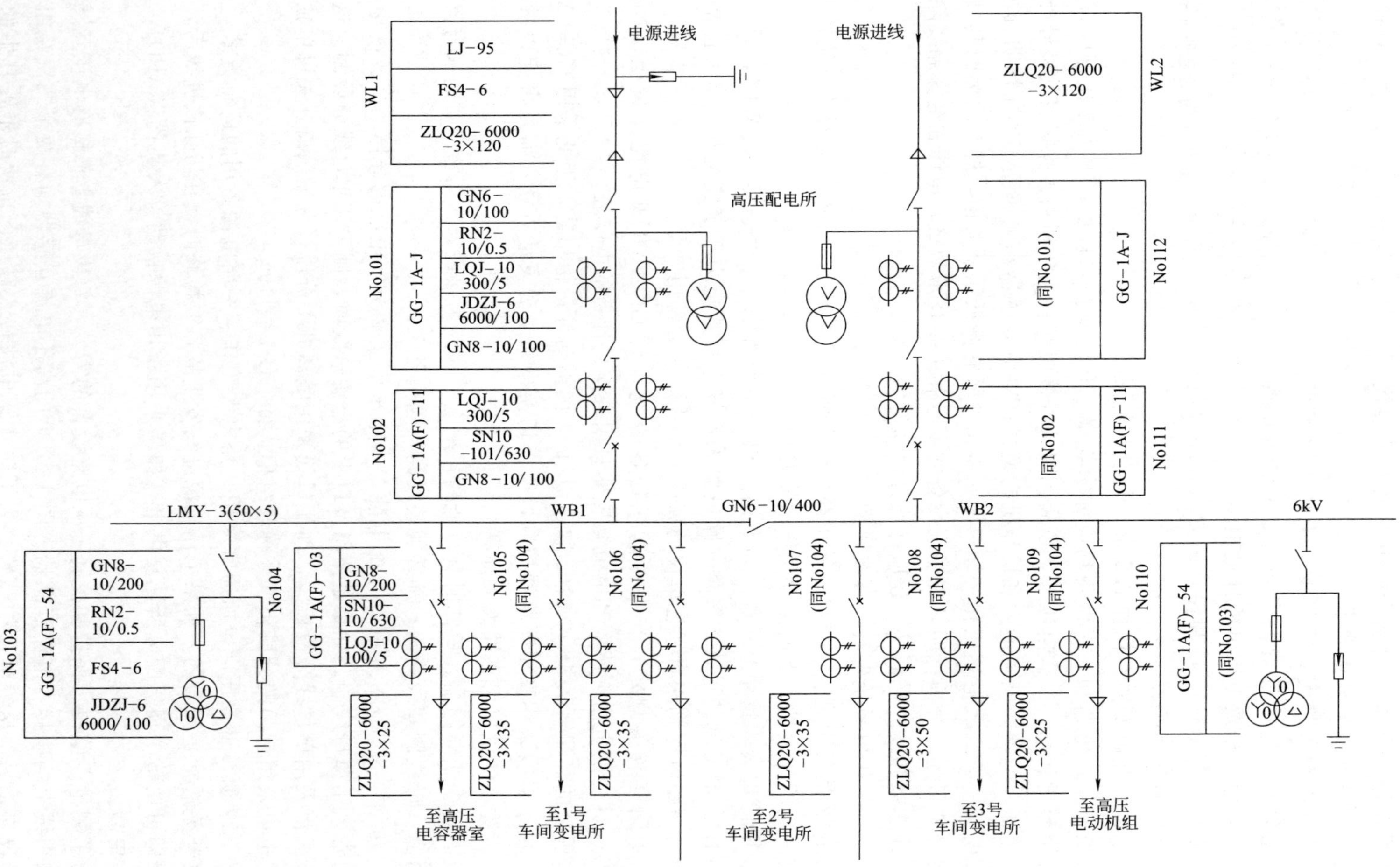

电源进线
电源进线
WL1
LJ−95
FS4−6
ZLQ20−6000 −3×120
ZLQ20−6000 −3×120
WL2
高压配电所
No101
GG−1A−J
GN6−10/100
RN2−10/0.5
LQJ−10 300/5
JDZJ−6 6000/100
GN8−10/100
No112
GG−1A−J
(同No101)
No102
GG−1A(F)−11
LQJ−10 300/5
SN10 −101/630
GN8−10/100
No111
GG−1A(F)−11
同No102
LMY−3(50×5)
WB1
GN6−10/400
WB2
6kV
No103
GG−1A(F)−54
GN8−10/200
RN2−10/0.5
FS4−6
JDZJ−6 6000/100
No104
GG−1A(F)−03
GN8−10/200
SN10−10/630
LQJ−10 100/5
No105 (同No104)
No106 (同No104)
No107 (同No104)
No108 (同No104)
No109 (同No104)
No110
GG−1A(F)−54
(同No103)
ZLQ20−6000 −3×25
ZLQ20−6000 −3×35
ZLQ20−6000 −3×35
ZLQ20−6000 −3×35
ZLQ20−6000 −3×50
ZLQ20−6000 −3×25
至高压 电容器室
至1号 车间变电所
至2号 车间变电所
至3号 车间变电所
至高压 电动机组

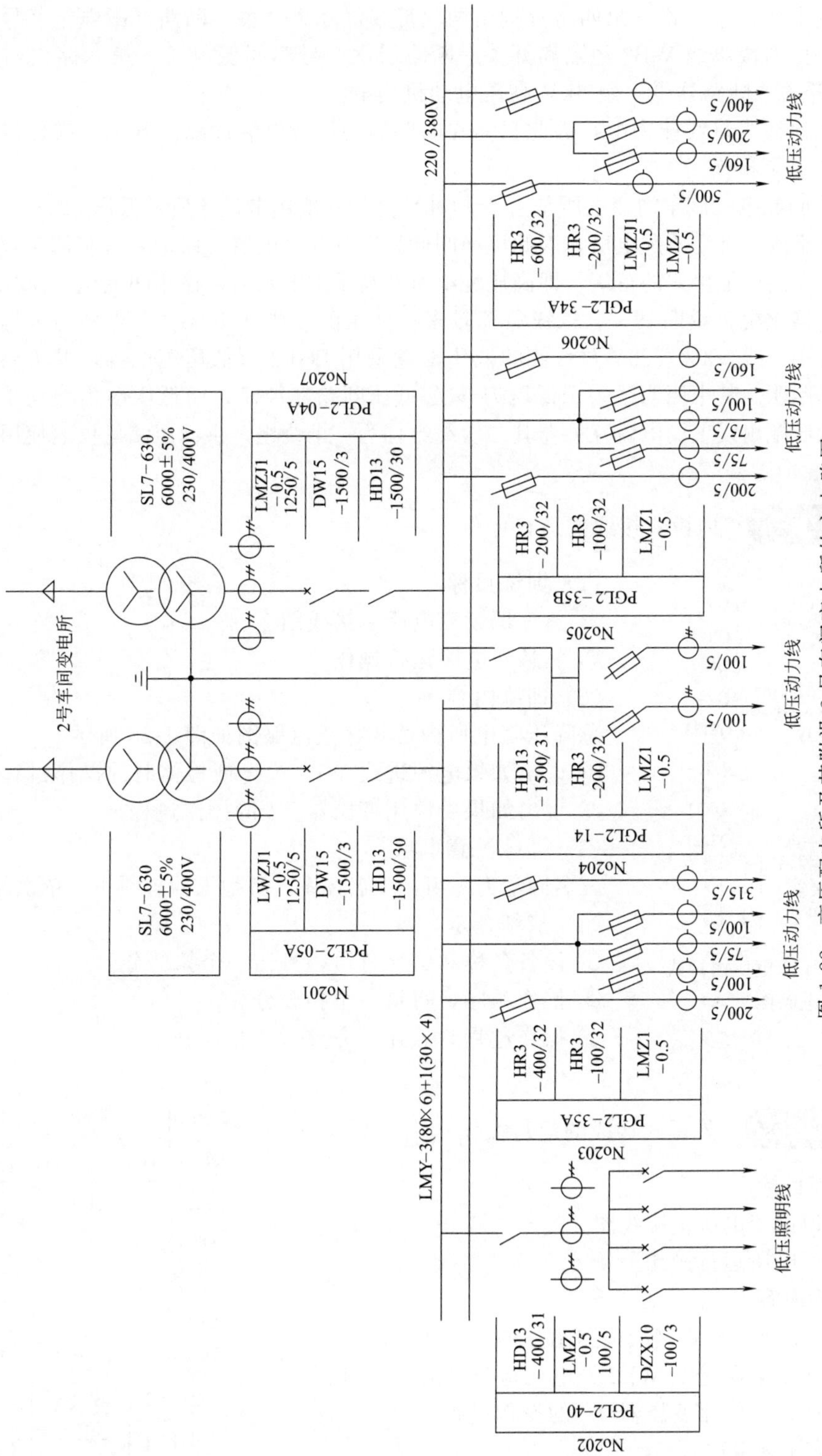


图 1-22 高压配电所及其附设 2 号车间变电所的主电路图

③ 高压配电出线　这个配电所共有六条高压配电出线。第一路由左段母线 WB1 经隔离开关—断路器供无功补偿用的高压电容器组；第二路由左段母线 WB1 经隔离开关—断路器供 1 号车间变电所；第三路、第四路分别由两段母线经隔离开关—断路器配电给 2 号车间变电所；第五路由右段母线 WB2 经隔离开关—断路器供 3 号车间变电所，第六路由右段母线 WB2 经隔离开关—断路器供一组 6kV 高压电动机用电。

由于配电出线为母线侧来电，因此只需在断路器的母线侧装设隔离开关，就可以保证断路器和出线的安全检修。

④ 2 号车间配电　该车间变电所是由 6～10kV 降为一般用电设备所需低压 380/220V 的终端变电所。由于该厂有高压配电所，因此该车间的高压侧开关电器、保护装置和测量仪表等按通常情况安装在高压配出线的首端，即高压配电所的高压配电室内。该车间变电所采用两个电源、两台变压器供电，说明其一、二级负荷较多。低压侧母线（380/220V）采用单母线分段接线，并装有中性线。380/220V 母线侧的低压配电采用 PGL2 型低压配电屏，共五台，分别配电给动力和照明。其中照明线采用低压刀开关-低压断路器控制，而低压动力线均采用刀熔开关控制。低压配出线上的电流互感器其二次绕组均为一个绕组，供低压测量仪表使用。

## 技能训练一　内桥式接线的运行操作

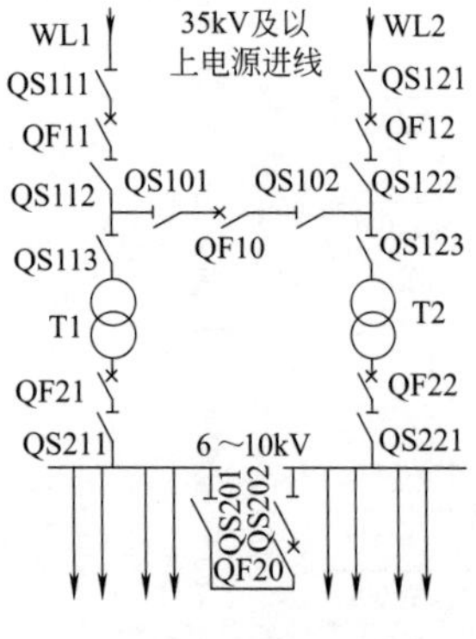


图 1-23　总降压变电所内桥式接线电路图

（1）训练目标

① 熟练识读变电所主接线图。

② 熟悉变电所运行操作。

（2）训练内容

总降压变电所内桥式接线电路图如图 1-23 所示。

① 说出如果电源进线 WL1 失电或检修时的操作过程。

② 说出如果要停用变压器 T1 的操作过程。

（3）训练注意事项

三名同学为一组，一名读图，其他人检查纠正，依次轮换。

（4）成绩评定

① 设备名称和文字符号，每错一个扣 2 分。

② 操作顺序，每错一个扣 5 分。

③ 操作过程，叙述不完整每个扣 5 分。

## 技能训练二　外桥式接线的运行操作

（1）训练目标

① 熟练识读变电所主接线图。

② 熟悉变电所运行操作。

（2）训练内容

总降压变电所外桥式接线电路图如图 1-24 所示。

① 说出如果电源进线 WL2 失电或检修时的操作过程。

② 说出如果要停用变压器 T2 的操作过程。

（3）训练注意事项

三名同学为一组，一名读图，其他人检查纠正，依次轮换。

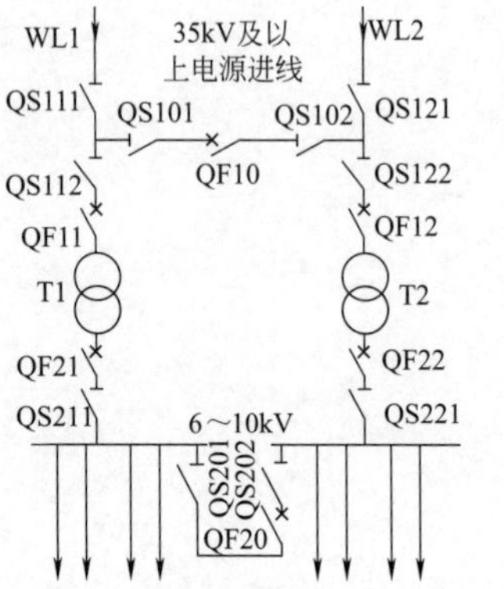


图 1-24　总降压变电所外桥式接线电路图

（4）成绩评定

① 设备名称和文字符号，每错一个扣 2 分。

② 操作顺序，每错一个扣 5 分。

③ 操作过程，叙述不完整每个扣 5 分。

## 【思考与练习】

（1）对电气主接线的基本要求有哪些？

（2）工厂变配电所电气主接线的基本形式有哪些？

（3）内桥式接线和外桥式接线应如何区分？

（4）车间变电所的电气主接线的基本形式有哪些？

# 第2章
# 变配电所主要电气设备

## 2.1 电力变压器

**能力目标**

① 掌握变压器的结构，知道变压器各组成部分的作用。
② 了解变压器的工作原理，掌握变压器的额定参数和绕组连接。
③ 进一步熟悉变压器的文字符号和图形符号。
④ 了解电力变压器的拆卸和装配过程及方法。
⑤ 学会使用各种工具。

### 2.1.1 电力变压器的概念及类型

电力变压器，是变电所中最主要的设备，又称主变压器。为了把发电厂发出的电能比较经济地传输、合理地分配以及安全地使用，电力系统需要用到电力变压器。电力变压器是一种静止的变换电压的电气设备，它是由绕在同一个铁芯上的两个或者两个以上的绕组，通过交变磁通相互联系着，是用来将某一数值的交流电压（电流）变成频率相同的另一种或几种数值不同的电压（电流）的设备。

电力变压器种类繁多，功能各异，可分类如下。

（1）按功能分

电力变压器按功能分，有升压变压器和降压变压器两大类。发电厂一般采用升压变压器，其他变电所都采用降压变压器。终端变电所的降压变压器也称配电变压器。图 2-1 为电力系统变压器简易分布图。

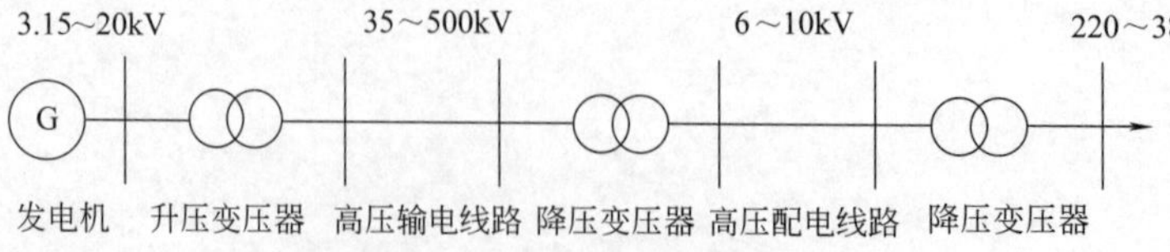


图 2-1 电力系统变压器线路分布图

（2）按容量系列分

电力变压器按容量系列分，有 R8 容量系列和 R10 容量系列两大类。

所谓R8容量系列，是按R8≈1.33（10开8次方）倍数递增的。我国的老式变压器容量等级采用此系列，如100kV·A、135kV·A、180kV·A、240kV·A、320kV·A、420kV·A、560kV·A、750kV·A、1000kV·A等。

所谓R10容量系列，指容量等级是按R10≈1.26（10开10次方）倍数递增的。R10系列的容量等级较密，便于合理选用，是IEC（国际电工委员会）推荐采用的。我国的新式变压器容量等级采用此系列，如100kV·A、125kV·A、160kV·A、200kV·A、250kV·A、315kV·A、400kV·A、500kV·A、630kV·A、800kV·A、1000kV·A等。

（3）按相数分

电力变压器按相数分，有三相变压器和单相变压器。在变电所中，一般都用三相变压器。

（4）按结构形式分

电力变压器按结构形式分，有铁芯式变压器和铁壳式变压器。绕组包在铁芯外围，称为铁芯式变压器；铁芯包在绕组外围，则称为铁壳式变压器。

（5）按调压方式分

电力变压器按调压方式分，有无载调压（又称无励磁调压）和有载调压两大类。变电所大多数采用无载调压变压器。

（6）按绕组形式分

电力变压器按绕组形式分，有双绕组变压器、三绕组变压器和自耦变压器三大类。变电所大多采用双绕组变压器和三绕组变压器。

（7）按绕组绝缘及冷却方式分类

电力变压器按绕组绝缘及冷却方式分，有油浸式、干式和充气式（$SF_6$）等。充气式变压器是指变压器的铁芯与绕组均置于一个充有绝缘气体的外壳内的变压器。一般是采用$SF_6$气体，所以又称气体绝缘变压器。工厂变电所大多采用油浸自冷式变压器，目前也逐步推广使用干式变压器。

（8）按绕组导体材质分类

电力变压器按其绕组导体材质分，有铜绕组和铝绕组两种类型。目前，一般采用铜绕组变压器。

### 2.1.2 变压器的结构

由于工厂变电所大多采用油浸自冷式变压器，在此，重点认识油浸自冷式配电变压器的结构。

（1）总体结构概况

图2-2是一台容量为1000kV·A，高压侧额定电压为10kV的油浸式配电变压器。为了看清器身在油箱内的放置情况，将油箱做了局部剖视。变压器的器身放在油箱内，浸泡在变压器油中。变压器油起到绝缘和带走器身热量的作用。变压器线圈的出线分别由高、低压套管引导。在油箱外壁有很多散热管，以增大变压器油和周围空气的热交换面积。另外，为了维持变压器的正常工作条件，并在变压器出现故障时保护它不受损坏，还设置了保护装置，即储油柜（油枕）、安全气道（防爆管）、吸湿器（呼吸器）、气体继电器（瓦斯继电器）等。

容量更小的油浸式配电变压器，其总体结构与上述变压器相同，只是由于容量小，油箱外的散热管数量也相应减少。同时，由于容量小，设备的重要程度也较低，故除有油枕外，未设置安全气道、吸湿器和气体继电器等保护装置。图2-3是这类配电变压器的外形。它的容量在100kV·A左右，高压侧额定电压为10kV。

油浸式电力变压器的结构概况可归纳为：

① 变压器由器身、油箱、冷却装置、保护装置、出线装置等几部分组成；

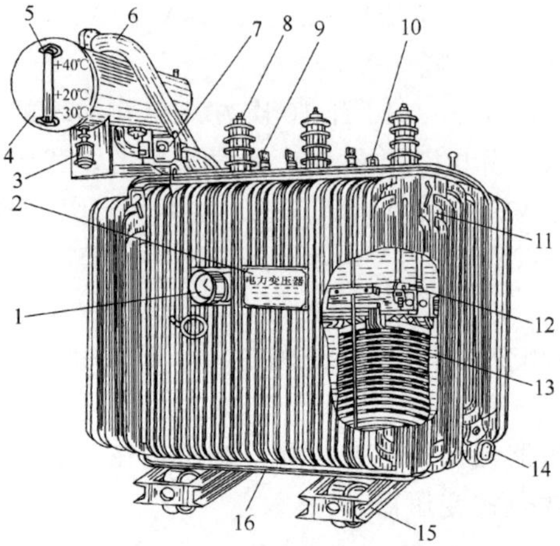


图 2-2　油浸式配电变压器

1—温度计；2—铭牌；3—除湿器；4—储油柜；5—油表；
6—安全气道；7—气体继电器；8—高压套管；9—低压套管；
10—分接开关；11—油箱；12—铁芯；13—线圈及绝缘；
14—放油阀；15—小车；16—引线

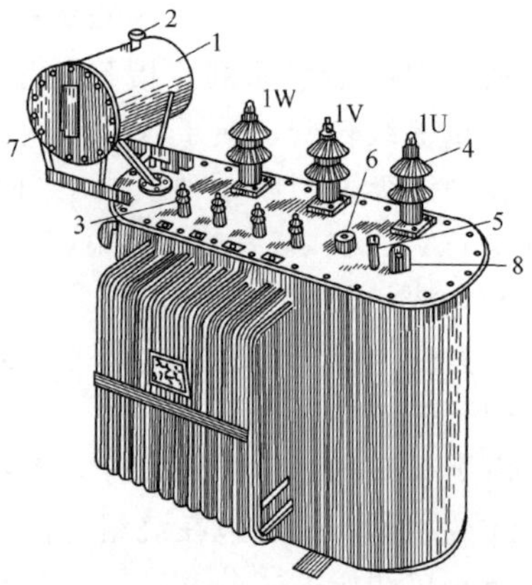


图 2-3　小容量油浸式配电变压器

1—储油柜；2—加油栓；3—低压套管；
4—高压套管；5—温度计；6—分接开关；
7—油表；8—吊环

② 器身由铁芯、线圈、绝缘、引线及分接开关等几部分组成；

③ 油箱由本体（箱盖、箱壁、箱底）和附件（放油阀门、小车、油样活门、接地螺栓、铭牌）组成；

④ 冷却装置主要由散热器组成；

⑤ 保护装置由储油柜、油位计、安全气道、吸湿器、测温元件、气体继电器等部分组成；

⑥ 出线装置由高压套管和低压套管组成。

（2）器身

图 2-4 是油浸式电力变压器的器身装置后的外观图。它主要由导磁的铁芯和导电的线圈两大部分组成。在铁芯和线圈之间、高低压线圈之间及线圈中各匝之间均有相应的绝缘。图中还可见到高压侧的引线 1U、1V、1W，低压侧的引线 2U、2V、2W、N。另外，在高压侧设有调节电压用的无励磁分接开关。

电力变压器铁芯采用三相三芯柱结构，如图 2-5 所示。这种铁芯结构简单，制造工艺性好，使用极为广泛。铁芯的芯柱和铁轭均由硅钢片叠成，叠好后，芯柱用绝缘带绑扎，铁轭由上下夹件夹紧。为了保持整体性，上下夹件间用拉螺杆紧固。铁芯叠片通过接地片与夹件连接，实现接地。铁芯叠好后，把高低压线圈套在各相芯柱上，就装配出了器身。

电力变压器线圈广泛采用同心式结构。同心式结构的特点是低压绕组套在铁芯柱上，高压绕组同心地套在低压绕组外面。电力变压器线圈都采用圆筒式绕法。圆筒式线圈结构见图 2-6。它的绕法是把一根或几根并联的导线在绝缘纸筒上沿铁芯柱高度方向依次连续绕制而成。一般低压绕组用扁铜线绕成单层或双层，如图 2-6（a）所示；高压绕组用圆导线绕成多层，如图 2-6（b）所示。绕制时，在线圈某些层间用绝缘撑条垫入，构成油道；低压绕组与铁芯之间、高低压绕组之间也有相应的油道。

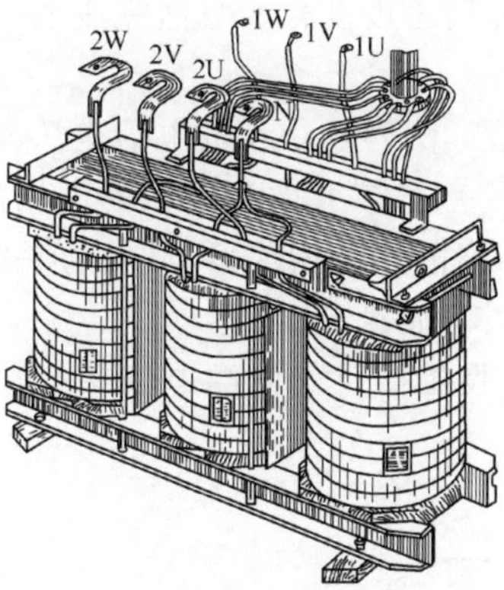

图 2-4　油浸式电力变压器器身

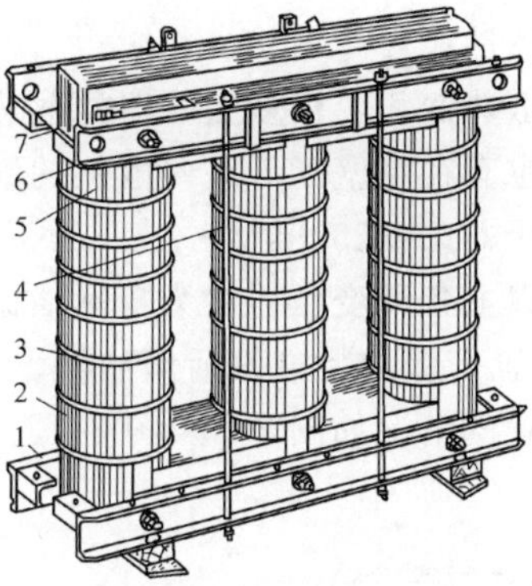

图 2-5　三相三柱式铁芯

1—下夹件；2—叠片铁芯；3—心柱绑扎；4—拉螺杆；5—夹紧螺杆；6—上夹件；7—接地片

（3）油箱

油箱的作用是容纳变压器油，使器身在运行时浸泡在油中，以满足绝缘和散热的要求。油箱有箱式和钟罩式两种，如图 2-7 所示。箱式油箱的箱壁和箱底焊为整体，器身由螺杆吊在箱盖上，检修时，把箱盖连同器身一起吊出，如图 2-7（a）。装配时，箱盖和箱壁之间有耐油胶垫，用箱盖螺栓上紧，以防止变压器油泄漏。图 2-7（b）所示为钟罩式油箱，变压器器身用螺栓固定在箱底上，箱盖和箱壁制成一体，像一个钟罩扣在器身和箱底上。检修时，需先把箱内变压器油放出，然后吊起钟罩，露出器身。钟罩式一般用于大型变压器（器身重 15t 以上；容量在 5000kV·A 以上）。电力变压器广泛采用箱式油箱。

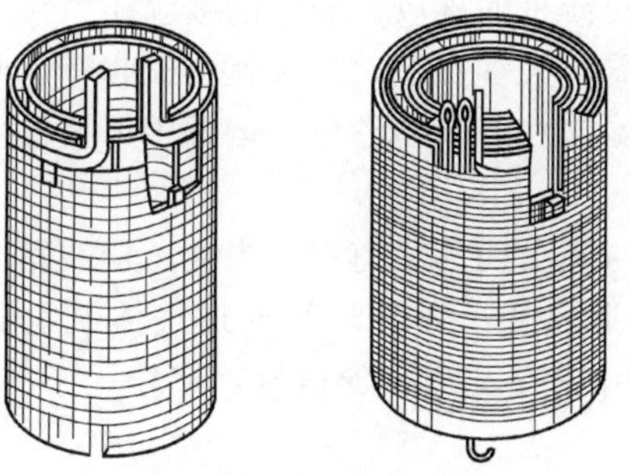
(a) 扁铜线绕成的双层线圈　(b) 圆导线绕成的多层线圈

图 2-6　圆筒式线圈

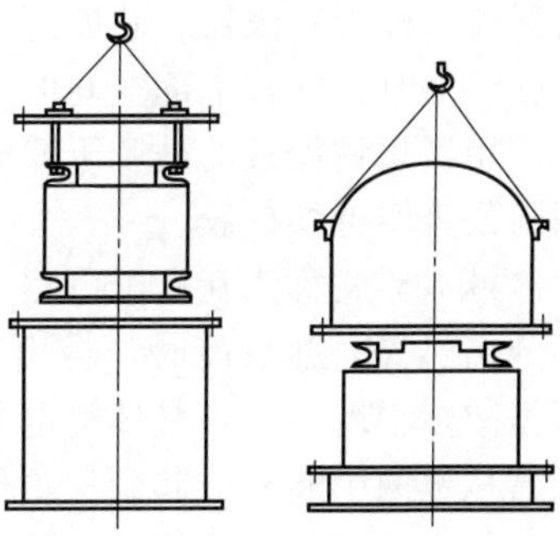
(a) 箱式油箱　(b) 钟罩式油箱

图 2-7　变压器油箱

（4）附属装置

为了保证变压器能可靠而安全地运行，它还附有冷却装置、保护装置和出线装置等部件。

① 冷却装置　油浸式电力变压器多以散热管作为冷却装置。为了把器身传给变压器油的热量散发出去，变压器的箱壁上焊有许多油管。这些油管一方面增大了变压器油与周围空气的散热面积，另一方面为变压器油提供了循环路径。

由图 2-8 可见，器身发热，使变压器油变热，密度减小。热油在油箱内上升，进入散热管与空气进行热交换。油流经散热管后温度下降，密度增加。它沿散热管下降，重新进入油箱，再次去冷却器身。以上循环过程是靠变压器油受热后密度变化而自然完成的，故这种冷却方式称为自然油循环冷却。

为了增加散热面积，很多变压器的散热管采用扁管。对容量很小的电力变压器，为了简化制作工艺，也有在箱壁上焊一些散热的铁片（散热片）来扩大散热面积而不用散热管的。容量较大的变压器（≥2500kV·A），为了便于运输，把散热管做成可拆卸的形式，成为单独的散热器。以上各种变压器均为自然油循环冷却，属于油浸自冷式。

② 保护装置　保护装置包括储油柜、安全气道、吸湿器及气体继电器等。它们在变压器油箱盖上设置的情况如图 2-2 及图 2-9。

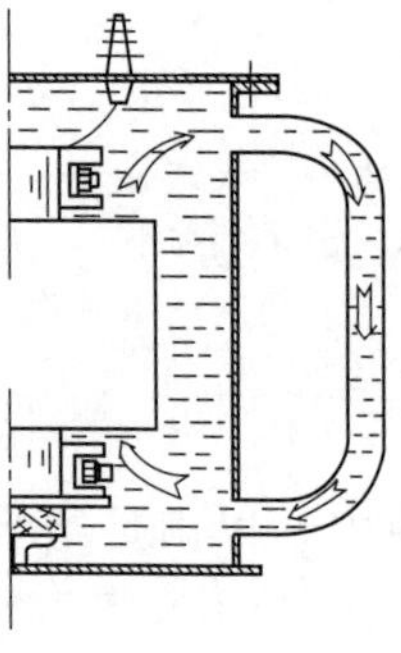

图 2-8　变压器油自然循环途径

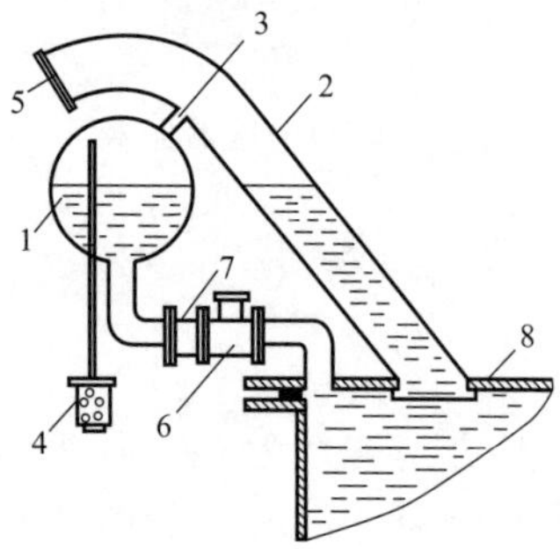


图 2-9　变压器保护装置的设置

1—油枕；2—安全气道；3—连通管；4—呼吸器；5—防爆膜；6—气体继电器；7—蝶形阀；8—箱盖

储油柜也称为油枕。它设在箱盖上方，由管道与油箱连通。设置油枕后，变压器油面可以高于箱盖和套管，使变压器引线和套管内出线都浸在油中，增加了绝缘强度。同时，油枕也给变压器油的热胀冷缩提供了一个膨胀室。

吸湿器又称为呼吸器。它内部装有用氯化钴浸渍过的硅胶。硅胶的吸湿能力很强，在变压器油胀、缩时，油枕上部空间的空气通过吸湿器与大气交换，硅胶就会吸收掉这些空气中的水分。用氯化钴浸过的硅胶干燥时为蓝色，吸湿饱和后变为红色。运行中可根据颜色的变化来判断是否应更换硅胶。

气体继电器又称为瓦斯继电器。它装在油枕与油箱间的管道中。当变压器油箱内产生电弧、局部高热等内部故障时，会出现大量气体，造成变压器油气流通过气体继电器使它动作。根据故障程度不同，气体继电器或作用于发信装置发出警告信号，或作用于跳闸回路，使变压器从电网中断开，起到保护作用。

安全气道又称为防爆管。它的下部分与油箱连通，上部与油枕膨胀室连通。防爆管顶部用 2～3mm 的玻璃密封，形成防爆膜。当变压器发生严重内部故障时，产生大量油气，使油枕和安全气道上部压力骤增，玻璃破裂，油气喷出，防止了油箱爆裂的重大事故。

除以上各装置外，油枕侧面还装有显示油面高低的油表，箱盖上装有温度计。

③ 出线装置　变压器线圈的高低压出线，必须穿过油箱盖与电网连接。这些出线既需要与油箱间绝缘，又需要得到必要的支承。高低压套管构成了变压器的出线装置，由它们担任出线的绝缘和支承。

低压套管通常采用图 2-10 的结构。这种套管称为复合瓷绝缘式套管。它由装在箱盖上面的上瓷套 6 和装在箱盖下面的下瓷套 9 两部分构成。两者中间夹着箱盖钢板。导电杆

10为一螺杆，既导电，又通过螺母把上、下瓷套夹紧。纸垫圈8和11起缓冲作用，避免压紧时损坏瓷套。瓷套管的接线形式因导通电流的大小不同而不同。图2-10（a）中套管上部采用杆式接线，下部用一片软铜皮连接，适用于工作电流小于600A的场合；图2-10（b）上部为板式接线，下部用两片软铜皮，适用于电流为800～1200A的场合；图2-10（c）中，上、下部均采用板式接线，适用于电流为2000～3000A的场合。

高压瓷套管一般采用图2-11的结构，该瓷套与前述低压套管不同，它只由一个瓷套构成，通常称为单体绝缘瓷套管。该套管中部制有台阶，以便能通过夹持法兰10和压钉11把它压紧，固定在箱盖上。在瓷套与箱盖压接处设有密封垫，以防止变压器油泄漏。导电杆1贯穿套管上下，其上、下部的接线方式采用杆式或板式，仍以工作电流大小来确定。在导通电流较大时，套管内应充满变压器油，以增加散热和提高绝缘能力。

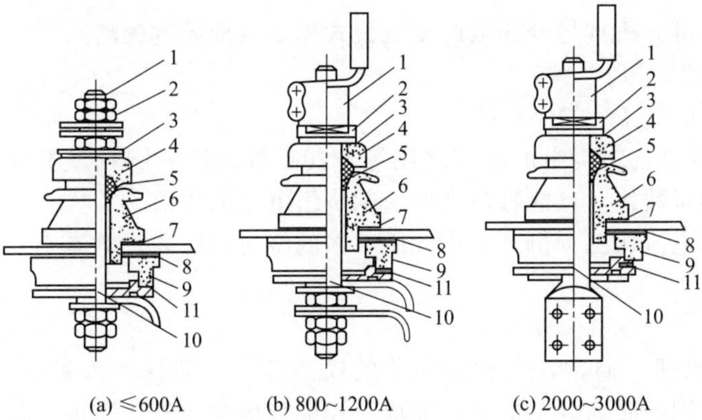


图2-10 低压复合瓷绝缘套管

1—接线头；2—圆螺母；3—衬垫；4—瓷盖；5—密封环；6—上瓷套；7—密封垫圈；8，11—纸垫圈；9—下瓷套；10—导电杆

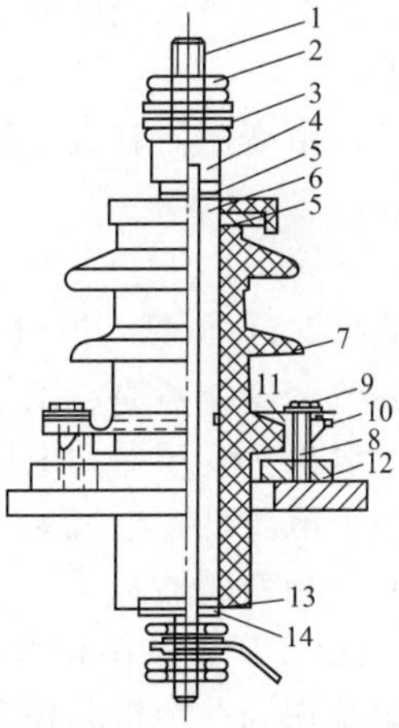

图2-11 高压单体绝缘瓷套管

1—导电杆；2—螺母；3—垫圈；4—铜套；5—衬垫；6—瓷盖；7—瓷伞；8—螺杆；9—螺母；10—夹持法兰；11—压钉；12—钢板；13—绝缘垫圈；14—铜垫圈

### 2.1.3 变压器的工作原理

从原理上讲，三相变压器可以由三个单相变压器并联而成，所以可从单相变压器的原理出发去学习和理解三相变压器。

（1）单相变压器的变压和变流原理

变压器是根据电磁感应原理变换电压和电流的。变压器原边绕组接上交流电源，副边绕组不接负载时的工作状态，称为变压器空载运行；当变压器原边绕组接上交流电源，副边绕组接上负载时的工作状态，称为变压器有载运行。

图2-12所示为单相变压器的结构示意图。$N_1$ 代表变压器的原边绕组及匝数，$N_2$ 代表变压器的副边绕组及匝数；$N_1$ 的两端接电源，$N_2$ 的两端接负载。设电源电压 $u_1$ 的有效值为 $U_1$，变压器接到负载两端的端电压 $u_2$ 的有效值为 $U_2$，原绕组内通过的电流有效值为 $I_1$，副绕组内通过的电流有效值为 $I_2$。由变压器空载运行，可分析推导变压器的变压公式如下（推导过程略）：

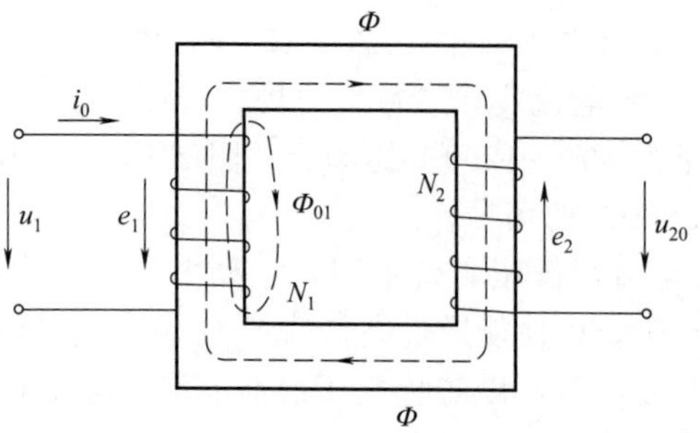

图 2-12　单相变压器的结构示意图

$$\frac{U_1}{U_2}=\frac{N_1}{N_2}=K \tag{2-1}$$

由式（2-1）可见，变压器原、副绕组电压的比值等于两者的匝数之比。不难理解，要通过变压器将某一数值的电压变换成另一数值的电压，只要合理配置变压器原、副绕组的匝数就能实现。

变压器原、副绕组的匝数之比$\frac{N_1}{N_2}$用字母 $K$ 表示，又称为变压器的变比。这是变压器的一个重要参数，当原绕组的匝数 $N_1$ 比副绕组的匝数 $N_2$ 多时，$K>1$，$U_1>U_2$，这时为降压变压器；反之，当原绕组 $N_1$ 的匝数少于副绕组 $N_2$ 的匝数时，$K<1$，$U_1<U_2$，这时为升压变压器。

同理，由变压器有载运行时，可分析推导变压器的变流公式如下（推导过程略）：

$$\frac{I_1}{I_2}=\frac{N_2}{N_1}=\frac{1}{K} \tag{2-2}$$

由式（2-2）可见，通过变压器原、副绕组的电流之比等于其匝数之比的倒数。不难理解，只要改变变压器原、副绕组的匝数比，就能够改变原、副绕组电流的比值。

不难看出，变压器的电压比与电流比互为倒数，因此匝数多的绕组电压高，电流小；匝数少的绕组电压低，电流大。

（2）三相变压器

① 三相变压器的结构和工作原理　通常，三相变压器的铁芯有三个芯柱。每相的高、低压绕组绕在同一个铁芯柱上，由同一磁通联系起来，完成一相的变压和变流，原理与单相变压器的一样。三相变压器的三相高压绕组和三相低压绕组完全对称，因此，三相变压器变换出的三相交流电是完全对称的。

② 三相变压器绕组的连接　三相变压器的三个原绕组和三个副绕组可以分别接成星形和三角形。我国规定的五种标准连接组别是 Y·yn0、Y·y0、YN·y0、Y·d11 和 YN·d11。其中 Y、y 分别表示高、低压绕组为星形连接；d 表示低压绕组为三角形连接；N、n 分别表示高、低压绕组接中线；0、11 分别表示原、副绕组线电压的相位差为 0°和 30°。

图 2-13 为三相变压器的铁芯和绕组。对于高压绕组，如果把 $U_2$、$V_2$、$W_2$ 三个端子连接在一起，把 $U_1$、$V_1$、$W_1$ 三个端子去接电源，高压绕组便接成星形；如果把 $U_2$、$V_2$、$W_2$ 三个端子分别与 $V_1$、$W_1$、$U_1$ 三个端子连接，并从三个连接点引出三根线去接电源，高压绕组便接成三角形（但我国规定的五种标准连接组别中高压绕组只接成星形）。同理，对于低压绕组，如果把 $U_2'$、$V_2'$、$W_2'$三个端子分别与 $V_1'$、$W_1'$、$U_1'$三个端子连接，并从三个连接点引出三根线去接负载，低压绕组便接成三角形。如果把 $U_2'$、$V_2'$、$W_2'$三个端子连接在一起，把 $U_1'$、$V_1'$、$W_1'$三个端子去接负载，低压绕组便接成星形；如果把 $U_2'$、$V_2'$、$W_2'$三个端子连接在一起并接入中线，把 $U_1'$、$V_1'$、$W_1'$三个端子去接负载，低压绕组便接成星形三相四线制。

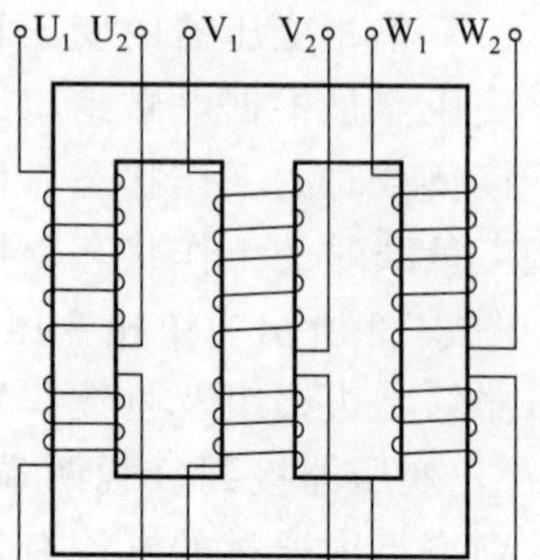

图 2-13　三相变压器的铁芯和绕组

### 2.1.4 变压器的额定值及铭牌

（1）变压器的额定值

变压器的额定值主要是指额定电压、额定电流和额定容量。

① 额定电压　根据变压器的绝缘强度和允许温升而规定的加在原绕组上的电压，称为原边额定电压。原绕组加上额定电压时，副绕组的空载电压称为副边额定电压。原、副绕组的额定电压分别用字母 $U_{1N}$ 和 $U_{2N}$ 表示。三相变压器中，原、副绕组的额定电压都是指线电压。

② 额定电流　变压器原绕组加上额定电压 $U_{1N}$ 时，根据变压器允许温升而规定的原、副绕组中长时间允许通过的最大电流，称为额定电流，分别用 $I_{1N}$ 和 $I_{2N}$ 表示。若电流超过额定值，则由于发热过多而使变压器的绝缘受到损害。三相变压器的额定电流是指线电流。

③ 额定容量　变压器的额定容量用 $S_N$ 表示。

在单相变压器中，副绕组的额定电压与额定电流的乘积称为单相变压器的额定容量。即：

$$S_N = U_{2N} I_{2N} \tag{2-3}$$

单位为 V·A。实际上，单相变压器原、副边的额定容量是相等的。即：

$$S_N = U_{2N} I_{2N} = k I_{1N} \cdot U_{1N}/k = U_{1N} I_{1N} \tag{2-4}$$

三相电力变压器的额定容量为：

$$S_N = \sqrt{3} U_{2N} I_{2N} \tag{2-5}$$

单位常用 kV·A。

（2）变压器的铭牌

三相电力变压器的铭牌上，一般标有型号，连接组别，额定容量，高、低压侧额定电压及额定电流，阻抗压降等。图 2-14 是一台三相变压器的铭牌。

电力变压器

型式 S9-1000/10　　连接组 Y·yn0

相数 3相　　总重 3700kg

频率 50Hz　　出厂 年 月 日

| 容量 | 高压侧 | | 低压侧 | | 阻抗压降 |
|---|---|---|---|---|---|
| kV·A | V | A | V | A | % |
| 1000 | 10500<br>10000<br>9500 | 58 | 400 | 1445 | 4.5 |

××变压器厂

图 2-14　电力变压器的铭牌

### 2.1.5 变压器的符号

（1）变压器的文字符号

变压器用单字母表示时，文字符号为 T；用双字母表示时，TM 表示电力变压器，TU 表示升压变压器，TD 表示降压变压器。

（2）变压器的图形符号

变压器的图形符号如图 2-15 所示。

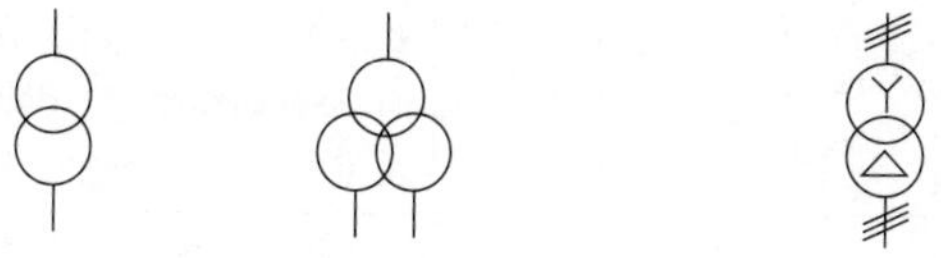

双绕组变压器　　三绕组变压器　　星形－三角形连接的三相变压器

图 2-15　电力变压器图形符号

**技能训练**　电力变压器的装配

（1）实训器材

① 100kV·A 三相油浸式电力变压器一台（无油）。

② 各种扳手及钳工工具若干，电工工具若干。

③ 起吊设备一套。

④ 安全帽、帆布手套、配套螺栓、螺母、垫圈、垫铁等若干。

（2）实训目标

① 掌握变压器的结构，明白变压器各组成部分的作用。

② 了解变压器的绕组连接。

③ 了解电力变压器的拆卸和装配过程及方法。

④ 学会使用各种工具。

（3）操作步骤

按变压器拆卸时的先后顺序反方向进行，先组装后拆卸的，后组装先拆卸的。

① 装配分接开关。

② 将器身连同箱盖用起吊设备吊入油箱上（内）。

③ 上紧油箱和箱盖间的螺栓螺母。

④ 装配储油柜、套管、安全气道、气体继电器等器件。

⑤ 接通高低压套管出线及气体继电器电缆。

（4）训练注意事项

① 要正确使用各种工具。

② 装配时要细心，防止错装和装反。

③ 紧固螺栓、螺母时不宜过松或过紧。

④ 十名同学为一组，共同完成训练内容。

⑤ 注意人身安全和设备安全。

⑥ 训练结束时清理现场。

（5）技能评价

**电力变压器的装配技能考核评分表**

姓名：＿＿＿＿＿＿＿＿ 组别：＿＿＿＿＿＿＿＿ 考核时间：90 分钟

| 序号 | 考核内容 | 评分要素 | 配分 | 评分标准 | 扣分 | 得分 | 备注 |
|---|---|---|---|---|---|---|---|
| 1 | 准备工作 | 实训器材及工具准备齐全；穿工作服、绝缘胶鞋，戴安全帽。需要时戴帆布手套 | 20 | 少准备一件扣 2 分<br>少穿戴一样扣 2 分 | | | |
| 2 | 结构说明 | 能完整说出变压器各部件名称 | 10 | 说不出一件扣 2 分 | | | |
| 3 | 组装电力变压器 | 完成变压器的装配 | 40 | 装错或装反一个部件扣 5 分；装配步骤少一个扣 3 分；该垫垫圈、垫铁的没垫，每个扣 2 分；少装零配件的，每个扣 2 分 | | | |
| 4 | 清理现场 | 清理现场 | 10 | 未清理现场扣 10 分<br>未收拾工具，每件扣 2 分 | | | |
| 5 | 安全文明操作 | 遵守安全操作规程 | 10 | 每违反规定一项扣 5 分<br>严重违规停止操作，并另从总分中再扣 10 分 | | | |
| 6 | 考核时限 | 在规定时间内完成 | 10 | 每超时 1 分钟扣 2 分 | | | |
| | | 合计 | 100 | | | | |

评分员： 核分员： 年 月 日

【思考与练习】

(1) 了解变压器的分类方法。

(2) 变压器主要由哪几部分组成?

(3) 变压器的器身包括哪几部分?

(4) 变压器的额定参数有哪些?

(5) 了解我国规定的五种三相变压器的标准连接组别，明白每种连接组别中各字母的含义。

(6) 熟记变压器单、双字母的文字符号。

(7) 熟记双绕组变压器、三绕组变压器和星形-三角形连接的三相变压器的图形符号。

## 2.2 高压断路器

能力目标

① 掌握高压断路器的作用和类型。

② 掌握高压断路器的型号含义、图形符号及文字符号。

③ 了解高压断路器的技术参数。

④ 了解各种常用高压断路器的结构、灭弧原理和特点。

### 2.2.1 高压断路器的有关知识

(1) 作用及类型

高压断路器是电力系统中最重要的电气设备之一。在电力系统各电压等级中使用数量多，应用范围广。在电能生产、传输分配过程中，它是非常重要的控制和保护设备，具有相当完善的灭弧装置，专门用于断开或接通高压电路。

高压断路器的作用，是使高压电路在正常负荷下接通和断开，在发生短路故障时，通过继电保护装置的作用将故障线路自动断开，使非故障部分正常运行。

高压断路器按其结构和灭弧方法，分为油断路器、六氟化硫断路器、真空断路器、压缩空气断路器、磁吹断路器等多种类型。

① 油断路器　分为多油断路器和少油断路器两种。多油断路器的特点是油箱内充油较多，油介质起灭弧和绝缘两种作用；但体积大，笨重，因而目前已较少使用。少油断路器的特点是充油较少，油介质主要起灭弧作用，因此体积较小，重量较轻，目前使用较多。油断路器是利用触头接通或断开时产生的电弧使油分解，通过产生气体的吹动和冷却作用将电弧熄灭。

② 六氟化硫断路器　六氟化硫（$SF_6$）是一种化学性能稳定的惰性气体。由于 $SF_6$ 具有优良的灭弧性能和电绝缘性能，因此 $SF_6$ 断路器的断流能力强，灭弧速度快，适于频繁操作。

③ 真空断路器　它内部具有真空灭弧室，利用真空的高绝缘强度来熄灭电弧。真空断路器的断流能力较强，灭弧速度很快，因此也适于频繁操作。

④ 压缩空气断路器　利用压缩空气作为灭弧介质。压缩空气有三方面作用：一是吹弧，

使电弧冷却而熄灭；二是作为触头断开后的绝缘介质；三是为分、合闸操作提供气动动力。这种断路器技术性能优越；但设备复杂，目前较少采用。

⑤ 磁吹断路器　在断路时，利用自身流过的电流产生的电磁力，将电弧拉长并进入灭弧室内灭弧。这种断路器性能较差，目前已较少采用。

（2）型号及符号

① 型号　高压断路器的型号含义如图 2-16 所示。

类型含义：C 磁吹断路器；D 多油断路器；L 六氟化硫断路器；S 少油断路器；Z 真空断路器；K 压缩空气断路器。

例如 SN10-10Ⅱ/1000-500：S 表示少油断路器；N 表示户内式；10 表示设计序号为 10；后一个 10 表示额定电压为 10kV；Ⅱ 表示派生设计序号为Ⅱ型；1000 表示额定电流为 1000A；500 表示额定断流容量为 500MV·A。完整的型号含义是：10kV 户内少油式、设计序号为 10，额定电流为 1000A、额定断流容量为 500MV·A 的Ⅱ型高压断路器。

② 图形符号及文字符号　高压断路器在供配电系统中的图形符号如图 2-17 所示，其文字符号一般用双字母 QF 表示，单字母表示时为 Q。

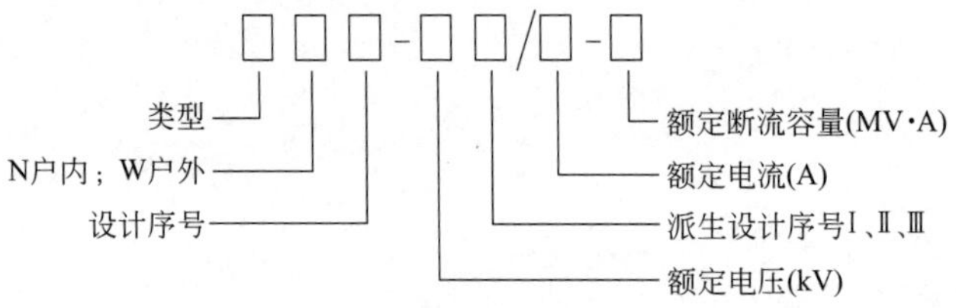


图 2-16　高压断路器的型号含义

图 2-17　高压断路器的图形符号

（3）技术参数

① 额定电压（kV）　指高压断路器承受持续电压的能力，应和电力网的额定电压相符。三相系统中高压断路器的额定电压是线电压，单相系统中高压断路器的额定电压是相电压。

② 额定电流（A）　指高压断路器在规定的使用和性能条件下，允许长期通过的最大工作电流的有效值，即通过此电流时导体部分的温升不超过规定的允许值。

③ 额定开断电流（kA）　指高压断路器在额定电压下能正常开断的最大电流。

④ 额定断流容量（MV·A）　这是高压断路器开断能力的又一个参数。该值与额定电压、开断电流有关。额定断流容量也称遮断容量，一般如下计算：

三相断路器的断流容量(MV·A)$=\sqrt{3}\times$额定线电压(kV)$\times$额定开断电流(kA)

单相断路器的断流容量(MV·A)$=$额定相电压(kV)$\times$额定开断电流(kA)

另外，高压断路器的技术参数还有固有分闸时间（s）、合闸时间（s）、极限通过电流峰值（kA）、热稳定电流（kA）等。

### 2.2.2　高压断路器的基本结构

不论是哪种类型的高压断路器，它们的基本结构都包括开断元件、支持绝缘件、传动元件、操作机构等几个部分。

（1）开断元件

开断元件包括主灭弧室、主触头系统、主导电回路、辅助灭弧室、辅助触头系统、并联电阻等。开断元件的作用是开断及闭合电力线路，安全隔离电源。

（2）支持绝缘件

支持绝缘件包括瓷柱、瓷套管、绝缘管等构成的支柱本体、拉紧绝缘子等。支持绝缘件保证开断元件可靠地对地绝缘，并承受开断元件的操作力及各种外力。

(3) 传动元件

传动元件包括各种连杆、齿轮、拐臂、液压管道、压缩空气管道等。传动元件的作用是将操作命令及操作功传递给开断元件的触头和其他部件。

(4) 操作机构

操作机构包括弹簧、液压、电磁、气动及手动机构的本体及其配件。操作机构的作用是为开断元件分合闸操作提供能量，并实现各种规定的操作。

### 2.2.3 常用的高压断路器

(1) SN10-10 型高压断路器

SN10-10 型高压断路器是我国统一设计并推广应用的一种户内式少油断路器。图 2-18 是 SN10-10 型高压户内少油断路器的外形图，图 2-19 是其油箱内部结构图。

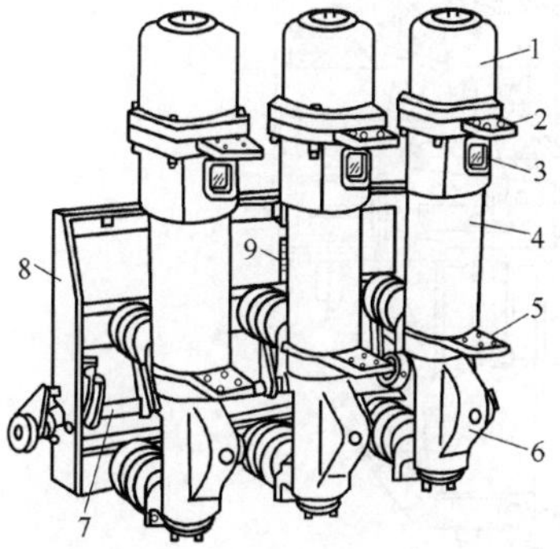

图 2-18 SN10-10 型高压少油断路器

1—铝帽；2—上接线端子；3—油标；4—绝缘筒；5—下接线端子；6—基座；7—主轴；8—框架；9—断路弹簧

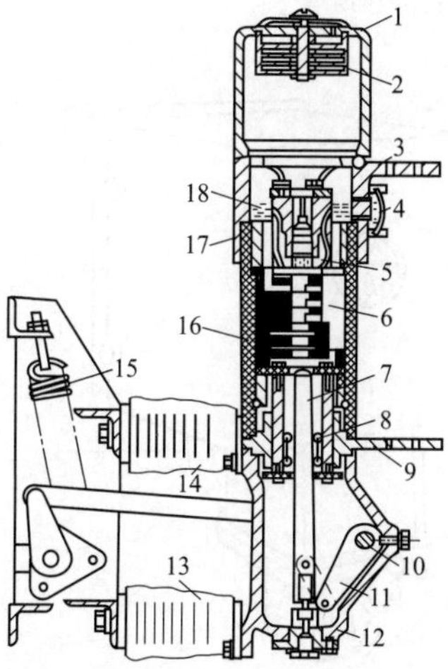

图 2-19 SN10-10 型高压少油断路器的油箱内部结构

1—铝帽；2—油气分离器；3—上接线端子；4—油标；5—静触头（插座式）；6—灭弧室；7—动触头（导电杆）；8—中间滚动触头；9—下接线端子；10—转轴；11—拐臂；12—基座；13—下支柱绝缘子；14—上支柱绝缘子；15—断路弹簧；16—绝缘筒；17—逆止阀；18—绝缘油

这种断路器由框架、传动部分和油箱等三个主要部分组成，其中由环氧树脂玻璃钢制成的油箱是核心部分。油箱内上部有插座式静触头，上出线端子与之相连。动触头（导电杆）全段在油箱中，滚动触头将导电杆与下出线端相连。断路器的灭弧室采用玻璃纤维压成的耐弧塑料片叠成，具有良好的灭弧性能。断路器的上出线端、上盖帽及下出线端由铝合金制成，基座由高强度铸铁制成。整个断路器固定在瓷支柱绝缘子上，使之与外部绝缘。

断路器合闸时，动触头（导电杆）插入静触头，其导电回路是：上出线端子→静触头→动触头（导电杆）→中间滚动触头→下出线端子。

断路器分闸时，分闸断路弹簧放松，动触头（导电杆）迅速向下运动，动、静触头之间产生电弧，油在电弧高温下气化，灭弧室内压力升高，静触头座内的小钢球封住中心孔，油气混合体强烈地吹弧，使电弧迅速熄灭。因此这种断路器具有较大的断流能力。

（2）SN10-10 型断路器的操作机构

操作机构是高压开关设备的重要组成部分。它的作用是使开关设备准确地合闸和分闸，并维持合闸状态。由于相同的操作机构可配用不同的高压开关设备，因此操作机构通常与开关设备本身分离开来，并具有独立的型号。

根据高压开关设备合闸所需能量不同，操作机构可分为手力操作机构、电磁操作机构、弹簧操作机构、液压操作机构、电动操作机构等。SN10-10 型高压断路器通常与 CD10 型电磁操作机构配合使用。

电磁操作机构可以手动和远距离合闸、分闸，变电所应用它就能实现自动切换供电线路。图 2-20 是 CD10 型电磁操作机构的外形图和剖面图。这种操作机构由传动机构、电磁机构和缓冲底座三个部分组成。电动合闸时，合闸线圈通电产生电磁力，完成合闸动作。电动分闸（跳闸）时，跳闸线圈通电产生电磁力，完成跳闸动作。也可使用合闸操作手柄进行手动合闸，或者按动手动跳闸按钮，进行手动跳闸。一般电动合闸，功率较大，需使用直流 110V 或 220V 操作电源。

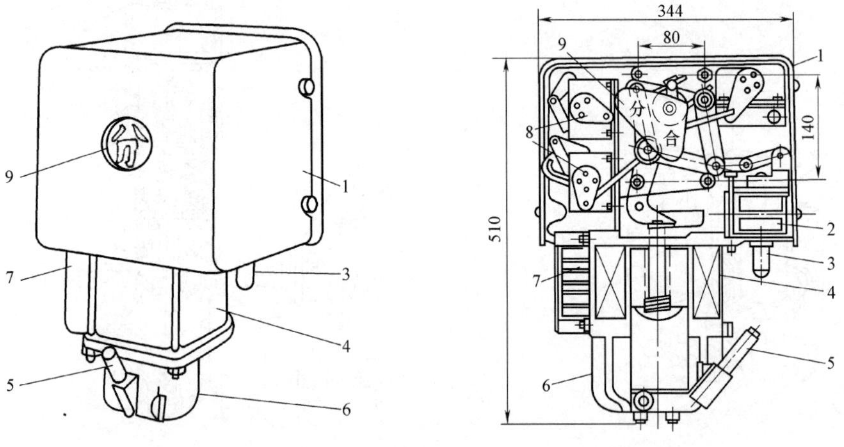


(a) 外形图　　　　(b) 剖面图

图 2-20　CD10 型电磁操作机构

1—外壳；2—跳闸线圈；3—手动跳闸按钮（跳闸铁芯）；4—合闸线圈；
5—合闸操作手柄；6—缓冲底座；7—接线端子排；8—辅助开关；9—分合指示器

（3）六氟化硫断路器

六氟化硫（$SF_6$）断路器是利用 $SF_6$ 气体作为灭弧介质和绝缘介质的断路器，这是近年来发展很快的一种新型断路器。$SF_6$ 的绝缘强度是空气的 2.5～3 倍，其灭弧能力比空气高几十倍到几百倍，所以利用简单的灭弧机构就可以达到很高的技术参数。

图 2-21 为 LN2-10 型 $SF_6$ 断路器的外形图。图 2-22 为其灭弧室的工作示意图。$SF_6$ 断路器的静触头和灭弧室中的压气活塞是相对固定不动的，当跳闸时，装有动触头和绝缘喷嘴的气缸由断路器的操作机构通过连杆带动离开静触头，电弧在动、静触头间产生，造成气缸与活塞的相对运动，压缩 $SF_6$ 气体，并使之通过喷嘴吹弧，从而使电弧迅速熄灭。

$SF_6$ 断路器与油断路器比较，具有断流能力强、灭弧速度快、电绝缘性能好、适于频繁操作且无燃烧爆炸危险的优点。目前，$SF_6$ 断路器主要应用在需频繁操作及有易燃易爆危险的场所。

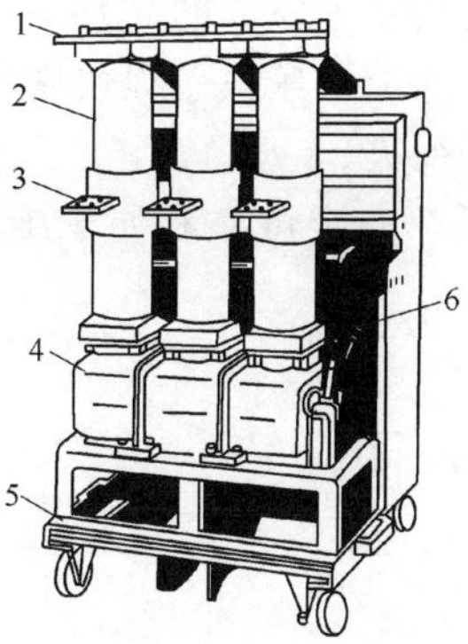


图 2-21 LN2-10 型 $SF_6$ 断路器

1—上接线端子；2—绝缘筒（内为气缸及触头系统）；3—下接线端子；4—操动机构箱；5—小车；6—断路弹簧

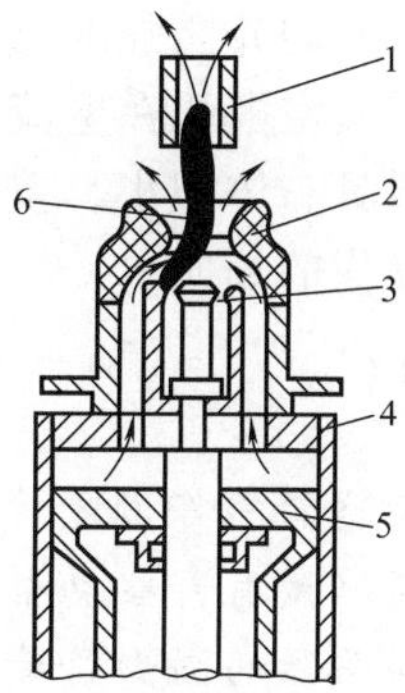


图 2-22 $SF_6$ 断路器的灭弧室工作示意图

1—静触头；2—绝缘喷嘴；3—动触头；4—气缸（连同动触头由操动机构传动）；5—压气活塞（固定）；6—电弧

(4) 真空断路器

真空断路器是一种利用真空灭弧的断路器。它的触头装在真空灭弧室内，由于真空中不存在气体游离的问题，所以这种断路器的触头断开时不会产生电弧，或者说，触头一断开，电弧就已熄灭。但是在感性电路中，灭弧速度过快，即 $di/dt$ 太大，会引起很高的过电压，这对供电系统是不利的。因此最好是在开关触头间产生一点真空电弧，并使之在电流第一次自然过零时熄灭。这样燃弧时间既短（至多半个周期），又不会产生很高的过电压。

图 2-23 是 ZN3-10 型真空断路器的外形图。图 2-24 为其灭弧室的工作示意图。当触头刚分离时，在触头间只产生真空电弧。电弧的温度很高，使金属触头表面产生金属蒸气，由

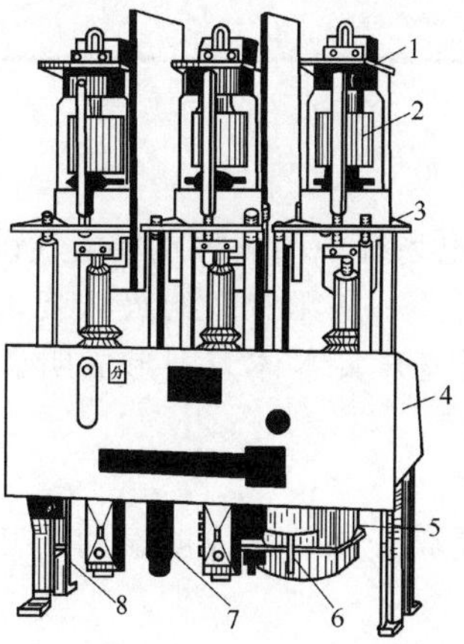


图 2-23 ZN3-10 型高压真空断路器

1—上接线端子（后面出线）；2—真空灭弧室；3—下接线端子（后面出线）；4—操动机构箱；5—合闸电磁铁；6—分闸电磁铁；7—断路弹簧；8—底座

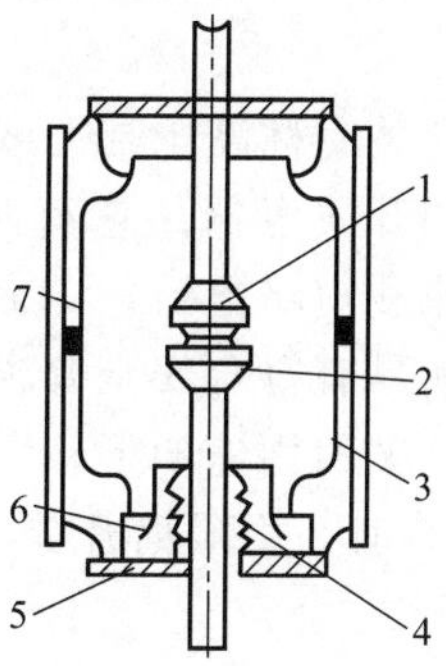


图 2-24 真空断路器灭弧室示意图

1—静触头；2—动触头；3—屏蔽罩；4—波纹管；5—与外壳封接的金属法兰盘；6—波纹管屏蔽罩；7—绝缘外壳

于触头的圆盘状设计，使真空电弧在主触头表面快速移动，其金属离子在屏蔽罩内壁上凝聚，以致电弧在自然过零后极短的时间内，触头间隙又恢复了原有的高真空度，因此，电弧暂时熄灭，触头间的介质强度迅速恢复；电流过零后，外加电压虽然很快恢复，但触头间隙不会再被击穿，真空电弧在电流第一次过零时就能完全熄灭。

真空断路器具有体积小、重量轻、动作快、寿命长、安全可靠和便于维护检修等优点，适用于需频繁操作的场所。

## 【思考与练习】

（1）高压断路器的作用是什么？

（2）高压断路器有哪些类型？

（3）高压断路器的图形符号及文字符号是怎样的？

（4）高压断路器的技术参数有哪些？

（5）各种常用高压断路器的灭弧原理有何特点？

# 2.3 高压隔离开关

**能力目标**

① 掌握高压隔离开关的用途和基本要求。

② 掌握高压隔离开关的类型、结构和主要参数。

③ 掌握高压隔离开关的图形符号和文字符号。

④ 掌握高压隔离开关的操作要领。

⑤ 学会高压隔离开关的安装。

⑥ 学会使用各种工具。

### 2.3.1 高压隔离开关的用途和基本要求

（1）用途

高压隔离开关简称高压闸刀或高压刀闸，是供配电系统中的一种重要电气设备，是一种结构比较简单的开关电器。它有两个显著的结构特点：一是无专门的灭弧装置，不能用来分、合负荷电流和短路电流；二是在分闸位置时，隔离开关本体刀闸形成明显的电路断开点，断开点之间具有符合安全要求的、可见的绝缘距离。

高压隔离开关的用途如下。

① 设备检修时，用隔离开关将有电和无电部分隔离开来，形成明显的断开点，以保证检修操作的安全。

② 高压隔离开关与高压断路器相配合，进行倒闸操作，以改变系统的运行方式。

③ 断开小电流电路和旁（环）路电流，例如可使用高压隔离开关进行下列项目的操作：

a. 分、合电压互感器和避雷器；

b. 分、合母线及直接连接在母线上的设备的电容电流；

c. 分、合电压为10kV、长度为5km以内的空载电缆线路；

d. 分、合电压为35kV、长度为10km以内的空载架空线路；

e. 分、合电压为 35kV、容量为 1000kV·A 及以下的空载变压器；

f. 分、合电压为 110kV、容量为 3200kV·A 及以下的空载变压器。

④ 对双母线带旁路接线，当某一出线单元断路器因某一原因出现分、合闸闭锁，用旁路母线断路器代其运行时，可用高压隔离开关断开并联回路，但操作前必须断开旁路母线断路器的操作电源。

⑤ 对双母线分段接线方式，当两个母联断路器和分段断路器中的某一断路器出现分、合闸闭锁时，可用隔离开关断开回路。但在操作前必须确认三个断路器在合闸位置，并断开三个断路器的操作电源。

⑥ 用高压隔离开关断开 500kV 以上小电流电路和旁（环）路电流的操作，须经计算符合高压隔离开关的技术条件和有关调度规程后才能进行。

（2）对高压隔离开关的基本要求

① 高压隔离开关分闸后应有明显的断开点，易于鉴别电气设备是否与电网隔开。

② 高压隔离开关分闸后的断开点应有足够的距离，以保证在恶劣的气候条件下和过电压及相间闪络的情况下，不致从断开点击穿而危及工作人员和设备的安全。

③ 在短路情况下，高压隔离开关应具有足够的动热稳定度、机械强度和绝缘强度。

④ 高压隔离开关具有开断一定的电容电流、电感电流的能力和开断环流的能力。

⑤ 高压隔离开关分、合闸时的同期要好，要有最佳的分、合闸速度，以尽量降低操作时产生的过电压、燃弧次数和无线电干扰。

⑥ 高压隔离开关结构应简单，动作要可靠，金属部件应能耐受恶劣环境条件而不被腐蚀，在冰冻的环境条件下能可靠分、合闸。

⑦ 带有接地刀闸的高压隔离开关必须装设联锁机构，以保证停电时先高压断开隔离开关，后闭合接地刀闸；送电时先断开接地刀闸，后闭合高压隔离开关的操作顺序。

⑧ 通过辅助触点，高压隔离开关与高压断路器之间应有电气闭锁，以防止带负荷误分、合高压隔离开关。

### 2.3.2 高压隔离开关的种类、结构和主要参数

（1）高压隔离开关的种类

① 按绝缘支柱数目分，可分为单柱式、双柱式和三柱式三种。

② 按闸刀的运动方式分，可分为水平旋转式、垂直旋转式、摆动式和插入式四种。

③ 按装设地点分，可分为户内式和户外式两种。

④ 按有无接地刀闸分，可分为有接地刀闸和无接地刀闸两种。

⑤ 按高压隔离开关的极数分，可分为单极和三极两种。

⑥ 按高压隔离开关装设的操动机构分，可分为手动式、电动式、气动式和液压式等类型。

（2）高压隔离开关的结构

高压隔离开关的主要部件包括导电部分、绝缘部分、操动机构、传动机构、支持底座等。

① 导电部分　包括触头、闸刀、接线座等。主要起传导电路中的电流、关合和开断电路的作用。

② 绝缘部分　包括支持绝缘子和操作绝缘子，以实现带电部分和接地部分的绝缘。

③ 操动机构　通过手动、电动、气动、液压等向高压隔离开关的动作提供能量。

④ 传动机构　由拐臂、连杆、轴齿或操作绝缘子等组成，以接受操动机构的力矩，将运动传动给触头，以完成高压隔离开关的分、合闸动作。

⑤ 支持底座　将导电部分、绝缘部分、传动机构、操动机构等固定为一体，并使其固定在基础上。

（3）高压隔离开关的主要参数

① 额定电压（kV） 指高压隔离开关长期运行时能承受的工作电压。

② 最高工作电压（kV） 指高压隔离开关能承受超过额定电压的电压。

③ 额定电流（A） 指高压隔离开关长期通过的工作电流，即通过此电流时其各部分的发热不超过允许值。

④ 热稳定电流（kA） 指在某一规定的时间内，高压隔离开关允许通过的最大电流。它表示隔离开关承受短路电流热稳定的能力。

⑤ 极限峰值电流（kA） 指高压隔离开关能承受的瞬时冲击短路电流。这个值与高压隔离开关各部分的机械强度有关。

### 2.3.3 高压隔离开关的型号及符号

（1）型号

高压隔离开关的型号表示和含义如图 2-25 所示。

例如 GN8-10/600-20，G 代表高压隔离开关，N 代表户内式，8 代表设计序号为 8，10 代表额定电压为 10kV，600 代表额定电流为 600A，20 代表能承受的极限短路电流为 20kA。型号的完整含义是：用于 10kV 线路的户内型、设计序号为 8、额定电流为 600A、额定极限短路电流为 20kA 的高压隔离开关。

再如 GW5-110D/630-40，表示用于 110kV 线路带接地刀闸的户外型、设计序号为 5、额定电流为 630A、额定极限短路电流为 40kA 的高压隔离开关。

（2）图形符号和文字符号

高压隔离开关在供配电系统中的图形符号如图 2-26 所示。其文字符号一般用双字母 QS 表示，单字母表示时为 Q。

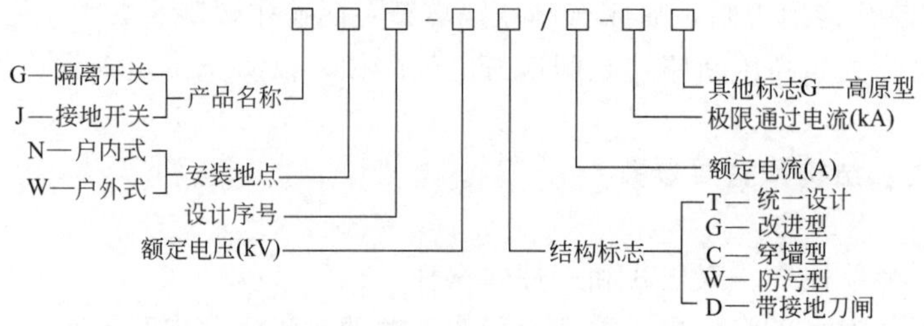


图 2-25 高压隔离开关型号含义

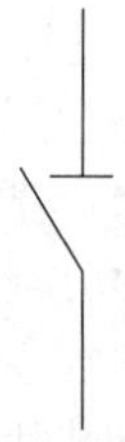

图 2-26 隔离开关图形符号

### 2.3.4 高压隔离开关的操作要点

通常高压隔离开关与高压断路器配合使用。但必须保证高压隔离开关的“先通后断”操作顺序，即送电时应先合隔离开关，后合断路器；停电时应先断开断路器，后断开隔离开关。通常应在隔离开关与断路器之间设置闭锁机构，以防止误操作。

正因为高压隔离开关不能带负荷操作，所以拉闸、合闸前应检查与之串联安装的高压断路器是否在分闸位置。如用高压隔离开关操作规定容量范围内的变压器，拉闸、合闸前应先从低压侧停掉全部负载。

拉闸、合闸前应先拔出定位销。拉闸、合闸动作应迅速，但终了时不要用力过猛。拉闸、合闸完毕应重新上好定位销，并观察触头位置及状态。

操作过程中，如发现错误，应冷静处理，避免发生更严重的问题。如合闸过程中发生电弧，不得将已经合上或将要合上的开关再拉开来，而必须迅速合上，否则，必将造成弧光短路。进行拉闸操作时，应留心观察触头分开瞬间的情况。如动、静触头刚分离时发现是带负荷拉闸，千万不能强行拉开，而必须迅速合上。条件许可时，拉闸操作可分两步进行：第一步是将闸刀从刀座拉开一个很小的间隙，如果不出现强烈电弧，随即进行第二步操作，即将闸刀全部拉开；如果进行第一步操作时出现强烈电弧，则不得进行第二步操作，而应立即将闸刀合上。

运行中高压隔离开关的瓷绝缘不应有破损和放电痕迹，表面应清洁，连接部位不应过热（不超过75℃），不应有异声，操作机构和传动机构不应移位、松动，定位销应完好。

### 2.3.5 选择高压隔离开关时的注意事项

① 按安装地点选择户内型或户外型。

② 结合工作条件确定额定值，校验动、热稳定性。

③ 35kV及以上线路，宜选用带接地刀闸的高压隔离开关。

④ 选择时还应考虑开关接线端的机械负荷。

### 2.3.6 常用的高压隔离开关

图2-27为GN8-10/600型高压隔离开关结构示意图，图2-28为GW5-110D型高压隔离开关结构示意图。另外，GN22-12型高压隔离开关、GN6-10型高压隔离开关、GN27-40型高压隔离开关的外形图如图2-29所示。

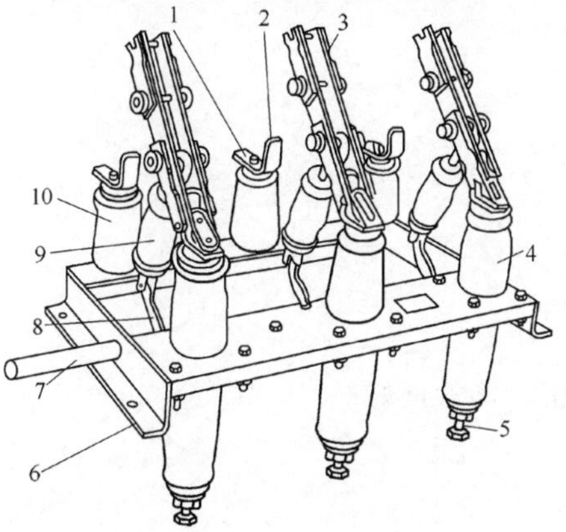


图2-27 GN8-10/600型高压隔离开关

1—上接线端子；2—静触头；3—闸刀；4—套管绝缘子（GN6型为支柱绝缘子）；5—下接线端子；6—框架；7—转轴；8—拐臂；9—升降绝缘子；10—支柱绝缘子

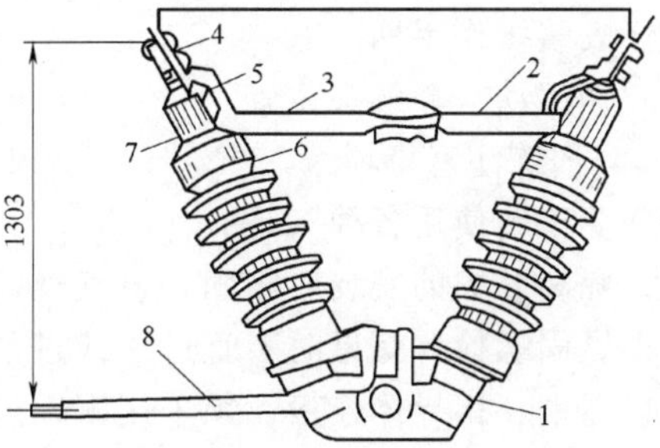


图2-28 GW5-110D型高压隔离开关

1—底座；2、3—闸刀；4—接线端子；5—挠性连接导体；6—棒式绝缘子；7—支承座；8—接地刀闸

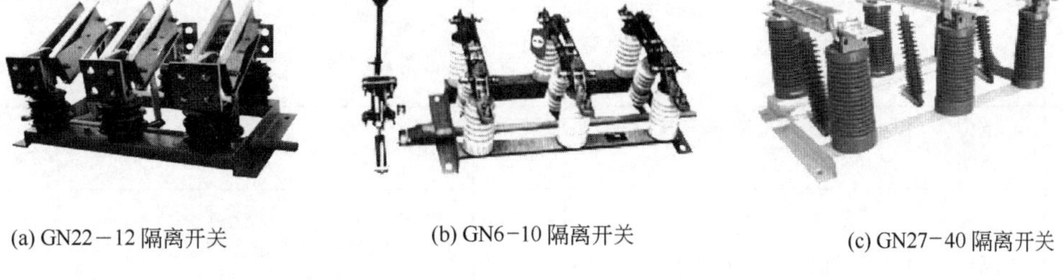

(a) GN22－12隔离开关　(b) GN6－10隔离开关　(c) GN27－40隔离开关

图2-29 常见隔离开关

## 技能训练 高压隔离开关的安装

（1）实训器材

① GN8-10 型高压隔离开关一套。

② 各种扳手若干，电工工具若干。

③ 隔离开关安装支架一架。

④ 安全帽、帆布手套、配套螺栓、螺母、垫圈、垫铁等若干。

（2）实训目标

① 学会正确使用各种工具。

② 掌握高压隔离开关的结构，明白各组成部分的作用。

③ 了解高压隔离开关的安装方式，即户外型露天安装时应水平安装，户内型应垂直安装或倾斜安装（指带有套管绝缘子的开关）。一般情况下，电源接静触头端，负载接动触头端。但电缆进线的受电柜的第一台隔离开关正相反，电源接动触头端，负载接静触头端。

（3）操作步骤

按隔离开关的安装要求逐步进行。

① 安装框架（底座）。

② 安装套管绝缘子。

③ 安装动、静触头。

④ 安装操作手柄。

⑤ 调试动、静触头位置。

（4）训练注意事项

① 要正确使用各种工具。

② 隔离开关的安装应牢固，电气连接应当紧密，接触良好。

③ 紧固螺栓、螺母时不宜过松或过紧。

④ 遇铜、铝导体连接，须采用铜铝过渡接头。

⑤ 六名同学为一组，共同完成训练内容。

⑥ 注意人身安全和设备安全。

⑦ 训练结束时清理现场。

（5）技能评价

**高压隔离开关的安装技能考核评分表**

姓名：________________ 组别：________________ 考核时间：90 分钟

| 序号 | 考核内容 | 评分要素 | 配分 | 评分标准 | 扣分 | 得分 | 备注 |
|---|---|---|---|---|---|---|---|
| 1 | 准备工作 | 实训器材及工具准备齐全；穿工作服、绝缘胶鞋，戴安全帽。需要时戴帆布手套 | 10 | 少准备一件扣 2 分<br>少穿戴一样扣 2 分 | | | |
| 2 | 结构说明 | 能完整说出隔离开关各部件名称 | 10 | 说不出一件扣 2 分 | | | |
| 3 | 安装隔离开关 | 完成隔离开关的安装 | 50 | 位置装错（应垂直或倾斜安装）扣 10 分；装配步骤颠倒扣 5 分；该垫垫圈或垫铁的没垫，每个扣 2 分；少装零配件的，每个扣 2 分 | | | |

续表

| 序号 | 考核内容 | 评分要素 | 配分 | 评分标准 | 扣分 | 得分 | 备注 |
|---|---|---|---|---|---|---|---|
| 4 | 清理现场 | 清理现场 | 10 | 未清理现场扣 10 分<br>未收拾工具，每件扣 2 分 | | | |
| 5 | 安全文明操作 | 遵守安全操作规程 | 10 | 每违反规定一项扣 5 分<br>严重违规停止操作，另从总分中再扣 10 分 | | | |
| 6 | 考核时限 | 在规定时间内完成 | 10 | 每超时 1 分钟扣 2 分 | | | |
| | | 合计 | 100 | | | | |

评分员：　　　　　　核分员：　　　　　　　　　　　　　　　　年　月　日

**【思考与练习】**

(1) 高压隔离开关的结构特点是什么？

(2) 了解高压隔离开关的用途。

(3) 对高压隔离开关的基本要求有哪些？

(4) 高压隔离开关的主要参数有哪些？

(5) 牢记高压隔离开关的操作要点。

(6) 为什么高压隔离开关不能带负荷操作？

## 2.4 互感器

**能力目标**

① 掌握电流互感器和电压互感器的作用、结构特点及原理。

② 掌握电流互感器和电压互感器在三相电路中的接线方式。

③ 掌握电流互感器和电压互感器的使用注意事项。

④ 学会电流互感器和电压互感器的安装接线。

### 2.4.1 互感器的概念

互感器是电流互感器和电压互感器的统称。互感器实质上是一种特殊的变压器，其基本结构和工作原理与变压器基本相同。它是测量仪表、继电保护装置等二次设备获取一次回路信息的传感器，其一次侧接在一次系统，二次侧接测量仪表和继电保护装置等。互感器将一次电路的大电流、高电压变成小电流、低电压，以便使二次侧测量仪表和继电保护装置隔离高压电路，更有利于测量仪表和继电器产品的小型化、标准化等。可以说，互感器是一次电路和二次电路的联络元件。其中，变换电压的互感器叫电压互感器，变换电流的互感器叫电流互感器。

### 2.4.2 电流互感器

(1) 基本结构原理

电流互感器的基本结构原理如图 2-30 所示。它的结构特点是，一次绕组匝数很少（有时可少到 1 匝)，而二次绕组匝数很多。其一次绕组串联接入一次电路，而二次绕组则与测量仪表、继电器等的电流线圈串联，形成一个闭合回路。由于二次电路中测量仪表和继电器的电流线圈阻抗很小，所以电流互感器工作时其二次电路近似于短路状态。

电流互感器的一、二次绕组之间有足够的绝缘强度，从而保证了所有的低压二次设备与高电压隔离开来。电力线路的电流各不相同，通过电流互感器的一、二次绕组不同匝数比的配置，可将大小悬殊的电路电流变成大小相当、便于测量的电流值。因为一次绕组的额定电流 $I_{1N}$ 已经标准化了，二次绕组的额定电流 $I_{2N}$ 统一规定为 5A，所以，电流互感器的变比 $K_i$ 也就标准化了。

电流互感器一、二次侧额定电流之比，称为变流比，用 $K_i$ 表示，其表达式为：

$$K_i = I_{1N}/I_{2N} = N_2/N_1 = I_1/I_2 \tag{2-6}$$

例如，某电流互感器一次额定电流 $I_{1N}=200A$，则 $K_i = I_{1N}/I_{2N} = 200/5 = 40$。

(2) 符号、类型和型号

电流互感器的图形符号如图 2-31 所示，其文字符号一般用双字母 TA 表示，单字母表示时为 T。

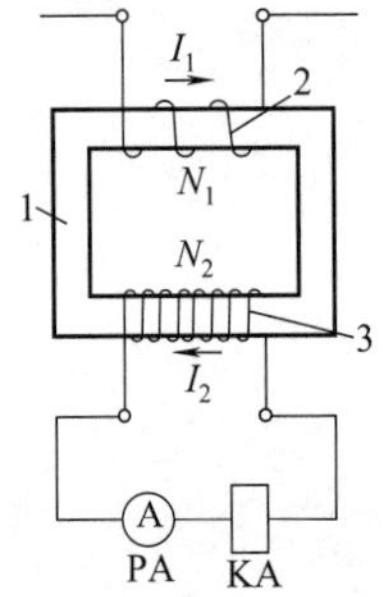


图 2-30　电流互感器

1—铁芯；2—一次绕组；3—二次绕组

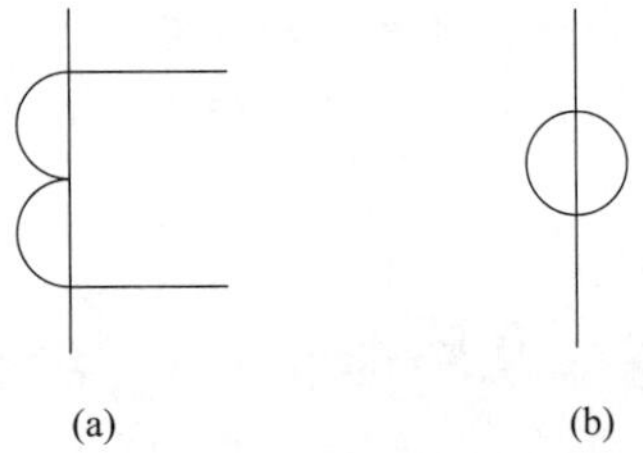


图 2-31　电流互感器图形符号

电流互感器的类型很多，按一次绕组的匝数分，有单匝式和多匝式；按一次电压的高低分，有高压和低压两大类；按用途分，有测量用和保护用两大类；按准确度等级分，有 0.2、0.5、1、3、5 等若干级。电流互感器的型号表示和含义如图 2-32 所示。

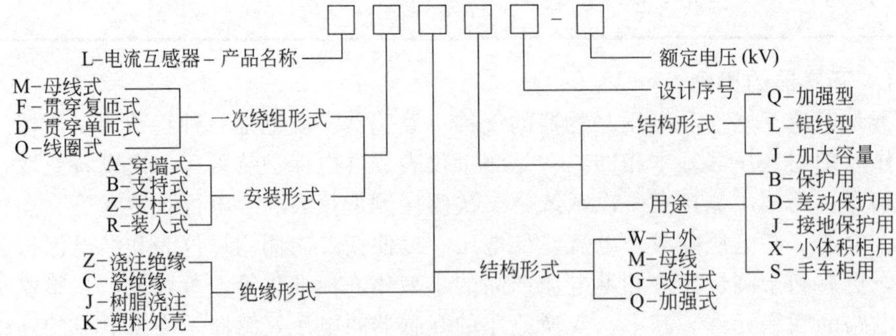


图 2-32　电流互感器的型号表示和含义

例如型号 LMZJ1-0.5，L 表示电流互感器；M 表示母线户内式；Z 表示浇注绝缘；J 表示接地保护用；1 表示设计序号为 1；0.5 表示额定电压为 0.5kV。完整的含义是：带接地保护的母线户内式浇注绝缘的低压电流互感器。

（3）常用的接线方式

电流互感器在三相电路中根据所要测量和保护的范围和方式的不同，有不同的接线方式，最常见的有以下几种，如图 2-33 所示。

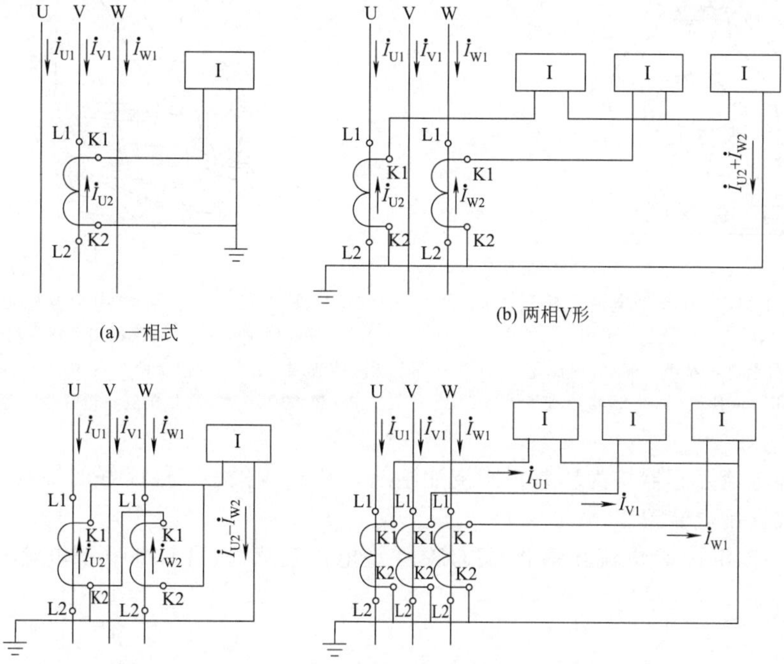


(a) 一相式　(b) 两相V形　(c) 两相电流差　(d) 三相Y形

图 2-33　电流互感器的结线方式

① 一相式接线　图 2-33（a）为一相式接线。这种接线使电流继电器电流线圈通过的电流反映一次电路对应相的电流，通常用于负荷平衡的三相电路中测量电流，或在继电保护中作为过负荷保护接线。

② 两相 V 形接线　图 2-33（b）为两相 V 形接线。这种接线也叫两相不完全 Y 形接线，在继电保护装置中，这种接线称为两相两继电器接线。二次侧公共线上流过的电流为两个互感器二次电流的相量和，因此这种接线的三只电流继电器的电流线圈分别反映了三相电流。这种接线广泛用于中性点不接地的三相三线制电路中，供测量三个相电流或三相功率和三相电能之用，同时也经常应用于继电保护装置中。

③ 两相电流差接线　图 2-33（c）为两相电流差接线。这种接线的二次侧公共线中流过的电流等于两个相电流的相量之差，其值为相电流的$\sqrt{3}$倍。这种接线常用于三相三线制的继电保护装置中，也称为两相一继电器接线。

④ 三相 Y 形接线　图 2-33（d）为三相 Y 形接线。这种接线的三个电流继电器的电流线圈正好反映各相电流，因此广泛用于中性点直接接地的三相三线制，特别是三相四线制电路中，用于测量或继电保护。

（4）常用电流互感器举例

图 2-34 为户内低压 500V 的 LMZJl-0.5 型母线式电流互感器的外形图。它本身没有一次绕组，母线从中孔穿过，母线就是其一次绕组（1 匝）。

图 2-35 为户内 10kV 的 LQJ-10 型线圈式电流互感器的外形图。它的一次绕组绕在两个铁芯上，每个铁芯都各有一个二次绕组，精度（准确度）分别为 0.5 级和 3 级。0.5 级精度的接测量仪表，3 级精度的接继电器。

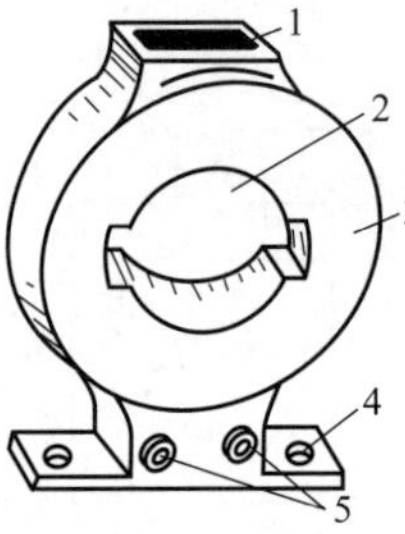


图 2-34　LMZJ1-0.5 型电流互感器
1—铭牌；2——次母线穿孔；
3—铁芯；外绕二次绕组，环氧树脂浇注；
4—安装板（底座）；5—二次接线端子

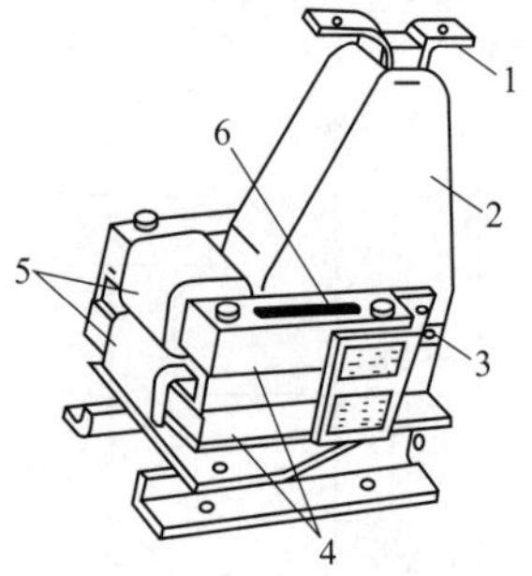


图 2-35　LQJ-10 型电流互感器
1——次接线端子；2——次绕组，环氧树脂浇注；
3—二次接线端子；4—铁芯（两个）；5—二次绕组（两个）；
6—警告牌（上写“二次侧不得开路”等字样）

上述两种电流互感器均为环氧树脂浇注绝缘，具有体积小、性能好的特点，因此广泛应用在高低压成套配电装置中。

另外，LAZBJ-10 型电流互感器、LGB-10 型电流互感器、LDZJ10 型电流互感器的外形如图 2-36 所示。

(a) LAZBJ -10 型电流互感器　(b) LGB -10 型电流互感器　(c) LDZJ10 型电流互感器

图 2-36　常用电流互感器

（5）使用注意事项

① 电流互感器在工作时其二次侧不允许开路。因为在正常运行时，电流互感器二次侧负荷很小，近于短路工作状态。如果二次侧开路，将使励磁动势急剧增大，这样不但使铁芯损耗增加，引起过热，并且产生剩磁，大大降低准确度。更严重的是会在二次侧产生非常危险的高电压，危及人身和设备的安全。在运行中，若需要拆除电流互感器二次侧仪表或继电器时，必须先用导线或短路压板将二次侧短接，以防开路。

② 电流互感器的二次侧有一端必须接地。这是为了防止电流互感器的一、二次绕组绝缘击穿时，一次侧的高电压窜入二次侧，危及人身和设备的安全。

③ 电流互感器在连接时，要注意其端子的极性。即按“同名端”判定一、二次线圈电流方向后进行正确接线，否则其二次侧所接仪表、继电器中流过的电流不是预想的电流，影响正确测量，甚至可能引起事故。

### 2.4.3 电压互感器

(1) 基本结构原理

电压互感器的基本结构原理如图 2-37 所示。电压互感器是一种专用的降压变压器，它可以将高电压变换为低电压，接入低量程的电压表进行测量，也可接入继电器进行继电保护。它的结构特点是，一次绕组匝数很多，而二次绕组匝数较少，其一次绕组并联接入被测的高压一次电路中，而二次绕组则并联在测量仪表、继电器等的电压线圈上。由于二次侧所接测量仪表、继电器等的电压线圈阻抗很大，所以电压互感器工作时二次回路近似于空载状态（开路状态）。电压互感器二次侧的额定电压一般为 100V。

电压互感器一、二次侧额定电压之比，称为电压互感器的变压比，用 $K_u$ 表示。其表达式为

$$K_u = U_{1N}/U_{2N} = N_1/N_2 = U_1/U_2 \quad (2\text{-}7)$$

(2) 符号、类型和型号

电压互感器的图形符号如图 2-38 所示，其文字符号一般用双字母 TV 表示，单字母表示时为 T。

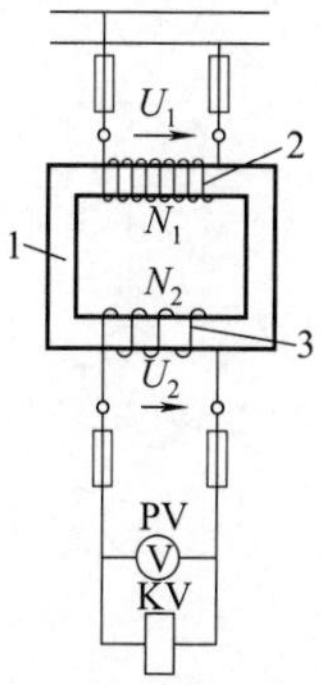


图 2-37 电压互感器

1—铁芯；2—一次绕组；3—二次绕组

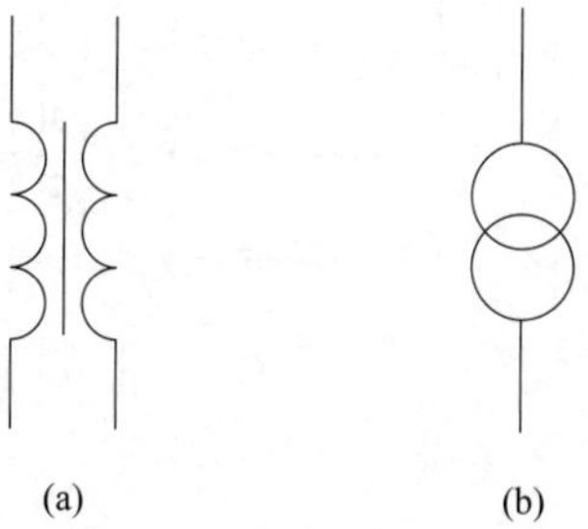


图 2-38 电压互感器图形符号

电压互感器按安装地点可分为户内式和户外式。35kV 以下多为户内式，35kV 及以上则制成户外式。电压互感器按相数可分为单相式和三相式，按绕组数目可分为双绕组和三绕组，按绝缘可分为干式、浇铸式、油浸式和充气式，此外，还有电容式电压互感器。电压互感器的型号表示和含义如图 2-39 所示。

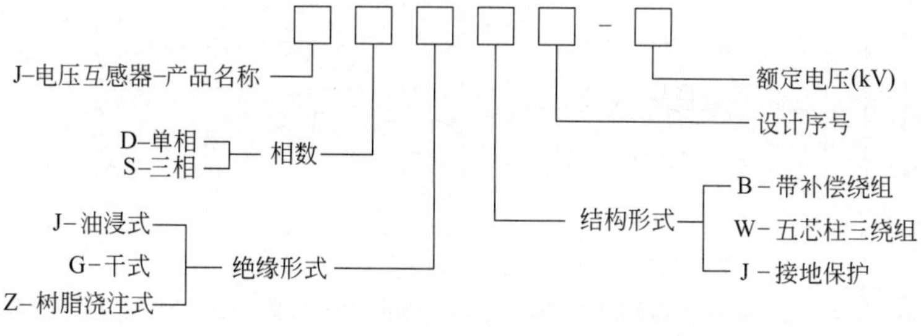


图 2-39 电压互感器的型号表示和含义

例如型号 JDZJ5-10，J 表示电压互感器；D 表示单相；Z 表示树脂浇注式；J 表示接地保护；5 表示设计序号为 5；10 表示额定电压为 10kV。完整的型号含义是：具有接地保护的 10kV 树脂浇注式单相电压互感器。

（3）常用的接线方式

电压互感器在三相电路中常用的接线方式有如下几种，如图 2-40 所示。

① 一相式接线　采用一个单相电压互感器的接线，如图 2-40（a）所示，供仪表、继电器测量一个线电压，常用作备用线路的电压监视。

② 两相式接线　又叫做 V/V 形接线，采用两个单相电压互感器，如图 2-40（b）所示，供仪表、继电器测量三相三线制电路的各个线电压，广泛地应用在 6～10kV 的高压配电装置中。

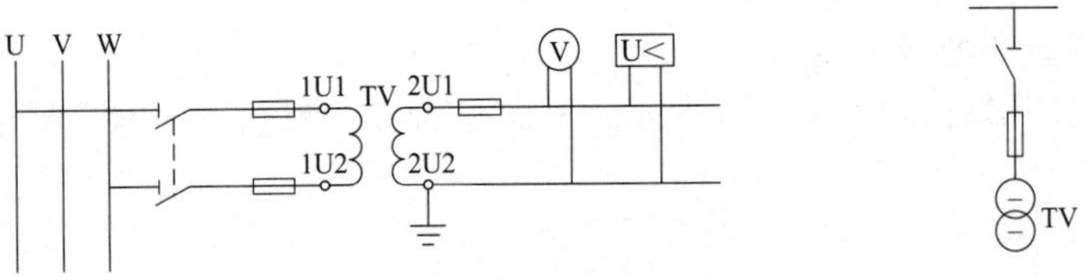


(a) 一个单相电压互感器的接线

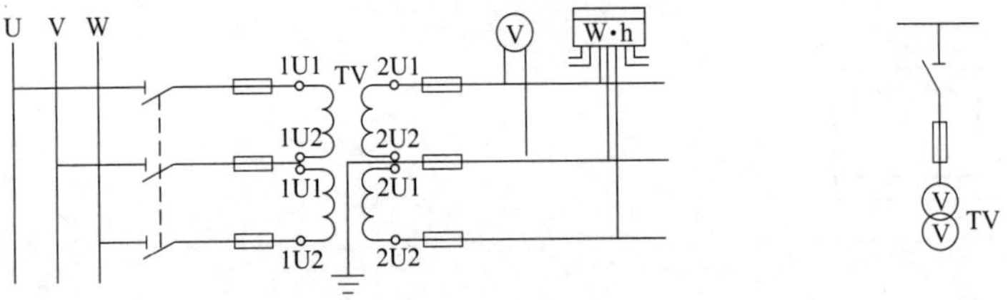


(b) 两个单相电压互感器V/ V形接线

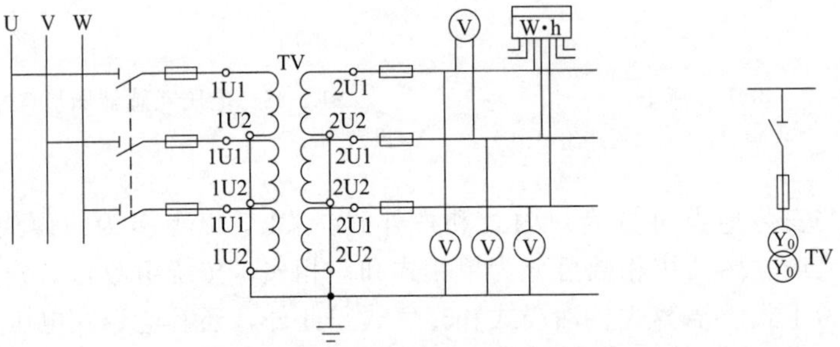


(c) 三个单相电压互感器接成$Y_0$/ $Y_0$形接线

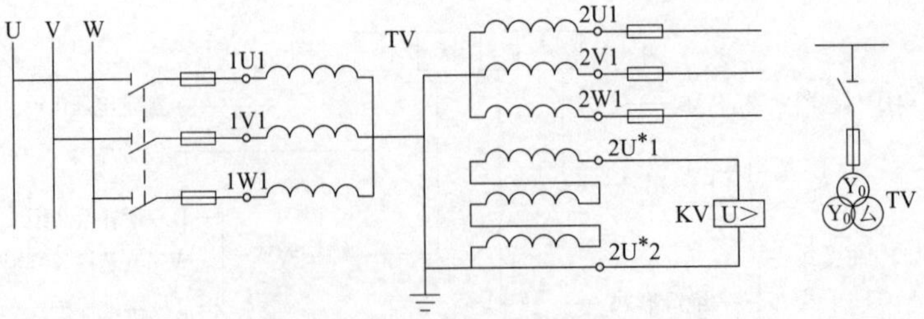


(d) 三个单相三绕组电压互感器或一个三相五芯柱三绕组电压互感器接成$Y_0$/$Y_0$/△(开口三角形)

图 2-40　电压互感器的接线方式

③ $Y_0/Y_0$ 形接线　采用三个单相电压互感器接成 $Y_0/Y_0$ 形，如图 2-40（c）所示，供仪表、继电器测量三个线电压和相电压，并供电给绝缘监察装置的电压表。在小电流接地系统中，一次侧发生单相接地时，另外两完好相的对地电压要升高到线电压（即$\sqrt{3}$倍相电压），所以绝缘监察电压表不能接入按相电压选择的电压表，否则在发生单相接地时，电压表可能被烧坏。所以，这种接线方式中的测量相电压的电压表应按线电压来选择。

④ 三个单相三绕组电压互感器或一个三相五芯柱三绕组电压互感器接成 $Y_0/Y_0$/ㄙ（开口三角形）　如图 2-40（d）所示。其中一组二次绕组接成 $Y_0$ 形，供电给要求线电压的仪表、继电器及作为绝缘监察的电压表，以便测量三个线电压和三个相电压；另一组绕组（零序绕组）接成开口三角形，供电给用于绝缘监察的电压继电器。当一次电路正常工作时，开口三角形两端的零序电压接近于零；而当一次电路上发生单相接地故障时，开口三角形两端的零序电压接近 100V，使电压继电器动作，发出信号。

（4）常见电压互感器举例

图 2-41 所示为 10kV 单相三绕组、环氧树脂浇注绝缘的户内用、带接地保护的 JDZJ-10 型电压互感器的外形图。三个 JDZJ-10 型电压互感器接线如图 2-40（d）所示。$Y_0/Y_0$/ㄙ形接线，可供小电流接地系统作电压测量、电能测量及单相接地的绝缘监察之用。

图 2-42 为 JCC1-110 型串级式电压互感器结构剖面图。另外，GDZ 系列电压互感器和 JDG4-0.5 型电压互感器的外形图见图 2-43 所示。

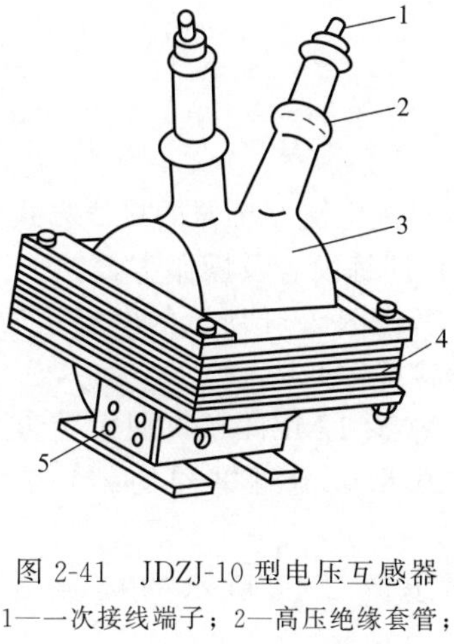


图 2-41　JDZJ-10 型电压互感器

1—一次接线端子；2—高压绝缘套管；
3—一、二次绕组，环氧树脂浇注；
4—铁芯（壳式）；5—二次接线端子

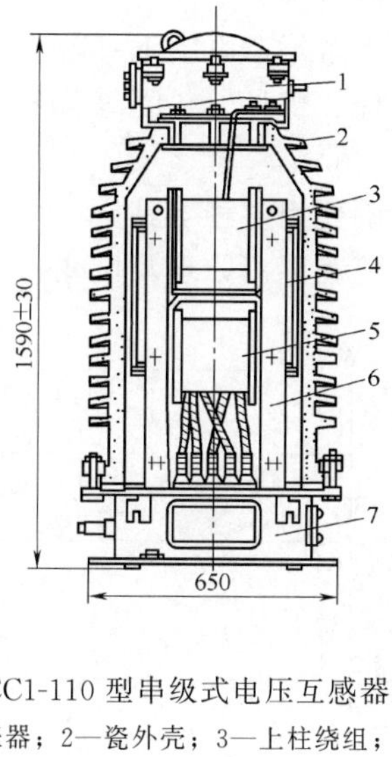


图 2-42　JCC1-110 型串级式电压互感器结构剖面图

1—油扩张器；2—瓷外壳；3—上柱绕组；4—铁芯；
5—下柱绕组；6—支承电木板；7—底座

（5）使用注意事项

① 电压互感器在工作时其二次侧不允许短路。因为电压互感器一、二次侧都是在并联状态下工作的，如果发生短路，将产生很大的短路电流，烧毁互感器，甚至影响一次电路的正常运行。所以电压互感器的一、二次侧都必须装设熔断器进行短路保护。

② 电压互感器的二次侧有一端必须接地。这也是为了防止一、二次绕组的绝缘击穿时，

(a) GDZ系列电压互感器　　(b) JDG4-0.5型电压互感器

图 2-43　常用电压互感器

一次侧的高电压窜入二次侧，危及人身和设备的安全。

③ 电压互感器在连接时，也要注意其端子的极性。即按电压互感器上标注的“同名端”接线，如果端子的极性接错了，就可能发生事故。

## 技能训练一　电流互感器的接线

（1）实训器材

① LMZJ1-0.5 型电流互感器 3 台。

② DL-10 型电流继电器 3 台。

③ 连接导线若干。

④ 各种扳手若干，电工工具若干。

⑤ 配套螺栓、螺母、垫圈等若干。

（2）实训目标

① 学会正确使用各种工具。

② 掌握电流互感器原理及接线。

③ 掌握电流互感器的接线方式。

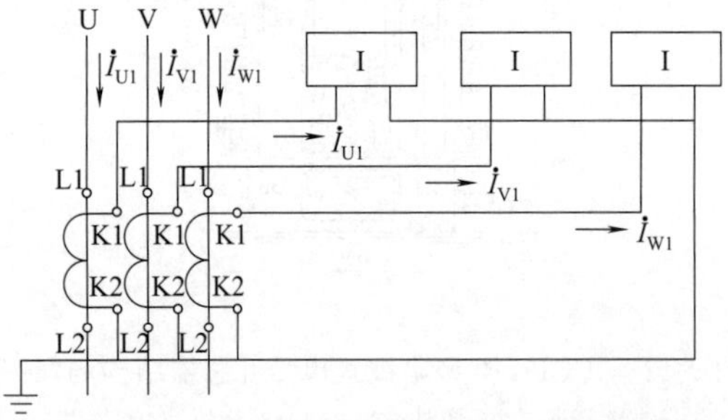


图 2-44　电流互感器的三相 Y 形接线方式

（3）训练内容及操作步骤

① 看懂图 2-44 所示的电流互感器三相 Y 形接线图。

② 熟悉 LMZJ1-0.5 型电流互感器和 DL-10 型电流继电器的结构和接线端子。

③ 按图 2-44 所示的接线图正确接线。

（4）训练注意事项

① 要正确使用各种工具。

② 要读懂图 2-44 所示的接线图。

③ 接线要正确，接头要牢固。

④ 要注意线路连接合理、美观，又要注意节省导线。

⑤ 三名同学为一组，共同完成训练内容。

⑥ 训练结束时清理现场。

（5）技能评价

**电流互感器的接线技能考核评分表**

姓名：______________________ 组别：______________ 考核时间：60 分钟

| 序号 | 考核内容 | 评分要素 | 配分 | 评分标准 | 扣分 | 得分 | 备注 |
|---|---|---|---|---|---|---|---|
| 1 | 准备工作 | 实训器材及工具准备齐全；穿工作服、绝缘胶鞋，戴安全帽 | 10 | 少准备一件扣 2 分<br>少穿戴一样扣 2 分 | | | |
| 2 | 读图能力 | 能完整读懂出电流互感器三相 Y 形接线图 | 20 | 电路符号和图形符号读不正确，每个扣 5 分；电路原理不清楚扣 5 分 | | | |
| 3 | 线路连接 | 正确完成接线 | 40 | 接线端子的连接，每错一处扣 5 分；接头不牢固，每个扣 3 分；该垫垫圈的接头没垫，每个扣 2 分 | | | |
| 4 | 清理现场 | 清理现场 | 10 | 未清理现场扣 10 分<br>未收拾工具，每件扣 2 分 | | | |
| 5 | 安全文明操作 | 遵守安全操作规程 | 10 | 每违反规定一项扣 5 分<br>严重违规停止操作，并另从总分中再扣 10 分 | | | |
| 6 | 考核时限 | 在规定时间内完成 | 10 | 每超时 1 分钟扣 2 分 | | | |
| | | 合计 | 100 | | | | |

评分员： 核分员： 年 月 日

## 技能训练二 电压互感器的接线

（1）实训器材

① JDZJ-10 型电压互感器 2 台。

② 量程为 100V 的普通电压表 1 台。

③ 三相有功电能表 1 台。

④ 连接导线若干。

⑤ 各种扳手若干，电工工具若干。

⑥ 配套螺栓、螺母、垫圈等若干。

（2）实训目标

① 学会正确使用各种工具。

② 掌握电压互感器原理及接线。

③ 掌握电压互感器的接线方式。

（3）训练内容及操作步骤

① 看懂图 2-45 所示的电压互感器 V/V 形接线。

② 熟悉 JDZJ-10 型电压互感器、电压表和三相有功电能表的结构和接线端子。

③ 按图 2-45 所示的接线图正确接线。

（4）训练注意事项

① 要正确使用各种工具。

② 要读懂图 2-45 所示的接线图。

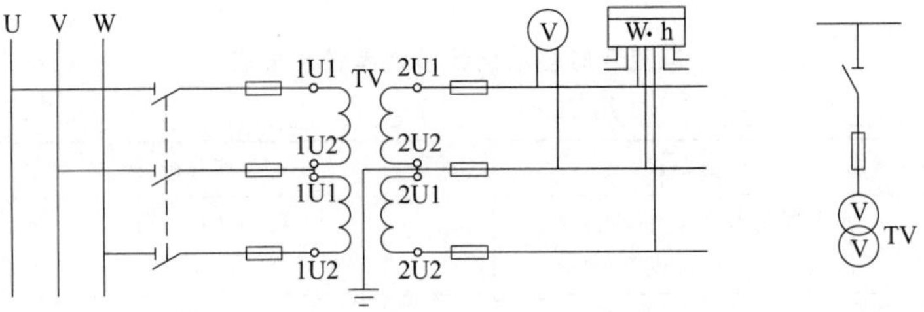


图 2-45 两个单相电压互感器 V/V 形接线

③ 接线要正确，接头要牢固。

④ 要注意线路连接合理、美观，又要注意节省导线。

⑤ 三名同学为一组，共同完成训练内容。

⑥ 训练结束时清理现场。

（5）技能评价

**电压互感器的接线技能考核评分表**

姓名：＿＿＿＿＿＿＿＿＿＿＿＿组别：＿＿＿＿＿＿＿＿＿＿＿＿ 考核时间：60 分钟

| 序号 | 考核内容 | 评分要素 | 配分 | 评分标准 | 扣分 | 得分 | 备注 |
|---|---|---|---|---|---|---|---|
| 1 | 准备工作 | 实训器材及工具准备齐全；穿工作服、绝缘胶鞋，戴安全帽 | 10 | 少准备一件扣 2 分<br>少穿戴一样扣 2 分 | | | |
| 2 | 读图能力 | 能完整读懂电流互感器三相 Y 形接线图 | 20 | 电路符号和图形符号读不正确，每个扣 5 分；电路原理不清楚扣 5 分 | | | |
| 3 | 线路连接 | 正确完成接线 | 40 | 接线端子的连接，每错一处扣 5 分；接头不牢固，每个扣 3 分；该垫垫圈的接头没垫，每个扣 2 分 | | | |
| 4 | 清理现场 | 清理现场 | 10 | 未清理现场扣 10 分<br>未收拾工具每件扣 2 分 | | | |
| 5 | 安全文明操作 | 遵守安全操作规程 | 10 | 每违反规定一项扣 5 分<br>严重违规停止操作，并另从总分中再扣 10 分 | | | |
| 6 | 考核时限 | 在规定时间内完成 | 10 | 每超时 1 分钟扣 2 分 | | | |
| | | 合计 | 100 | | | | |

评分员： 核分员： 年 月 日

## 【思考与练习】

（1）互感器的作用是什么？

（2）电流互感器和电压互感器的结构原理各有何特点？

（3）电流互感器在三相电路中常用的接线方式有哪些？

（4）电压互感器在三相电路中常用的接线方式有哪些？

（5）使用电流互感器和电压互感器应注意哪些问题？

# 2.5 高低压成套配电装置

能力目标

① 掌握高低压配电装置的有关概念。
② 了解和掌握各种高压开关柜的结构、原理和特点。
③ 了解和掌握各种低压配电屏、开关柜和配电箱的结构、原理和特点。
④ 学会各种高低压成套配电装置的使用和操作。
⑤ 会正确选用各种高低压成套配电装置。

## 2.5.1 配电装置的有关知识

配电装置是发电厂和变电所的重要组成部分，是按电气主接线的要求，由开关设备、保护电器、测量仪表、母线等电气设备组成的，用以接收和分配电能的装置。

配电装置的作用是在正常情况下，用来接收和分配电能；而在系统发生故障时，迅速切断故障部分，恢复系统正常运行。

配电装置按电压等级的不同，可分为高压配电装置和低压配电装置；按安装的地点不同，可分为户内配电装置和户外配电装置；按组装的方式不同，又可分为现场组装而成的装配式配电装置和在制造厂组装成套的成套配电装置。在此，仅介绍户内式高低压成套配电装置。

(1) 对成套配电装置的基本要求

① 保证运行的可靠。
② 保证工作人员的安全。
③ 保证操作、维护的方便。
④ 保证足够的电气安全距离。

(2) 成套配电装置的特点

① 电气设备布置在封闭或半封闭的金属框架中，结构紧凑，占地面积小。
② 所有电气元件已在制造厂中组装成统一整体。
③ 运行可靠性高，操作、维护方便。

## 2.5.2 高压成套配电装置

将一定数量的高压电器按供配电要求组装在一起，完成电力系统中某种功能的设备，称为高压成套配电装置。高压成套配电装置主要是各种高压开关柜。

(1) 高压开关柜的类型

高压开关柜是按一定的接线方案将开关电器、互感器、测量仪表等设备按一定的顺序装配在一起，成为一个独立单元，用于供配电系统中作为受电和配电的控制、保护和监察测量。按主开关的安装方式，有固定式和手车式两大类。

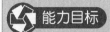

固定式的一、二次设备都是固定安装的，构造简单，成本较低。手车式则将主要一次设备如高压断路器、电流（压）互感器和避雷器等安装在可移动的手车上，采用隔离触点的啮合实现可移开元件与固定回路的电气连通，方便检修，比较安全，并可提高供电的可靠性。在某些主要电气元件发生故障或需要检修时，可将手车随时拉出，再推入同类备用手车，即

可恢复供电，大大缩短了停电时间。

高压开关柜要求具有防断路器误操作、防带负荷操作隔离开关或手车、防带电挂接地线、防带接地线误送电、防误入带电间隔的“五防”安全措施。

同一型号系列的高压开关柜设计有多种接线型式的柜种，选择不同的柜种可以组合成多种配电室的一次线路方案。

（2）高压开关柜的典型产品

① GG-1A（F）型固定式高压开关柜　这是我国广泛生产和大量应用的老系列产品，半封闭式结构，有 124 个柜种，柜体宽大，方便检修，适用于 3～10kV 单母线系统。图 2-46 示出了其中的一个柜种——GG-1A（F）-10S-07 型固定式高压开关柜。这种开关柜的面板，正面装有多种测量仪表盘以及隔离开关的操作机构手柄（CS6 型）和断路器的电磁操作机构（CD10 型）；柜的上方装有母线和母线隔离开关（GN8-10 型），柜的中间装有少油断路器（SN10-10 型）和电流互感器（LQJ-10 型），柜的下部装有线路隔离开关（GN6-10 型）及电缆头等。这种高压开关柜在老式开关柜的基础上，增设了防止电气误操作的闭锁装置。

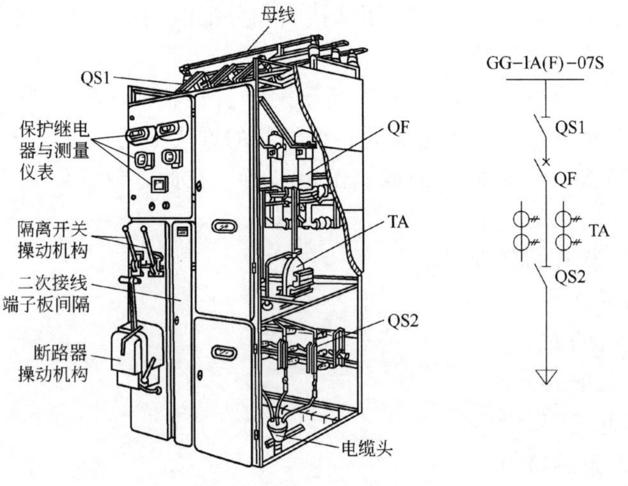

(a) 结构图　(b) 一次接线图

图 2-46　GG-1A（F）-10S-07 型高压开关柜

GG-1A（F）-10S-07 的型号含义为：首位“G”表示高压开关柜，次位“G”表示固定式，“1A”表示第一次设计改进型，“（F）”表示防误型，“10”表示额定电压为 10kV，“S”表示手力合闸，“07”表示一次线路方案号。

② GBC-35（F）型手车式高压开关柜　这是我国高压开关柜生产的第二代产品，半封闭式结构，有 233 个柜种。内有断路器、三相电压互感器、单相电压互感器、避雷器等 7 种手车。手车式高压开关柜用插头、插座取代了隔离开关，可简化结构，方便检修；通过手车上的挡块与门框上柱销的配合，保证不同类型的手车不能误推入；适用于 35kV 单母线系统。图 2-47 所示是 GBC-35（F）-04 型手车式高压开关柜的外形及结构图。

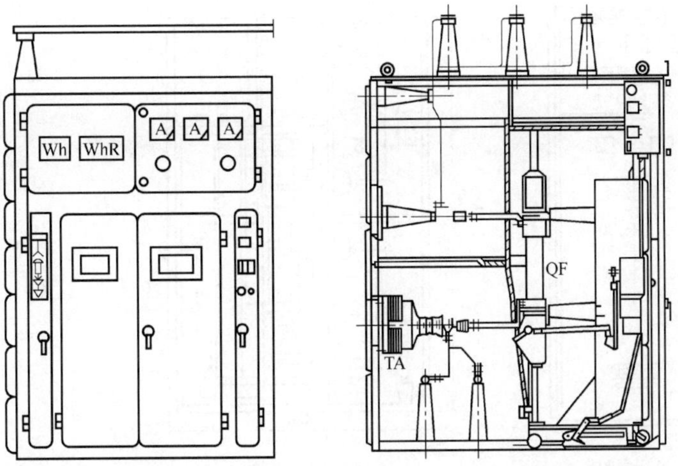


(a) 正面图　　(b) 内部结构图

图 2-47　GBC-35 (F)-04 型手车式高压开关柜

GBC-35 (F)-04 的型号含义为：“G”表示高压开关柜，“B”表示保护型，“C”表示手车式，“35”表示额定电压为 35kV，“(F)”表示防误型，“04”表示柜种编号。

③ GC-10 型手车式高压开关柜　这种高压开关柜由固定体和手车两部分组成，如图 2-48 所示。柜体正面上部为仪表门，内部为仪表室，下部为手车室大门，开门并安装外轨道后，可按操作程序抽出和推入手车。手车正面上部为推进机构，可使手车在柜内前进或后移；正面下部为断路器操作机构，手车推进机构与断路器操作机构之间有防止误操作的安全联锁装置，即只有当断路器在分闸位置时才能推入和拉出，当断路器在合闸时，不能推入和拉出。

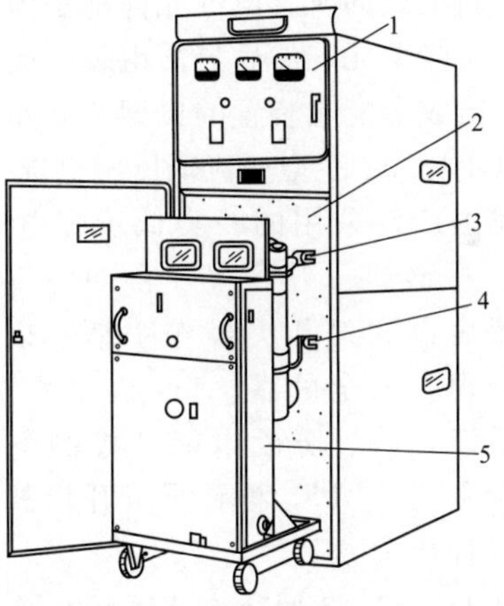


图 2-48　GC-10 型手车式高压开关柜

1—仪表门；2—手车室；3—上触头（兼起隔离开关的作用）
4—下触头（兼起隔离开关的作用）；5—断路器

GC-10 型的型号含义为：“G”表示高压开关柜，“C”表示手车式，“10”表示额定电压为 10kV。

④ JYN2-10 型手车式高压开关柜　这是一种全封闭间隔式的高压开关柜，有 7 种手车、44 个柜种，外形及结构如图 2-49 所示，适用于 3～10kV 单母线系统。

JYN2-10 的型号含义为：“J”表示间隔式开关柜，“Y”表示移开式即手车式，“N”表示户内型，“2”表示设计序号，“10”表示额定电压为 10kV。

### 2.5.3　低压成套配电装置

低压成套配电装置主要是低压配电屏、低压开关柜和低压配电箱。

低压配电屏是按一定的接线方案将一、二次低压设备组装起来，用于交流 500V 以下、直流 440V 以下配电室的户内开启式低压成套配电装置。低压开关柜是封闭的屏，低压配电

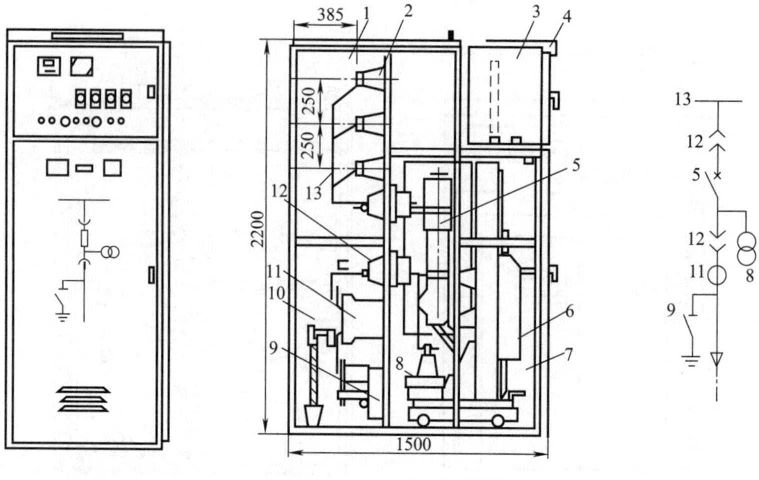


(a) 正面图　　(b) 内部结构图　　(c) 接线图

图 2-49　JYN2-10 型手车式高压开关柜

1—母线室；2—母线用绝缘子；3—继电器仪表室；4—小母线室；5—断路器；6—手车；7—手车室；8—电压互感器；9—接地隔离开关；10—出线室；11—电流互感器；12—一次接头罩；13—母线

箱是小型化的、可以在墙上或随机安装的柜。低压成套配电装置有固定式、抽屉式和混合式三类结构。固定式的所有电气元件都是固定安装的，而抽屉式的某些电气元件按一定线路方案组成若干功能单元，然后灵活组装而成配电屏（柜）。各功能单元似抽屉，可按需要抽出和推入。低压成套配电装置的典型产品如下。

（1）PGL1、2、3 型交流低压配电屏

这是我国广泛采用的一类低压配电屏。这种低压配电屏，按主电路设计方案，一般装有母线、互感器、刀开关、自动空气开关、测量仪表、信号灯等电气元件。屏正面上方装有仪表盘和刀开关操作手柄，以便观察测量电气参数及进行操作。这种低压配电屏结构合理，安全可靠，1、2、3 型分别有 41、64、121 个屏种。用于 380V 及以下交流低压系统接收、分配电能和控制电动机。其中 PGL3 为增容型，外形如图 2-50 所示。型号含义为："P" 表示低压开启式配电屏，"G" 表示固定式，"L" 表示动力用，"3" 表示设计序号。

（2）GGD1、2、3 型交流低压配电屏

这是我国设计的低压成套配电装置的更新换代产品，其外形如图 2-51 所示。这种低压配电屏全部采用新型电气元件，具有分断能力强、动热稳定性好、电气方案灵活、组合方便、结构新颖、防护等级高的特点。"GGD" 表示电力用固定式交流低压配电屏，1、2、3 型的分断能力分别为 15kA、30kA、50kA，1、2 型各有 60 个柜种，3 型有 27 个柜种，用于 380V 及以下交流低压系统。

（3）CUBIC 系列低压开关柜

这是引进丹麦科比克公司的改进产品，外形如图 2-52 所示。采用模数化组合的形式，以 192mm 为基本模数，柱、梁间用插片形式安装，组合灵活。有抽屉式和固定分隔式两类结构，有低压开关柜、继电保护柜、自动化仪表柜、动力控制柜、直流电源柜等多种产品。额定电压为 660V 及以下。

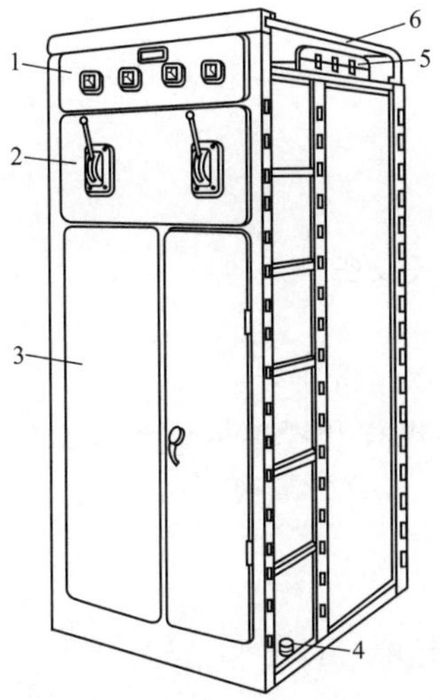


图 2-50　PGL3 型低压配电屏
1—仪表板；2—操作板；3—检修门；
4—中性母线绝缘子；5—母线绝缘框；
6—母线防护罩

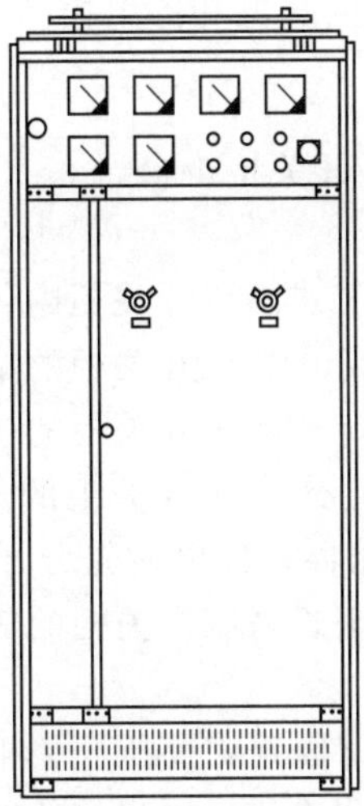

图 2-51　GGD1、2、3 型
交流低压配电屏

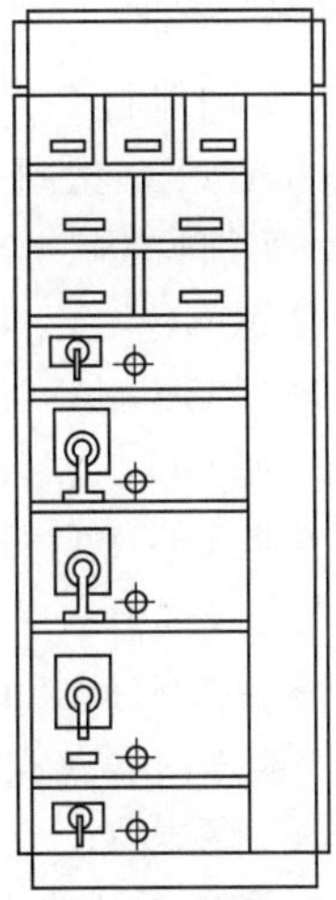

图 2-52　CUBIC 系列
低压开关柜

(4) 低压配电箱

低压配电箱的种类繁多，按用途可分为动力配电箱和照明配电箱；按安装方式可分为靠墙式、悬挂式、嵌入式，还可分为户内式和户外式、开启式和密闭式。

低压配电屏一般装设在变电所的低压配电室，以向各个车间供电；而在各个车间的建筑内，通常还要装设动力和照明配电箱，以向各个用电设备配电。动力配电箱可用于向动力和照明设备配电，而照明配电箱主要用于照明配电，但也可配电给一些小容量的实验设备和家用电器。

动力配电箱的型号一般标为 XL，照明配电箱的型号一般标为 XM。例如：XL (F)-15-0420 型，表示具有 4 路 100A 及 2 路 200A 的防尘式动力配电箱；XM-7-3/1 型，表示具有三回路出线的挂墙式照明配电箱。配电箱的新产品有 XL12、XF-10、XLK 动力配电两用控制箱，BGL-1、BGM-1 高层住宅配电箱，多米诺（DOMINO）动力配电箱等。

### 2.5.4　高低压成套配电装置的符号

高低压成套配电装置的图形符号和文字符号如图 2-53 所示。

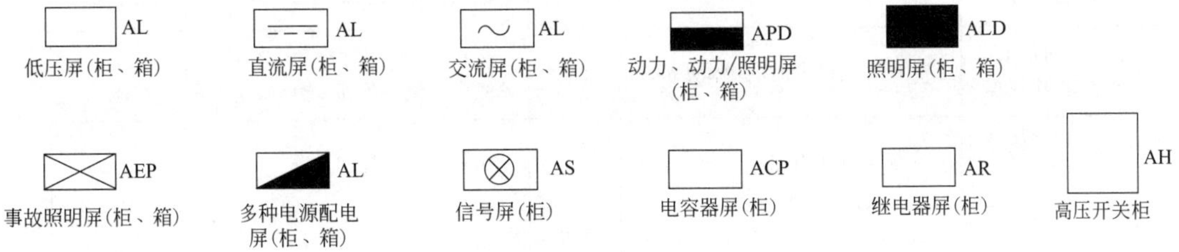


图 2-53　高低压成套配电装置的图形符号和文字符号

## 技能训练 高压开关柜的送电和停电模拟操作

（1）实训器材

GG-1A（F）型固定式高压开关柜1台。

（2）实训目标

① 认识GG-1A（F）型固定式高压开关柜内各单元电气设备。

② 掌握GG-1A（F）型固定式高压开关柜的结构。

③ 掌握GG-1A（F）型固定式高压开关柜的接线及实际线路连接。

④ 掌握GG-1A（F）型固定式高压开关柜的送电操作规程和停电操作规程。特别注意送电时先合隔离开关，再合断路器；停电时先分开断路器，再分开隔离开关。

⑤ 学会GG-1A（F）型固定式高压开关柜的实际操作。

（3）训练内容及操作步骤

① 仔细看懂GG-1A（F）型固定式高压开关柜的各单元电气设备和结构。

② 根据高压开关柜的实物和连接，画出接线图。

③ 写出送电操作规程和停电操作规程。

④ 边口述操作规程，边进行模拟操作。

（4）训练注意事项

① 模拟操作GG-1A（F）型固定式高压开关柜，在不通电的前提下进行训练。

② 参照高压开关柜实物画出的接线图，要经老师批改并评分。

③ 所写出的送电操作规程和停电操作规程，要经老师批改并评分。

④ 两名同学为一组，共同完成画接线图、写送电和停电操作规程的内容；经老师批改并评分后，一个同学口述操作规程并模拟操作，另一个同学进行检查和评分，然后轮换。

（5）技能评价

**高压开关柜的送电和停电模拟操作技能考核评分表**

姓名：________________ 组别：____________ 考核时间：30分钟

| 序号 | 考核内容 | 评分要素 | 配分 | 评分标准 | 扣分 | 得分 | 备注 |
|---|---|---|---|---|---|---|---|
| 1 | 准备工作 | 准备纸、笔和简单的绘图工具 | 10 | 纸和笔少准备一件扣5分 | | | |
| 2 | 画接线图 | 能完整、准确画出开关柜接线图 | 20 | 图形符号和文字符号每错一个扣5分；电路元件顺序错误一处扣5分 | | | |
| 3 | 写送电操作规程 | 正确写出送电时的操作步骤 | 30 | 少写一个步骤扣5分；操作步骤顺序颠倒一处扣5分 | | | |
| 4 | 写停电操作规程 | 正确写出停电时的操作步骤 | 30 | 少写一个步骤扣5分；操作步骤顺序颠倒一处扣5分 | | | |
| 5 | 考核时限 | 在规定时间内完成 | 10 | 每超时1分钟扣2分 | | | |
| | | 合计 | 100 | | | | |

评分员： 核分员： 年 月 日

## 【思考与练习】

（1）配电装置的作用是什么？

（2）配电装置是如何分类的？

（3）高压开关柜内一般组装了哪些电气设备？

（4）固定式的和手车式的高压开关柜各有何特点？

（5）高压开关柜具有防止电气误操作的闭锁装置，一般称为“五防”安全措施，是哪“五防”？

（6）低压成套配电装置主要是指哪些？

（7）低压成套配电装置内一般组装了哪些电气设备？

（8）照明配电箱能向中型功率的水泵电动机供电吗？为什么？

（9）动力配电箱能向照明系统供电吗？为什么？

# 第3章
# 敷设工厂供电线路

## 3.1 工厂供电线路的接线方式

**能力目标**

① 掌握工厂供电线路的类型。

② 掌握高压线路中单电源供电、双电源供电和环形供电的各种接线方式，掌握各种接线方式的特点和适用场合。

③ 掌握低压线路中的各种接线方式，掌握各种接线方式的特点和适用场合。

供电线路是工厂供电系统的重要组成部分，担负着输送和分配电能的重要任务。

供电线路按电压高低分，有高压线路（1kV以上线路）和低压线路（1kV及以下线路）；按结构形式分，有架空线路、电缆线路和户内配电线路等。

### 3.1.1 高压线路的接线方式

（1）单电源供电的接线方式

单电源供电的接线方式有放射式和树干式两种。图3-1和图3-2分别为单电源供电放射式线路和树干式线路。

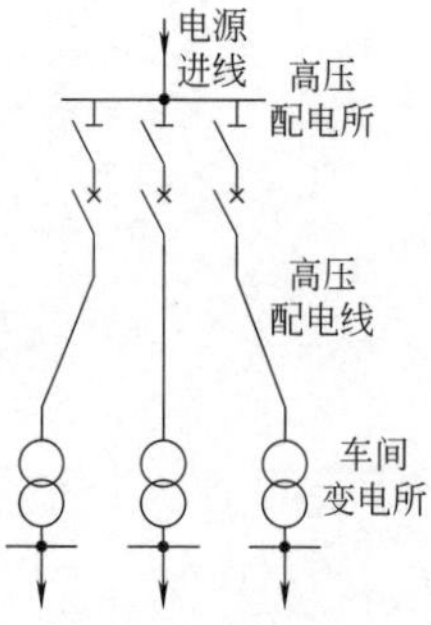


图3-1 高压放射式线路

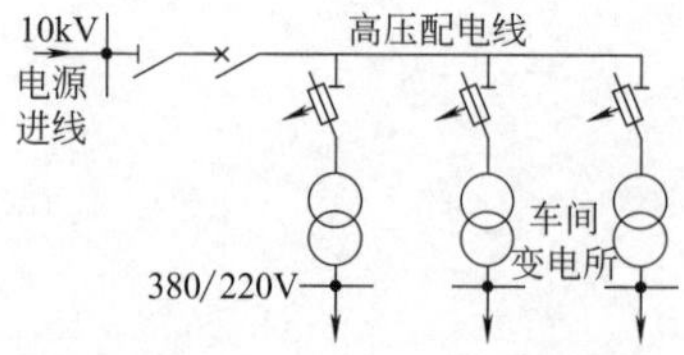


图3-2 高压树干式线路

放射式接线的特点是每个用户由独立线路供电。放射式线路敷设容易，维护方便，运行中互不影响，当一线路发生故障时，不影响其他线路的正常运行，而且便于装设自动装置。

但该线路所用高压开关设备较多，使投资增加。当某一线路发生故障或检修时，该线路所供电的负荷都要停电，供电可靠性不很高。因此，放射式接线一般只适用于三级负荷和个别二级负荷。

树干式接线的特点是多个用户由一条干线供电。树干式线路所用高压开关设备少，耗用导线也较少，投资省，增加用户时不必另增线路，易于适应发展。但该线路供电可靠性较差，当某一段干线发生故障或检修时，则在其后的若干变电所都要停电。这种接线用于三级负荷。

上述两种接线的对比，见表 3-1。

**表 3-1　放射式接线与树干式接线对比**

| 名称 | 放射式接线 | 树干式接线 |
|---|---|---|
| 接线图 | 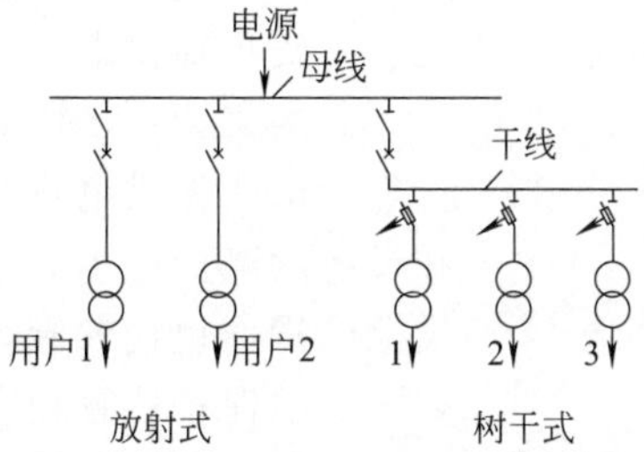 | |
| 特点 | 每个用户由独立线路供电 | 多个用户由一条干线供电 |
| 优点 | 可靠性高，线路故障时只影响一个用户；操作、控制灵活 | 高压开关设备少，耗用导线也较少，投资省；易于适应发展，增加用户时不必另增线路 |
| 缺点 | 高压开关设备多，耗用导线也多，投资大；不易适应发展，增加用户时，要增加较多线路和设备 | 可靠性较低，干线故障时全部用户停电；操作、控制不够灵活 |
| 适用范围 | 离供电点较近的大容量用户；供电可靠性要求高的重要用户 | 离供电点较远的小容量用户；不太重要的用户 |
| 提高可靠性的措施 | 改为双放射式接线，每个用户由两条独立线路供电；或增设公共备用干线 | 改为双树干式接线，重要用户由两路干线供电；或改为环形供电 |

（2）双电源供电的接线方式

双电源供电的接线方式有双放射式、双树干式和公共备用干线的接线等。这种接线方式可弥补单电源供电接线方式的不足。

① 双放射式接线　即一个用户由两条放射式线路供电，如图 3-3（a）所示，一条线路故障或检修时，用户可由另一条线路保持供电，因此其供电可靠性高，多用于对容量大的重要负荷供电。

② 双树干式接线　即一个用户由两条不同电源的树干式线路供电，如图 3-3（b）所示。

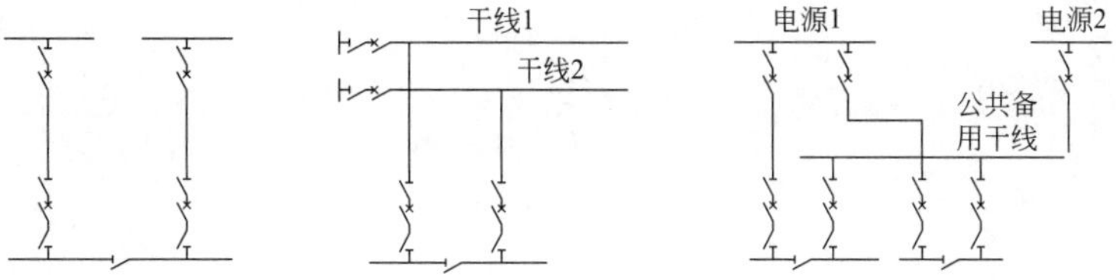


(a) 双放射式　(b) 双树干式　(c) 公共备用干线式

图 3-3　双电源供电的接线方式

对每个用户来说，都获得双电源，因此供电可靠性大大提高，可适用于对容量不太大、离供电点较远的重要负荷供电。

③ 公共备用干线式接线　即各个用户由单放射式线路供电，同时又从公共备用干线上取得备用电源，如图 3-3（c）所示。对每个用户来说，都是双电源，可用于对容量不太大的多个重要负荷供电。

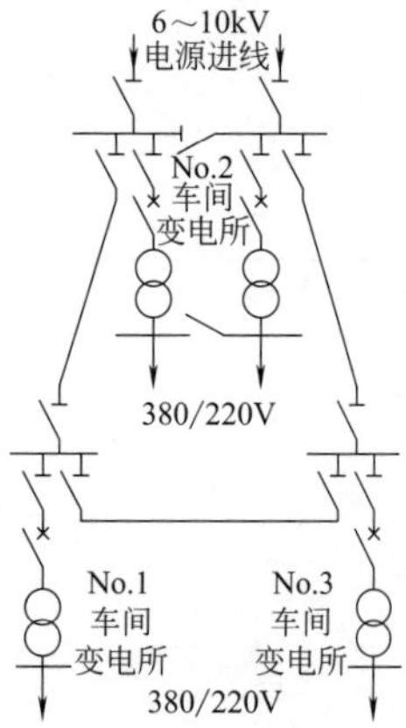

图 3-4　双电源的高压环形接线

（3）环形供电的接线方式

图 3-4 所示为高压线路的环形接线方式。环形接线实质是两端供电的树干式。多数环形接线采用“开口”运行方式，即环形线路有一处的开关是断开的，两条干线分开运行。当任何一段线路故障或检修时，只需经短时间的停电切换，即可恢复供电。环形接线可适用于对允许短时间停电的二、三级负荷供电。

总的来说，工厂高压线路的接线应力求简单、可靠。运行经验证明，供电线路如果接线复杂，层次过多，因误操作和设备故障而产生的事故也随之增多，同时处理事故和恢复供电的操作也比较麻烦，从而延长了停电对间。由于环节较多，继电保护装置相应复杂，动作时限相应延长，对供电系统的继电保护十分不利。此外，高压配电线路应尽可能深入负荷中心，以减少电能损耗和有色金属的消耗量；同时尽量采用架空线路，以节约投资。

### 3.1.2　低压线路的接线方式

工厂低压线路也有放射式、树干式和环形等几种其本接线方式。

（1）放射式接线

图 3-5 是低压放射式接线。它的特点是发生故障时互不影响，供电可靠性较高，但在一般情况下，其有色金属消耗量较多，采用的开关设备也较多，且系统的灵活性较差。这种线路多用于供电可靠性要求较高的车间，特别适用于对大型设备供电。

（2）树干式接线

图 3-6 为低压树干式接线。树干式接线的特点正好与放射式接线相反，其系统灵活性好，采用的开关设备少，一般情况下有色金属的消耗量少。但干线发生故障时，影响范围大，所以供电可靠性较低。低压树干式接线在工厂的机械加工车间、机修车间和工具车间中应用相当普遍，因为它比较适用于供电容量小而分布较均匀的用电设备组，如机床、小型加热炉等。

图 3-6（b）所示为低压“变压器—干线组”的树干式接线。这种接线因省去了整套低压配电装置，而使变电所的结构大为简化，投资大为降低。

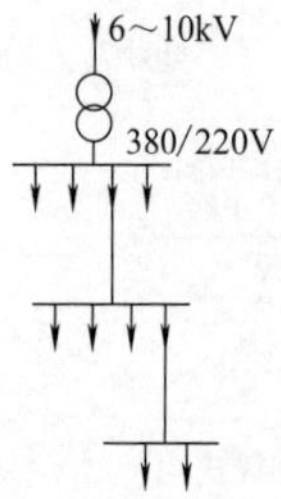

图 3-5　低压放射式接线

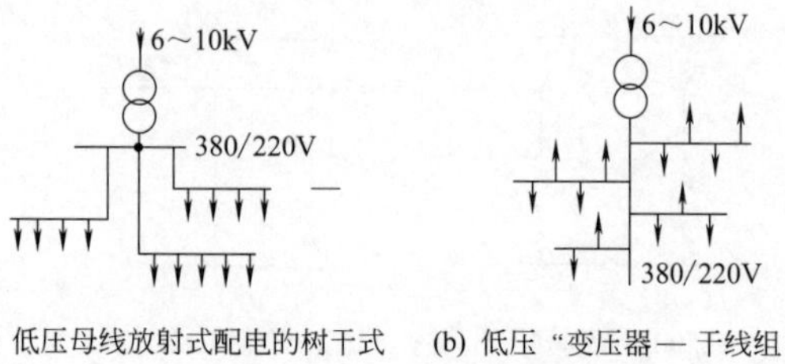

(a) 低压母线放射式配电的树干式　(b) 低压“变压器— 干线组”的树干式

图 3-6　低压树干式接线

图 3-7 是一种变形的树干式接线，即链式接线。链式接线的特点与树干式相同，适用于用电设备距供电点较远而彼此相距很近、容量很小的次要用电设备。但链式相连的用电设备，一般不宜超过 5 台，总容量不超过 10kW。

（3）环形接线

图 3-8 所示为一台变压器供电的低压环形接线。一个工厂内所有车间变电所的低压侧，可以通过低压联络线互相接成环形。

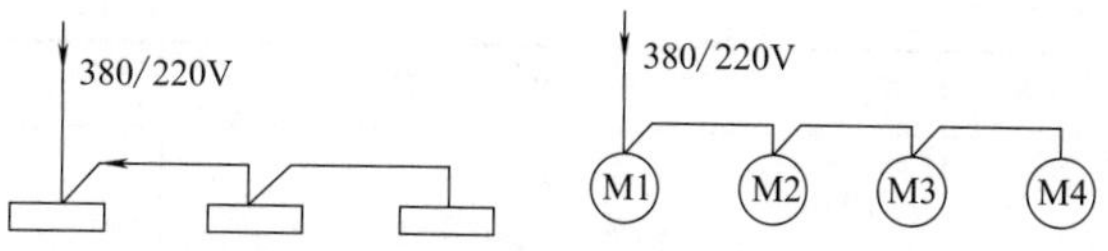


(a) 连接配电箱　　(b) 连接电动机

图 3-7　低压链式接线

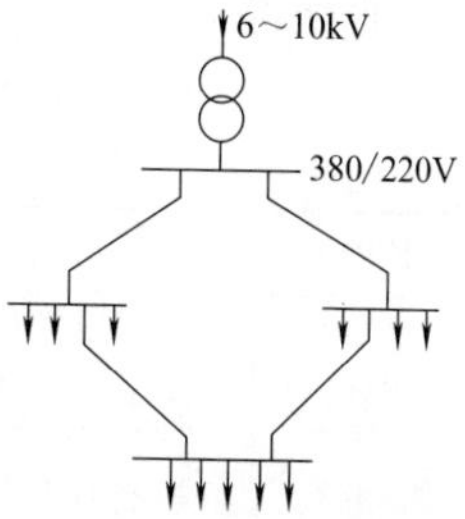


图 3-8　低压环形接线

环形供电的可靠性高，任一段线路发生故障或检修时，都不致造成供电中断，或者只是暂时中断供电，只要完成切换电源的操作，就能恢复供电。环形接线，可使电能损耗和电压损耗减少，既节约电能，又容易保证电压质量。但它的保护装置及其整体配合相当复杂，如配合不当，容易发生误动作，反而扩大故障停电范围。实际上，低压环形线路和高压环形线路一样，大多数也采取“开口”方式运行。

在工厂的低压配电系统中，往往是几种接线方式的组合，依具体情况而定。不过在正常环境的车间或建筑内，当大部分用电设备容量不很大且无特殊要求时，宜采用树干式配电，这主要是因为树干式配电较放射式配电经济，且有成熟的运行经验。

## 技能训练　低压线路的放射式、树干式接线

（1）实训器材

① 0.125kW 单相电动机 3 台。

② 40W 白炽灯 3 盏。

③ 控制开关 4 个。

④ 连接导线若干。

⑤ 电工工具。

（2）实训目标

① 掌握低压线路的放射式接线。

② 掌握低压线路的树干式接线。

（3）训练内容

① 正确使用电工工具。

② 将 3 台电动机接成放射式线路。

③ 将 3 盏白炽灯接成树干式线路。

（4）操作步骤

① 画出电路图。

② 连接电路。

(5) 训练注意事项

① 一个控制开关控制一台电动机，三盏白炽灯由一个控制开关控制。

② 电路图画好后，要经教师检查确认方能接线。

③ 两名同学为一组，共同完成训练内容。

④ 小心触电。

⑤ 训练结束清理现场。

(6) 技能评价

**低压线路的放射式、树干式接线技能考核评分表**

姓名：________ 组别：________ 考核时间：60分钟

| 序号 | 考核内容 | 评分要素 | 配分 | 评分标准 | 扣分 | 得分 | 备注 |
|---|---|---|---|---|---|---|---|
| 1 | 准备工作 | 实训器材及工具准备齐全<br>穿工作服、绝缘胶鞋 | 10 | 少准备一件扣2分<br>少穿戴一样扣2分 | | | |
| 2 | 绘制电路图 | 按照训练内容及要求正确绘制电路图 | 20 | 电路图绘制不正确扣10分<br>电路元件符号每错一个扣2分<br>电路元件每漏画一个扣2分 | | | |
| 3 | 接线 | 正确连接电路 | 40 | 线路连接错误，每处扣3分<br>线路接点不紧固，每个扣3分 | | | |
| 4 | 清理现场 | 清理现场 | 10 | 未清理现场扣10分<br>未收拾工具，每件扣2分 | | | |
| 5 | 安全文明操作 | 遵守安全操作规程 | 10 | 违反规定一项扣5分<br>严重违规停止操作，并从总分中再扣10分 | | | |
| 6 | 考核时限 | 在规定时间内完成 | 10 | 每超时1分钟扣2分 | | | |
| 合计 | | | 100 | | | | |

评分员： 核分员： 年 月 日

## 【思考与练习】

(1) 高压线路的接线方式有哪几种？

(2) 放射式接线和树干式接线各有什么特点？

(3) 低压线路的接线方式有哪几种？

(4) 环形供电的接线方式有什么特点？

# 3.2 敷设架空线路

**能力目标**

① 掌握架空线路的结构和敷设。

② 明确敷设的要求、导线排列方式、挡距和弧垂的要求。

③ 学会架设架空线路。

### 3.2.1 架空线路的结构

架设在户外电杆上的电力线路，称为架空线路，如图 3-9 所示。架空线路由导线、电杆、绝缘子、线路金具、横担及拉线等组成。为防雷，有的架空线路还要有避雷线（架空地线）。

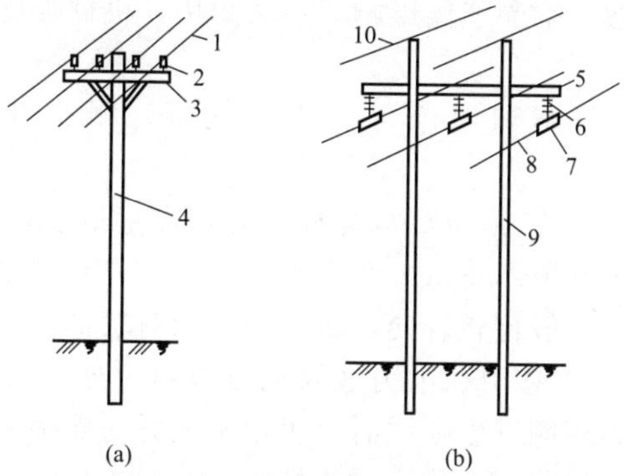


图 3-9 架空线路的结构

1—低压导线；2—针式绝缘子；3，5—横担；4—低压电杆；6—绝缘子串；7—线夹；8—高压导线；9—高压电杆；10—避雷线

（1）架空线路的导线

导线是架空线路的主体，担负着输送电流（即载流）的作用。导线架设在电杆上，要长期承受自身重量和各种外力的作用，并受着大气中各种有害物质的侵蚀，因此要求导线材料的电阻率小，机械强度大，质轻，不易腐蚀，且价格便宜，运行费用低等。

架空线路一般采用裸导线，截面在 $10mm^2$ 以上的导线都是多股绞合的，称为绞线。绞线比较柔软，不易折断。常用的有铜绞线、铝绞线和钢芯铝绞线。

① 铜绞线（TJ） 电阻率小，机械强度大，对风雨及空气中各种化学腐蚀作用抵抗力强。但其密度大，资源有限。铜绞线一般仅用于要求耐腐蚀的场合（如化学工业和国防工业）。

② 铝绞线（LJ） 电阻率比铜大，机械强度小，不耐腐蚀，但密度小（质轻），资源丰富。铝绞线在工厂中应用非常广泛。

③ 钢绞线（GJ） 电阻率较大，机械强度大，但易生锈，所以一般只用作高压架空线路的避雷线。为了防止生锈，目前采用镀锌钢线。

④ 钢芯铝绞线（LGJ） 其截面结构如图 3-10 所示，其中的钢芯主要承受机械载荷，铝线部分用于载流。钢芯铝绞线集中了铝线和钢线的优点，弥补了各自的不足，故在高压架空线路上广泛应用。

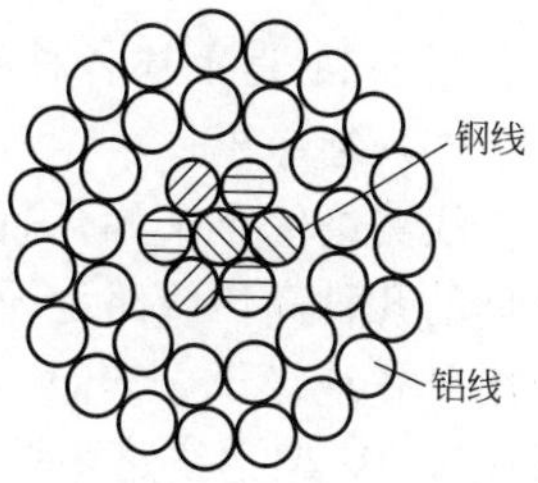


图 3-10 钢芯铝绞线的截面

根据机械强度的要求，架空裸导线的最小截面值可参见表 3-2。

**表 3-2 架空裸导线的最小截面**

| 导线种类 | 最小允许截面/$mm^2$ | | 备注 |
|---|---|---|---|
| | 高压(至 10kV) | 低压 | |
| 铝及铝合金线 | 35 | 16* | *与铁路交叉跨越时应为 $35mm^2$ |
| 钢芯铝线 | 25 | 16 | |

（2）电杆

电杆是用来架设导线的，它是架空线路的重要组成部分。对电杆的要求是要有足够的机械强度，以使电杆在风雨中或导线断线时不倒杆，并保证导线对地有足够的距离。

电杆的类型按其材质分有水泥杆和钢塔等。工厂供电系统 35kV 及以下的均采用水泥杆。其主要优点是价格低廉，不受气候影响，经久耐用，机械强度大，维护容易，运输费用低，可节省大量钢材。

电杆按其在线路中的作用和地位可分为直线杆、耐张杆、转角杆、终端杆和特种杆。

① 直线杆　又称中间杆，它分布在承力杆中间，数量最多。正常情况下，直线杆只承受垂直负荷（导线、绝缘子和覆冰重量）和水平的风压。只有在出现断线时，才承受导线的不平衡拉力。因此，直线杆一般比较轻便，机械强度相对较低。

② 耐张杆　也称承力杆。它用在电力线路的分段承力处，以加强线路的机械强度。耐张杆均用强力拉线加强，当一侧发生断线时，可以承受另一侧很大的不平衡拉力，而使电杆不会倾倒。两个耐张杆之间的距离，称为耐张挡距。

③ 转角杆　在线路转角处，为了承受不平衡拉力，必须采用转角杆。转角杆一般都是强度较高的耐张杆，有转角 30°、60°、90°之分，在承受力的反方向上做拉线加强。

④ 终端杆　是指装设在进入变配电所的线路末端电杆，由它来承受最后一个耐张段中的导线拉力，其稳定性和机械强度要求都较高。

⑤ 特种杆　主要有换位杆、跨越杆和分支杆等。换位杆用作高压线路的导线换位；跨越杆设在铁路、公路、河流两侧支承跨越导线；分支杆用在线路的分支处，以便接出分支线。

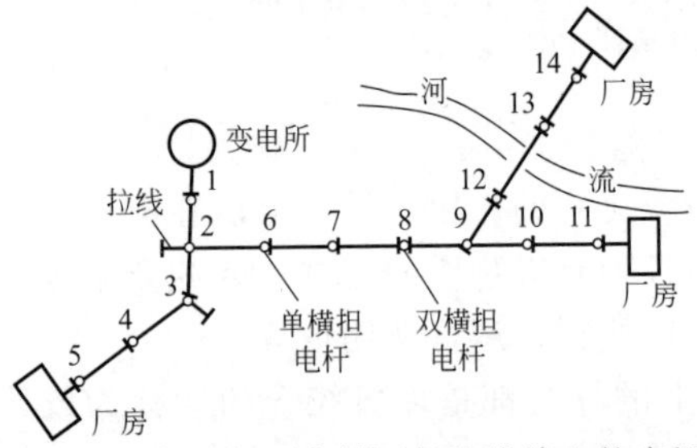


图 3-11　各种杆型在低压架空线路上的应用

1，5，11，14—终端杆；2，9—分支杆；3—转角杆；4，6，7，10—直线杆（中间杆）；8—分段杆（耐张杆）；12，13—跨越杆

图 3-11 是上述各种杆型在低压架空线路上应用的示意图。

（3）绝缘子

线路绝缘子又称瓷瓶，是用来将导线固定在电杆上，并使导线与电杆绝缘。图 3-12 是常见的几种高压线路绝缘子。6～10kV 架空线路的直线杆多采用针式绝缘子，在终端杆多采用悬式绝缘子。35kV 及以上架空线路多采用悬式绝缘子串。电压越高，绝缘子串越长。低压 380V 架空线路多采用蝴蝶式绝缘子。

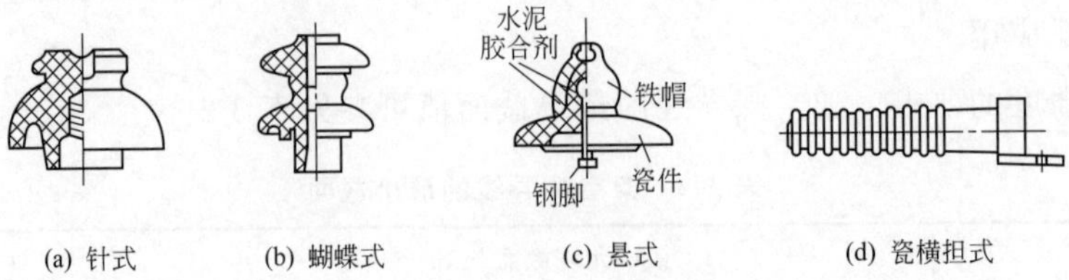


图 3-12　高压线路绝缘子

安装绝缘子时，应清除表面灰土、附着物及不应有的涂料，还应根据要求进行外观检查和测量绝缘电阻。

（4）线路金具

线路金具是用来连接导线、安装横担和绝缘子的金属附件，包括安装针式绝缘子的直脚［图 3-13（a）］和弯脚［图 3-13（b）］；安装蝴蝶式绝缘子的穿心螺钉［图 3-13（c）］；将横担或拉线固定在电杆上的 U 形抱箍［图 3-13（d）］；调节松紧的花篮螺钉［图 3-13（e）］，以及悬式绝缘子串的挂环、挂板、线夹［图 3-13（f）］等。

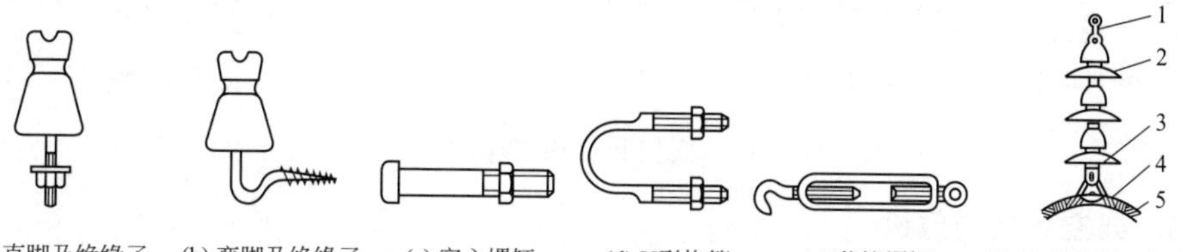


图 3-13　线路用金具

1—球形挂环；2—绝缘子；3—碗头挂板；4—悬垂线夹；5—导线

（5）横担

横担用来固定绝缘子以支承导线，并保持各相导线间的距离。常用的横担有铁横担和瓷横担。

铁横担由角钢制成，10kV 线路多采用∠63×63×5 的角钢；380V 线路一般采用∠50×50×5 的角钢。由于它的机械强度高，因此得到广泛应用。

瓷横担兼有绝缘子和横担的作用，能节约线路钢材，提高线路绝缘水平。但瓷横担机械强度较低，现广泛用于较小截面导线的高压架空线上。

（6）拉线

拉线用于架空线路的分段杆、终端杆及转角杆，以平衡电杆的受力，防止电杆倾倒，如图 3-14 所示。拉线采用镀锌铰线，依靠花篮螺钉来调节其拉力。

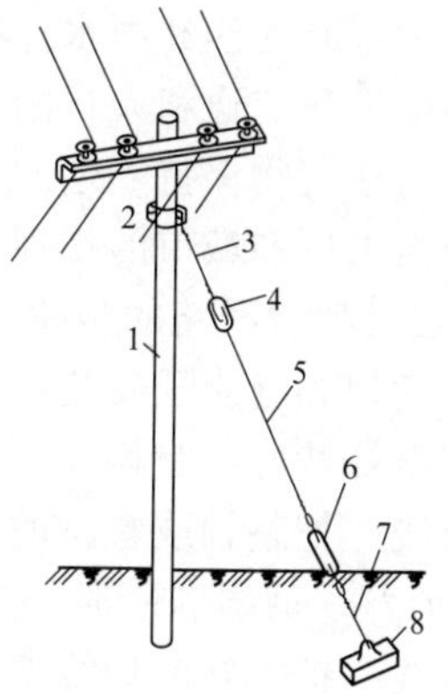


图 3-14　拉线的结构

1—电杆；2—拉线抱箍；3—上把；4—拉线绝缘子；5—腰把；6—花篮螺钉；7—底把；8—拉线底盘

### 3.2.2　横担的安装

横担的安装应根据架空线路导线的排列方式而定。

水泥电杆使用 U 形抱箍来安装水平排列的导线横担，在杆顶向下量 200mm 处安装 U 形抱箍，用 U 形抱箍从电杆背部抱住杆身，抱箍螺扣部分置于受电侧。然后在抱箍上安装好 M 形抱铁，在 M 形抱铁上再安装横担，最后在抱箍两端各加一个垫圈后用螺母固定。注意先不要拧紧螺母，要留有一定的调节余地，待全部横担装上后再逐个拧紧螺母。

电杆导线进行三角排列时，杆顶支承绝缘子应使用杆顶支座抱箍。抱箍安装在杆顶向下 150mm 处，若为 A 形支座抱箍，则应将角钢置于受电侧，并用 Ml6×70 方头螺栓穿过抱箍安装孔，用螺母拧紧固定。安装好杆顶支座抱箍后，再安装横担。横担的位置由导线的排列方式来决定：导线采用正三角排列时，横担距离杆顶支座抱箍 0.8m；导线采用扁三角排列时，横担距离杆顶支座抱箍 0.5m。横担和杆顶支座的安装如图 3-15 所示。

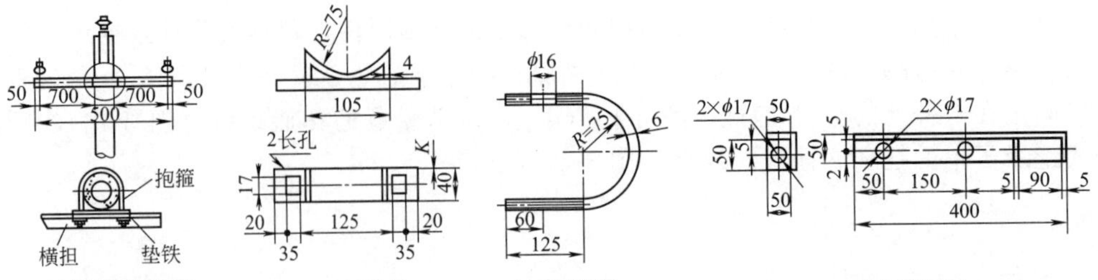

(a) 杆顶组装大样　(b) M形抱铁　(c) U形抱箍　(d) 杆顶支座

图 3-15　横担和杆顶支座的安装

### 3.2.3　架空线路的敷设

在电力系统中，架空线路的作用是把电能输送到每个供电和用电环节。架空线路分低压架空线路和高压架空线路，这里介绍低压架空线路。

低压架空线路主要由杆塔、绝缘子、导线、横担、金具等构成。

(1) 敷设的要求

敷设架空线路，要严格遵守有关技术规程的规定。整个施工过程中，要重视安全教育，采取有效的安全措施，特别是立杆、组装和架线时，更要注意人身安全，防止发生事故。竣工以后，要按照规定的手续和要求进行检查和试验，确保工程质量。

(2) 路径的选择

选择架空线路的路径时，应考虑以下问题：

① 路径要短，转角要少；

② 交通运输方便，便于施工架设和维护；

③ 尽量避开河洼和雨水冲刷地带及易撞、易燃、易爆等危险场所；

④ 不应引起交通和人行困难；

⑤ 应与建筑物保持一定的安全距离；

⑥ 应与工厂和城市的规划协调配合，并适当考虑今后的发展。

(3) 敷设架空线路的步骤

① 把横担和绝缘子安装在电杆上。

② 把电杆栽好、栽稳。

③ 放线　把整轴或整盘的导线沿着线杆两侧放开，称为放线。放线时应一条一条地放，不要出线死弯、磨损和断股。放线通常有徒手放线和用放线架放线两种。

④ 架线　把放好的导线架到电杆的横担上。

⑤ 紧线　导线架好后可开始紧线操作。紧线是在每个耐张段内进行的。

⑥ 导线在绝缘子上的固定　架空导线在针式及蝴蝶式绝缘子上的固定通常采用绑线缠绕法。常用的绑扎方法有单花绑扎法、双花绑扎法和回头绑扎法。

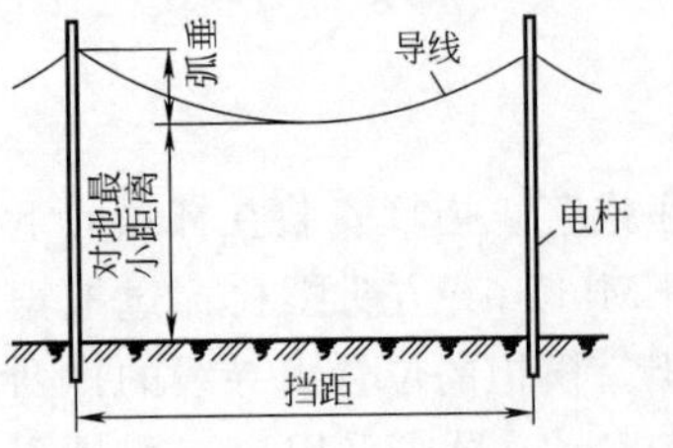

图 3-16　架空线路的挡距和弧垂

(4) 架空线路的挡距、弧垂及排列方式

① 挡距、弧垂　架空线路的挡距（又称跨距），如图 3-16 所示，是同一线路上相邻两根电杆之间的水平距离。

导线的弧垂（又称弛垂），是架空线路导线最低点与挡距两端电杆上的导线悬挂点的垂直距离。导线的弧垂是由于导线存在着荷重所形成的。弧垂不宜过大，也不宜过小：过大则在导线摆动时容易引起相间短路，而且可能造成导线对地或对其他物体的安全距离不够；过小则使导线内应力过大，在天冷时可能拉断。

② 导线的排列方式与要求　三相四线制低压线路的导线，一般都采用水平排列，如图 3-17（a）所示。由于中性线的电位在三相对称时为零，而且其截面也较小，机械强度较差，所以中性线一般架设在靠近电杆的位置。

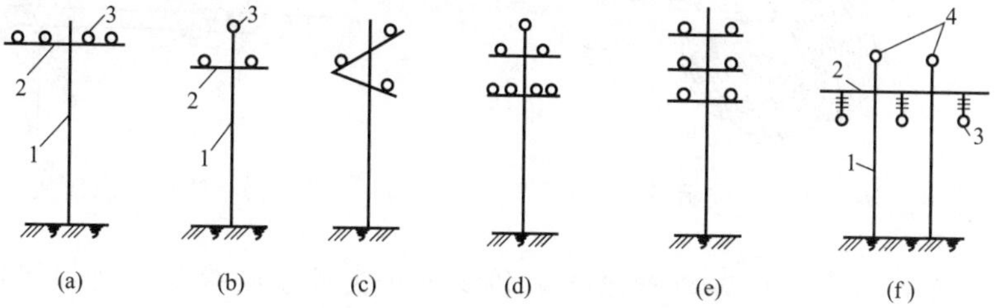

图 3-17　导线在电杆上的排列方式

1—电杆；2—横担；3—导线；4—避雷线

三相三线制的导线，可以三角形排列，如图 3-17（b）、（c）所示，也以可水平排列，如图 3-17（f）所示。

多回路导线同杆架设时，可三角形、水平混合排列，如图 3-17（d）所示，也可垂直排列，如图 3-17（e）所示。电压不同的线路同杆架设时，电压较高的线路应架设在上面，电压较低的线路则架设在下面。

为防止架空导线之间相碰短路，架空线路一般要满足最小线间距离要求，如表 3-3 所示。挡距越大，线间距离也越大。同时上下横担间也要满足最小垂直距离的要求，如表 3-4 所示。

**表 3-3　架空电力线路最小线间距离**　m

| 挡距 / 线路电压 | ≤40 | 50 | 60 | 70 |
|---|---|---|---|---|
| 3～10kV | 0.6 | 0.65 | 0.7 | 0.75 |
| ≤lkV | 0.3 | 0.4 | 0.45 | 0.5 |

**表 3-4　横担间最小垂直距离**　m

| 导线排列方式 | 直线杆 | 分支或转角杆 |
|---|---|---|
| 高压与高压 | 0.8 | 0.6 |
| 高压与低压 | 1.2 | 1.0 |
| 低压与低压 | 0.6 | 0.3 |

### 3.2.4　架空线的架设方法

架空线架设由放线、架线、紧线和绑扎等工序组成，下面依次展开介绍。

（1）放线

① 徒手放线　该方法适用于线路较短、导线截面积较小时放线。放线前要先观察好放线的路径并注意安全。放线时将小盘的导线挂在手臂上，线头固定在线路的起端，面向起端，一边倒退一边摇动手臂，使线盘在手臂上滚动，让导线顺着线盘的圆周方向纵向放出。注意不可将导线从侧面拉出，以免使导线产生应力。对于小截面积的导线，还可采用两只手放线的方式，如图 3-18 所示。

② 用放线架放线　用放线架放线是最简单的放线方式，图 3-19 所示是一种简单的放线架。

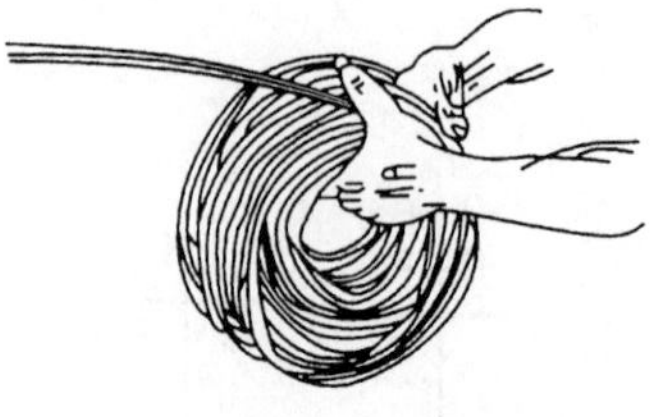
图 3-18　徒手放线示意图

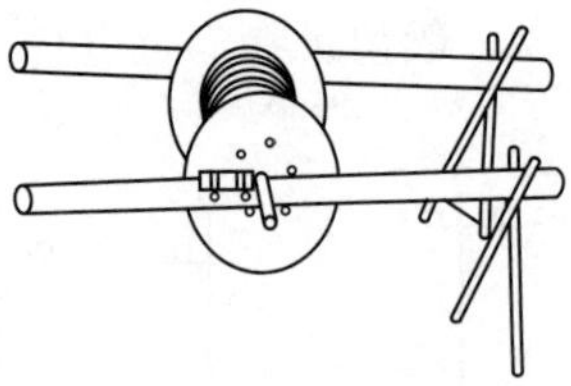
图 3-19　简单的放线架

放线前，要选择适当的位置放置放线架和线盘，线盘在放线架上要保持导线从上方引出。然后对处在放线段内的每根电杆上都挂一个开口放线滑轮（滑轮直径不应小于导线直径的 10 倍）。对于铝芯导线，要采用铝制滑轮或木滑轮，钢导线要用钢滑轮或木滑轮，这样既省力又不会磨损导线。在放线过程中，线盘处要有专人看守，负责检查放线情况和导线的质量。放线速度应尽量均匀，以防放线架倾倒。

（2）架线

把放好的导线架到电杆的横担的过程称为架线。杆上人将小绳放下，杆下人将导线用小绳系好，再由杆上人把导线拉上线杆即可。导线拉上线杆后可直接放在绝缘子顶部的线沟内，也可放在滑轮的沟槽内，这样可以防止紧线时划伤导线。切不可将导线直接挂在横担上，这样在紧线时会严重损伤导线。图 3-20 所示为架线时的操作情景。

（3）紧线

导线架好后可开始紧线操作。紧线是在每个耐张段内进行的。具体操作可按如下步骤进行。

① 操作人员登上杆塔，将导线末端穿入紧线杆塔上的滑轮后，将导线端头顺延在地上，然后用牵引绳将其拴好，如图 3-21 所示。

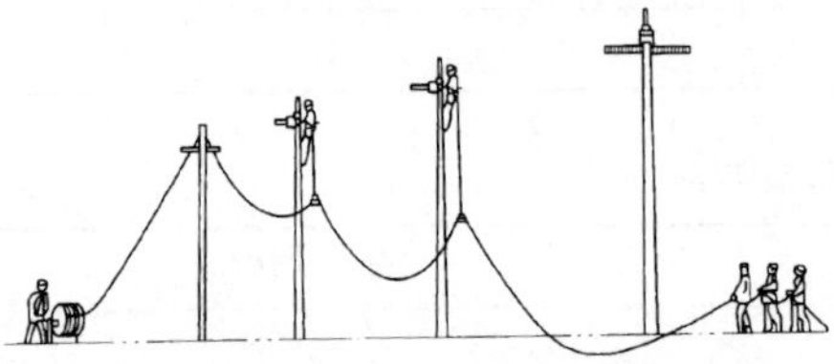
图 3-20　架线时的操作情景

图 3-21　穿线操作

② 紧线前，应将与导线规格对应的紧线器（图 3-22）预先挂在与导线对应的横担上，同时将耐张线夹及其附件、绑线、铝包带、工具等用工具袋带到杆上挂好。

③ 准备就绪后便可使用紧线器慢慢紧线。使用时先将线轴中的拉线放出一定长度，用其端部的挂钩勾住横担，紧线器的前端夹住导线，扳动紧线器扳手，导线即逐渐收紧。紧好后，将紧线手柄取下，把导线牢牢绑在绝缘子上，取下紧线器即可。紧线器紧线方法如图 3-23 所示。

④ 弧垂的测定　弧垂是指一个挡距内导线下垂所形成的自然弧度，紧线的程度取决于导线弧垂的要求。弧垂弯度过小，容易断线；过大，则容易随风摆动而发生短路。弧垂的测量通常用两把弧垂测量尺来进行。

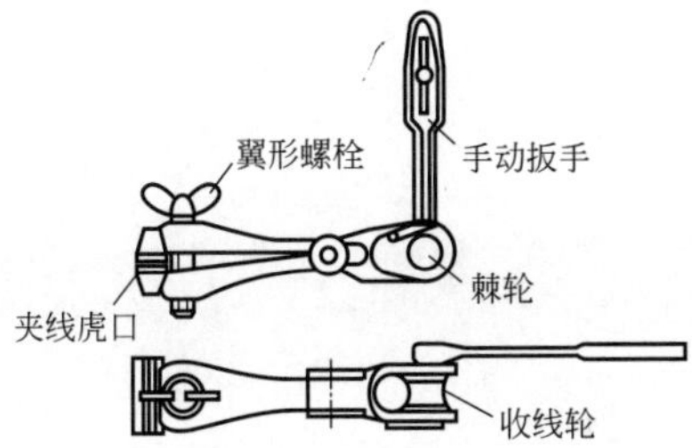


图 3-22　目前普遍使用的两种紧线器

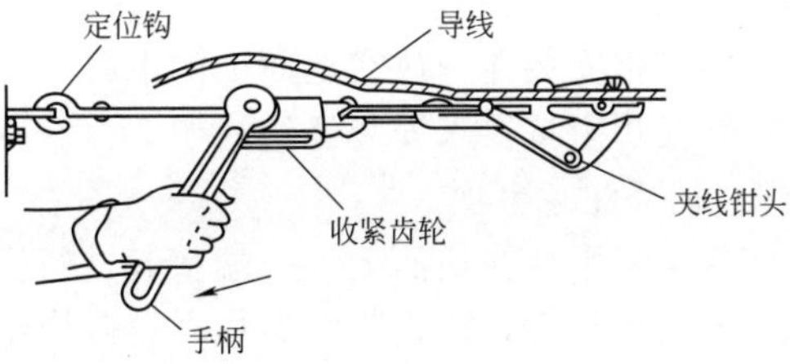


图 3-23　紧线器紧线方法

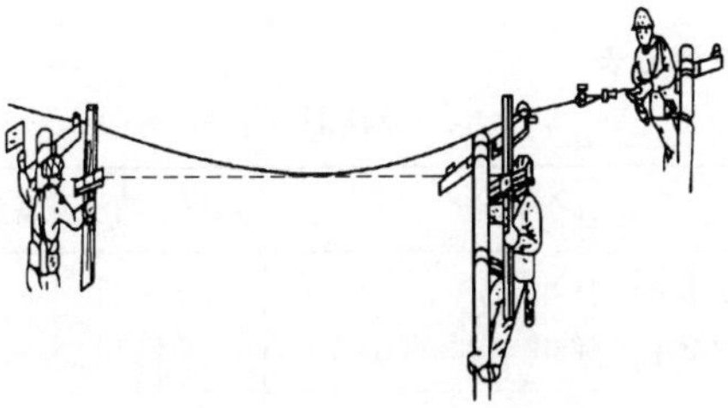

图 3-24　导线弧垂测量方法

使用时，将弧垂尺的挂钩挂在导线上，把横担固定在规定的弧垂值上，两人配合，按如图 3-24 所示方法测量，通过相对观察各自所在横担的定位上沿与导线下垂的最低点，直至双方横担的上沿均在一条直线上。若有偏差，再使用紧线器进行调整。

（4）导线在绝缘子上的固定

架空导线在针式及蝴蝶式绝缘子上的固定通常采用绑扎法。常用的有单花绑扎法、双花绑扎法和回头绑扎法，如图 3-25 所示。每种绑扎方法适用的条件不同，详见表 3-5。

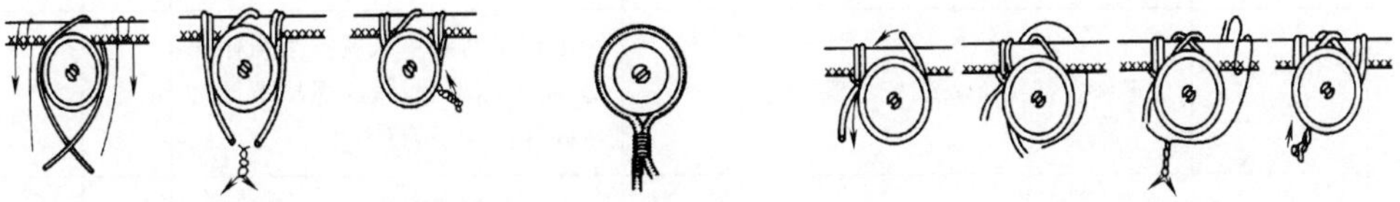

(a) 单花绑扎法　(b) 回头绑扎法　(c) 双花绑扎法

图 3-25　导线的绑扎方法

**表 3-5　绑扎方式对照表**

| 绑扎方式 | 适用条件 |
|---|---|
| 单花绑扎法 | 导线截面积在 $6mm^2$ 以下；导线在中间绝缘子上绑扎 |
| 双花绑扎法 | 导线截面积在 $6mm^2$ 以上；导线在受力的绝缘子上绑扎 |
| 回头绑扎法 | 终端绝缘子的绑扎 |

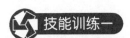

## 技能训练一　横担、绝缘子的安装

（1）实训器材

① 水泥电杆、角钢四路横担（带托架）、U 形抱箍、M 形抱铁、角钢斜撑、蝴蝶式瓷绝缘子。

② 活动扳手、工具袋、安全帽、配套螺栓、螺母、垫圈、垫铁。

（2）实训目标

① 掌握横担的安装方法。

② 掌握瓷绝缘子的安装方法。

(3) 训练内容与操作步骤

① 将横担安装在平放在地面上的电杆上。

② 在横担上按要求安装瓷绝缘子。

(4) 训练注意事项

① 将电杆平放在地面上，一端垫起进行安装。

② 安装要细心，防止紧固螺栓时压碎瓷绝缘子。

③ 两名同学为一组，共同完成训练内容。

④ 训练结束清理现场。

(5) 技能评价

**横担、绝缘子安装技能考核评分表**

姓名：______________ 组别：______________ 考核时间：30 分钟

| 序号 | 考核内容 | 评分要素 | 配分 | 评分标准 | 扣分 | 得分 | 备注 |
|---|---|---|---|---|---|---|---|
| 1 | 准备工作 | 实训器材及工具准备齐全<br>穿工作服、绝缘胶鞋，戴安全帽 | 20 | 少准备一件扣 2 分<br>少穿戴一样扣 2 分 | | | |
| 2 | 横担安装 | 正确确定按水平排列横担的安装位置<br>正确安装 U 形抱箍、M 形抱铁、横担、角钢斜撑等<br>加垫圈或垫铁后拧紧螺栓螺母 | 30 | 不量或量错横担位置扣 5 分；U 形抱箍、M 形抱铁、横担、角钢斜撑安装，每错一个扣 5 分；不加垫圈或垫铁就拧紧螺栓螺母，每个扣 2 分 | | | |
| 3 | 绝缘子安装 | 正确在横担上安装瓷绝缘子 | 20 | 不加垫圈或垫铁就拧紧螺栓螺母，每个扣 2 分；紧固螺栓螺母时压碎瓷绝缘子，每个扣 10 分 | | | |
| 4 | 清理现场 | 清理现场 | 10 | 未清理现场扣 10 分<br>未收拾工具，每件扣 2 分 | | | |
| 5 | 安全文明操作 | 遵守安全操作规程 | 10 | 每违反规定一项扣 5 分<br>严重违规停止操作，并从总分中再扣 10 分 | | | |
| 6 | 考核时限 | 在规定时间内完成 | 10 | 每超时 1 分钟扣 2 分 | | | |
| 合计 | | | 100 | | | | |

评分员： 核分员： 年 月 日

## 技能训练二 三相四线制架空线的安装

(1) 实训器材

单芯绝缘线、瓷绝缘子、电工工具、工具袋、拉绳、脚扣、踏板、腰带、保险绳、腰绳、绑扎线、水泥电杆（三根，已栽好）等。

(2) 实训目标

① 掌握三相四线制架空线的安装方法。

② 掌握在瓷绝缘子上固定导线的方法。

（3）训练内容与操作步骤

① 检查登高工具是否合格。

② 确保登高工具合格的前提下，用脚扣上杆，使用踏板在杆上站立，绑扎好腰带、保险绳和腰绳。

③ 安装好瓷绝缘子。

④ 用拉绳将单芯绝缘线拉上电杆。

⑤ 将单芯绝缘线收紧后，使用工具将单芯绝缘线固定在瓷绝缘子上。

⑥ 检查无误后下杆。

（4）训练注意事项

① 训练时的电杆不带电。

② 高空作业注意安全，训练应在教师的保护下进行。

③ 六名同学为一组，共同完成训练内容。

④ 训练结束清理现场。

（5）技能评价

**三相四线制架空线安装技能考核评分表**

姓名：＿＿＿＿＿＿＿＿＿＿ 组别：＿＿＿＿＿＿＿＿＿＿ 考核时间：3小时

| 序号 | 考核内容 | 评分要素 | 配分 | 评分标准 | 扣分 | 得分 | 备注 |
|---|---|---|---|---|---|---|---|
| 1 | 准备工作 | 实训器材及工具准备齐全<br>穿工作服、绝缘胶鞋，戴安全帽 | 20 | 少准备一件扣2分<br>少穿戴一样扣2分 | | | |
| 2 | 上杆 | 正确用脚扣上杆<br>绑扎好腰带、保险绳和腰绳<br>用踏板在杆上站立 | 20 | 不会用脚扣上杆扣5分<br>腰带、保险绳和腰绳绑扎不好扣5分<br>不用踏板在杆上站立扣5分 | | | |
| 3 | 绝缘子安装 | 正确在横担上安装瓷绝缘子 | 10 | 不加垫圈或垫铁就拧紧螺栓螺母扣2分<br>紧固螺栓螺母时压碎瓷绝缘子或螺栓螺母未紧固扣3分 | | | |
| 4 | 放线和架线 | 杆下人正确放线<br>正确将导线拉上电杆 | 10 | 放线不正确扣2分<br>拉上杆的导线不放在绝缘子顶部的线沟内扣2分 | | | |
| 5 | 紧线和绑扎 | 1号电杆（线首）首先绑扎导线<br>2号电杆收紧导线再绑扎<br>3号电杆随之收紧再绑扎 | 10 | 不按顺序扣3分<br>绑扎不牢扣3分<br>导线未收紧扣3分 | | | |
| 6 | 清理现场 | 清理现场 | 10 | 未清理现场扣10分<br>未收拾工具，每件扣2分 | | | |
| 7 | 安全文明操作 | 遵守安全操作规程 | 10 | 每违反规定一项扣5分<br>严重违规停止操作，并从总分中再扣10分 | | | |
| 8 | 考核时限 | 在规定时间内完成 | 10 | 每超时10分钟扣2分 | | | |
| 合计 | | | 100 | | | | |

评分员： 核分员： 年 月 日

## 【思考与练习】

（1）应怎样选择选择架空线路的路径？

（2）敷设架空线路有哪些步骤？

（3）架空线的导线排列方式有哪几种？

（4）为什么架空线的弧垂不宜过大，也不宜过小？

## 3.3 敷设电缆线路

**能力目标**

① 掌握电缆的分类和结构，了解电缆的型号及选择。

② 了解电缆的封端技能。

③ 掌握电缆的敷设方式，学会敷设电缆线路。

### 3.3.1 电缆线路的结构

电缆是一种既有绝缘层又有保护层的特殊导线。

电缆线路与架空线路相比，虽然具有成本高、投资大、维修不方便等缺点，但是它具有运行可靠、不易受外界影响、不占地面、不碍观瞻等优点。特别是在有腐蚀性气体、有易燃易爆危险、不宜架设架空线路的场所，必须敷设电缆线路。因此在现代工厂和城市建设中，电缆线路得到越来越广泛的应用。

（1）电缆的分类

目前常用的电力电缆，按其绝缘材料及保护层的不同有以下几类：

① 油浸式纸绝缘铅（铝）包电力电缆；

② 交联聚乙烯绝缘、聚氯乙烯护套电力电缆；

③ 聚氯乙烯绝缘、聚氯乙烯护套电力电缆（简称全塑电缆）；

④ 油浸纸干绝缘电力电缆；

⑤ 不滴流电力电缆等。

按电缆的电压等级可分为0.5kV、1kV、3kV、6kV、10kV、20kV、35kV等。

按电缆结构的芯数可分为单芯、双芯、三芯和四芯电缆。电力电缆一般都是三芯或四芯的。

（2）电力电缆的结构

供电系统常用的电力电缆有油浸纸绝缘和塑料绝缘两大类。

① 油浸纸绝缘电力电缆　图3-26是油浸纸绝缘电力电缆的结构图，图3-27为其断面图。这种电缆在缆芯外面包缠几十层厚度为0.12mm左右的电缆纸，然后进行真空干燥并浸渍高耐压强度的绝缘油，再外包铅皮或铝皮，防止水分侵入。它是靠充分干燥的油浸纸获得相间及相对地的绝缘。这种电缆在封端头（即电缆头）上要求很严，要求在干燥的环境下用环氧树脂进行封端。

油浸纸绝缘电力电缆具有耐压强度高、耐热能力好、使用年限长等优点，因此它的应用较为普遍。但是它工作时，其中的浸渍油会流动，为防止漏油，在敷设高度差上受到限制。

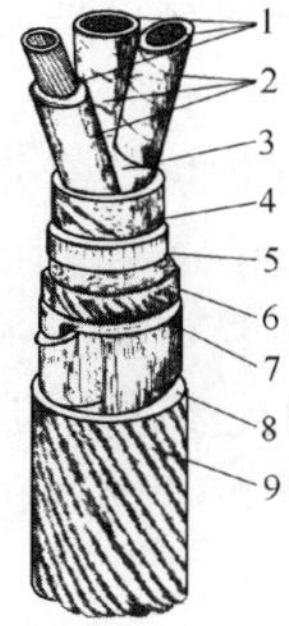


图 3-26　油浸纸绝缘电力电缆结构图

1—铝芯（或铜芯）；2—油浸纸绝缘层；3—麻筋（填料）；4—油浸纸（统包绝缘）；5—铝包（或铅包）；6—涂沥青的纸带（内护层）；7—浸沥青的麻被（内护层）；8—钢铠（外护层）；9—麻被（外护层）

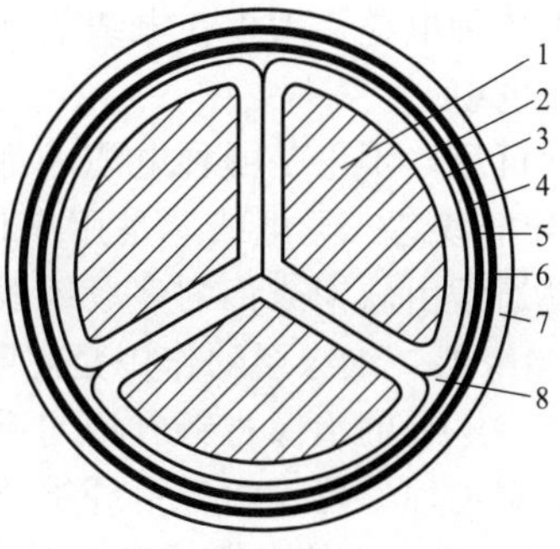


图 3-27　三芯油浸纸绝缘电力电缆断面图

1—线芯；2—油浸纸（相间绝缘）；3—油浸纸（统包层）4—铅包；5—内黄麻层；6—铠装钢带；7—外黄麻层；8—黄麻填料

② 塑料绝缘电力电缆　以塑料为主绝缘的塑料电缆，由于制造工艺简单，具有抗酸碱、耐腐蚀、防潮性能好、重量轻、敷设高度差不受限制、封端容易、维护方便和运行可靠等显著优点，因此将逐步取代油浸纸绝缘电缆，应用越来越广泛。

塑料绝缘电缆又分聚氯乙烯绝缘电缆和交联聚乙烯绝缘电缆。

图 3-28 是 1kV 以下的四芯聚氯乙烯绝缘电缆的断面图。它制造工艺简单，不吸潮，运行可靠，价格低廉，得到广泛应用。

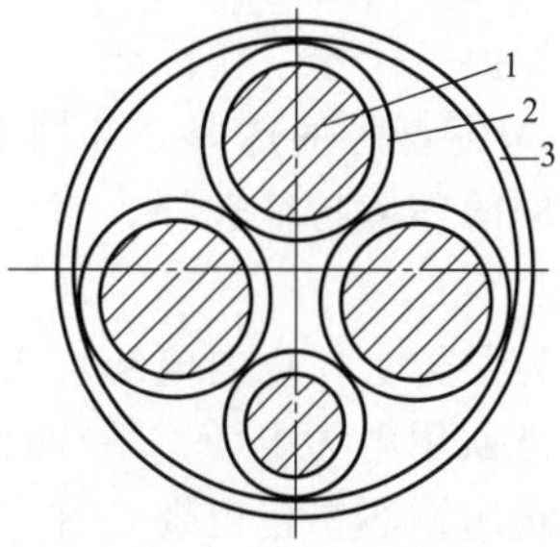


图 3-28　四芯聚氯乙烯绝缘电力电缆断面图

1—线芯；2—聚氯乙烯绝缘层；3—聚氯乙烯保护层

图 3-29 和图 3-30 分别为交联聚乙烯绝缘电力电缆的结构图和断面图，它的结构比聚氯乙烯绝缘电缆复杂一些。主绝缘层采用交联聚乙烯，保护层采用聚氯乙烯。在绝缘层的两边各有一层半导电层，是为了防止在绝缘层中出现尖角电场。由于尖角电场容易使绝缘层击穿，加了半导电层后可消除尖角电场。

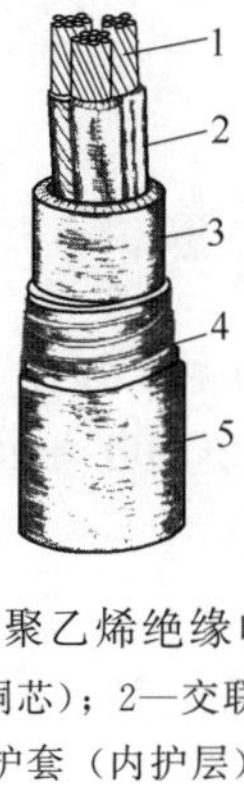


图 3-29　交联聚乙烯绝缘电力电缆结构图

1—铝芯（或铜芯）；2—交联聚乙烯绝缘层；3—聚氯乙烯护套（内护层）；4—钢铠（或铝铠，外护层）；5—聚氯乙烯外壳（外护层）

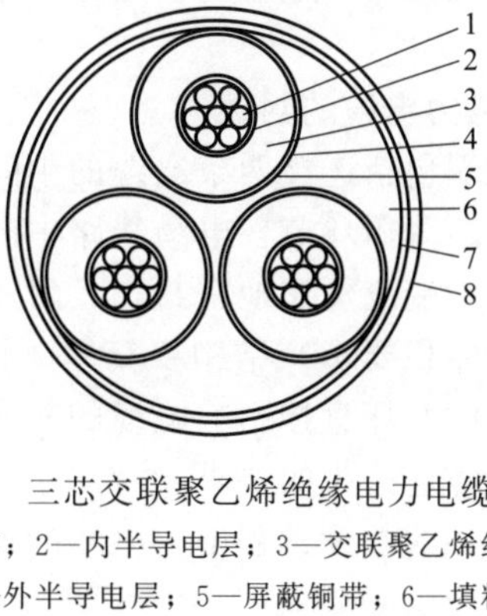


图 3-30　三芯交联聚乙烯绝缘电力电缆断面图

1—线芯；2—内半导电层；3—交联聚乙烯绝缘层；4—外半导电层；5—屏蔽铜带；6—填料；7—扎紧布带；8—聚氯乙烯外护套

以上各种电缆，大多在电缆的外层包扎钢带或钢丝，以加强机械保护的效能。这种电缆称为铠装电缆。

由此可见，不论是哪种电缆，都是由导电线芯、绝缘层和保护层三部分组成。

① 导电线芯　导电线芯是用来传输电流的，因而要具有良好的导电性，以减少能量损失。线芯通常由软铜或铝的多股绞线做成，这样的电缆较柔软、易弯曲。

② 绝缘层　绝缘层的作用是将导电线芯与保护层隔离，因此要具有良好的绝缘性能和耐热性能。电缆的绝缘材料分均匀质和纤维质两种。均匀质有橡胶、沥青、聚乙烯、聚氯乙烯、交联聚乙烯、聚丁烯等；纤维质有棉、麻、丝、绸、纸等。

③ 保护层　为使电缆适应各种使用环境的要求，要在绝缘层外面加保护层。其主要作用是保护电缆在敷设和运行过程中，免遭机械损伤和其他因素的破坏，以保证长时间稳定的电气性能。保护层又分内保护层和外保护层。

（3）电缆型号及选择

① 电力电缆的型号　一般电力电缆的型号由分类代号、导体和内护层代号及外护层代号等组成。

a. 分类代号：Z—纸绝缘；X—橡胶绝缘；V—塑料绝缘；YJ—交联聚乙烯绝缘。

b. 导体及内护层代号：T—铜（一般省略）；L—铝；Q—铅包；L—铝包；H—普通橡套；V—塑料护套。

c. 外护层代号（新标准）：22—钢带铠装；32—细钢丝铠装；42—粗钢丝铠装。

② 电缆型号的选择　各种型号电缆的使用环境和敷设方式都有一定的要求。使用时应根据不同的环境特征选择，考虑原则主要是安全、经济和施工方便。选择电缆时应注意下列几方面。

a. 为了防水，户内电缆均无黄麻保护层。

b. 地面用电力电缆一般应选用铝芯电缆（有剧烈振动的场所除外）。在有爆炸危险的场所，应选用铜芯铅包电缆，并应采用裸钢带铠装电缆。因为有了一层铠装后，可减少引起爆炸的可能性。

c. 直埋敷设的电缆一般采用有外护层的铠装电缆。在不会引起机械损伤的场所，也可采用无铠装的电力电缆。

d. 对照明、通信和控制电缆，应选用橡胶或塑料绝缘的专用电缆。

e. 油浸纸绝缘电力电缆只允许用于高差在15m（6～10kV高压电缆）～25m（1～3kV电缆）以下的范围内，超过时应选用干绝缘、不滴流、聚氯乙烯绝缘或交联聚乙烯绝缘的电力电缆。

### 3.3.2　电力电缆的封端

电缆的封端包括连接两条电缆的中间连接头和电缆终端的封端头。电缆的连接头和封端头是电缆线路的薄弱环节，电缆线路中的很多故障往往就发生在接头处。为了保证电缆的正常运行，电缆封端应可靠地密封，其耐压强度不应低于电缆本身的耐压强度，还要有足够的机械强度，且体积要小，结构要简单。由此可见，电缆封端是电缆施工中最重要的一道工序，制作质量的好坏直接影响电缆的安全运行。

（1）对电缆连接头的要求

在电缆线路的敷设过程中，电缆的连接是不可避免的，其连接主要采用制作中间接头，制作过程要符合以下要求。

① 密封良好　若电缆密封不好，会导致电缆油泄漏，绝缘干枯，绝缘性能降低。纸质绝缘有很强的吸水性，极易受潮，若电缆密封不好，潮气会侵入电缆内部，也会导致电缆绝

缘性能降低。

② 保证绝缘强度　连接头的绝缘强度应不低于电缆本身的绝缘强度。

③ 导体接触良好　连接后的接触电阻要小且稳定，不超过同长度电缆电阻的 1.2 倍。抗拉强度不小于电缆线芯强度的 70%。

④ 与电气设备保持距离　为了避免短路或击穿，电缆连接头要与电气设备保持一定的距离。

（2）电缆终端头的制作

电缆终端头的制作是指电缆在最终连接点上对电缆端头的处理。油浸纸绝缘电缆，通常用环氧树脂封端，具有工艺简便、绝缘和密封性能好、体积小、重量轻、成本低等优点，广泛用在 10kV 及其以下电压的配电装置中。但近年来使用的电缆中，10kV 电缆以交联聚乙烯绝缘、聚氯乙烯护套电缆为主，低压电缆以聚氯乙烯绝缘、聚氯乙烯护套电缆为主，这两种电缆的终端头又以热缩终端头的使用最为普遍。

表 3-6 中介绍了户内交联电缆热缩终端头的制作方法及步骤。图 3-31 是环氧树脂中间接头盒。图 3-32 是户内式环氧树脂终端头（封端头）。

**表 3-6　户内交联电缆热缩终端头的制作方法及步骤**

| 步　骤 | 示意图 | 操作方法 |
| --- | --- | --- |
| 剥切<br>外层绝缘 | 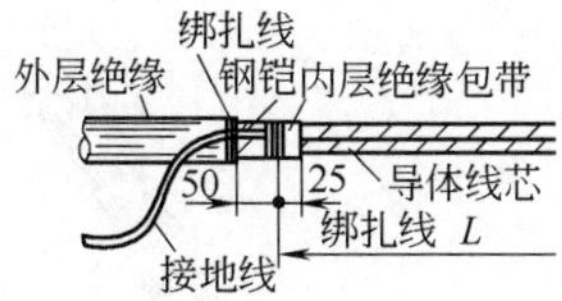<br> | ① 根据电缆截面积大小要求的长度，首先将电缆的外层绝缘剥去，剥切尺寸如左图所示<br>② 剥切时，在按 $L$ 的尺寸加 50mm 的地方先用 $\phi$2mm 的裸铜线绑扎 3～4 圈，然后用电工刀沿绑线外沿横向刻痕，深度可接近刻透；再用电工刀沿电缆纵向刻痕处向右、向外刻透剥离<br>③ 剥切完后，用汽油或无水酒精清擦剥除外绝缘后的钢铠，用 $\phi$2mm 的裸铜线在图示的 50mm 边沿处绑扎 3～4 圈，绑扎时将软编织铜线做的接地线压在绑线的下面 |
| 锯钢铠 | 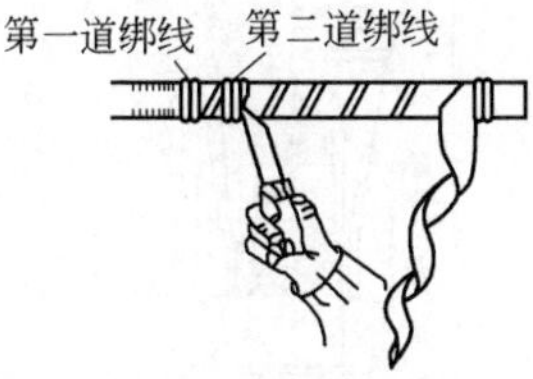<br> | 按 $L$ 的长度在钢铠装上沿圆周锯一环形锯痕，其深度不要超过厚度的 2/3，不得一次锯透，以免伤及内绝缘。剥钢铠时，用电工刀在锯痕处把钢铠撬起，然后从根部向末端剥除 |
| 剥内绝缘包带 | <br>(a) 剥下统包绝缘层<br>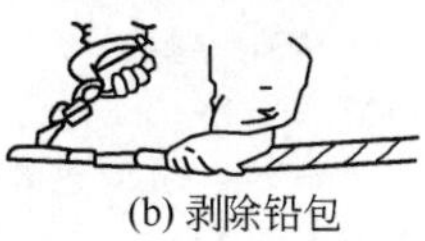<br>(b) 剥除铅包 | 剥下统包绝缘层，如左图(a)所示，在第二道圆环处割断。把第二道圆环与第一道圆环间的铅包剥除，如左图(b)所示。用清洁的包带临时把铅包下的统包绝缘包扎起来以防止松脱 |
| 焊接地线 | 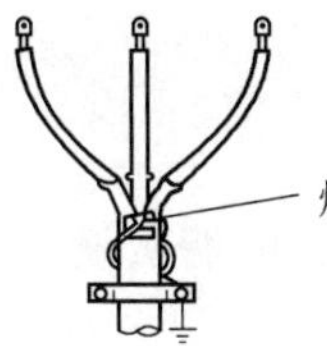<br> | 将接地线下的钢铠表面用纱布清理干净，涂上松香或焊锡膏，用 500W 电烙铁把接地线与钢铠焊牢 |

续表

| 步　骤 | 示意图 | 操作方法 |
| --- | --- | --- |
| 压接<br>接线端头 | 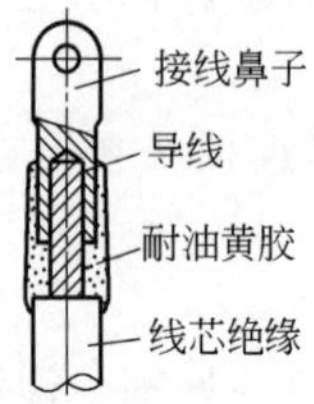 | 分开电缆芯线，并除去内包带绝缘内的填料，剥去芯线端部的绝缘，剥切长度约为接线端头孔深加 10mm。将接线端头装到电缆芯线端部，用压接钳逐个压接。压接完毕后，用锉刀除去毛刺，然后用汽油或无水酒精进行清擦 |
| 端头<br>热缩操作 | 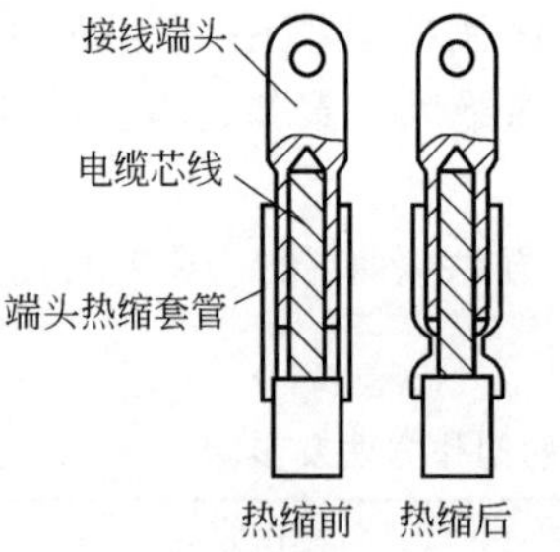 | ① 先处理芯线端头，将端头热缩套管逐个套在压接完成的电缆端头上，其位置以能覆盖端头压坑和裸露导线为宜，然后用汽油喷灯均匀加热，使其紧密地缩在电缆端头上<br>② 逐个套上长热缩套管，其下端应距钢铠 40～50mm，然后用汽油喷灯自上而下均匀加热，使其收缩，上管口应覆盖接线端头 10～20mm，长的部分剪去，然后继续加热，直至全长均匀收缩完成<br>③ 装分支手套，先用汽油或无水酒精清擦钢铠及三叉处，将分支手套穿过三根芯线至电缆根部，使用汽油喷灯均匀地从中部向上加热手套上部分支，直至全部均匀收缩 |

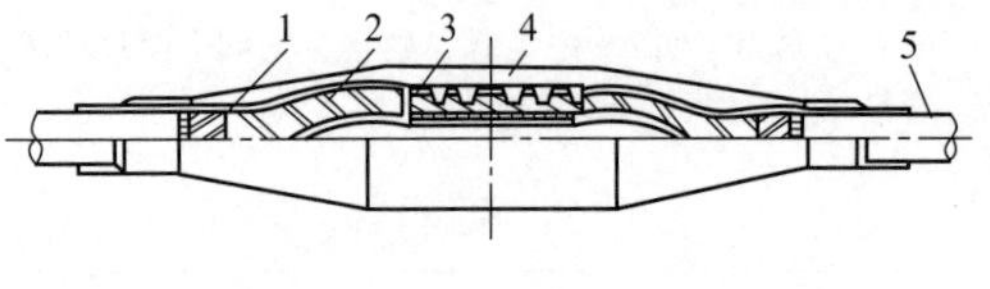


图 3-31　1～10kV 电缆环氧树脂中间接头盒

1—统包绝缘层；2—芯线绝缘；
3—扎锁管（管内两芯线对接）；
4—扎锁管涂包层；5—铝（或铅）包

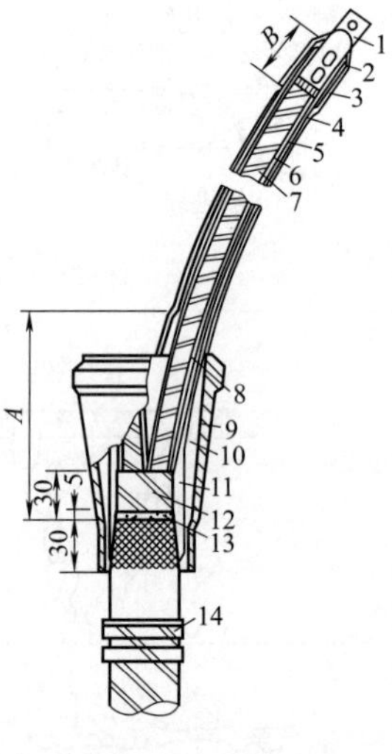


图 3-32　户内式环氧树脂终端头

1—线鼻子；2，8—堵油涂包层；3—相色带；4—黄蜡带；
5—耐油橡胶管；6—黄蜡绸；7—线芯绝缘；9—预制环氧树脂外壳；
10—环氧树脂；11—三叉口及铅（铝）包堵油涂包层；12—统包绝缘；
13—半导电屏蔽层；14—接地线卡子

### 3.3.3　电缆线路的敷设

（1）电缆的敷设方式

电缆线路常用的敷设方式有直接埋地敷设、电缆沟敷设、沿墙敷设、电缆排管敷设、电缆桥架敷设等几种。

① 直接埋地敷设　这种敷设方式是事先挖好壕沟，然后把电缆埋在里面，再在周围填以沙土，上加保护板，再回填土，如图 3-33 所示。这种方式施工简单，散热效果好，且投

资少，但查找故障和检修不方便，易受机械损伤和土壤中酸性物质的腐蚀，所以，如果土壤有腐蚀性，须经过处理后才能敷设。直接埋地敷设适用于电缆数量少、敷设途径较长的场合。

② 电缆沟敷设　这种敷设方式是将电缆敷设在电缆沟的电缆支架上。电缆沟由砖砌成或混凝土浇筑而成，沟内两侧设有电缆支架，沟面有盖板，如图 3-34 所示。沟内可敷设多根电缆，所以占地少，走向较灵活，检修方便，适用于电缆根数较多而且与地下管沟矛盾不大的场合。电缆沟敷设方式在配电系统中用得很广。缺点是投资稍高，沟内容易积水。

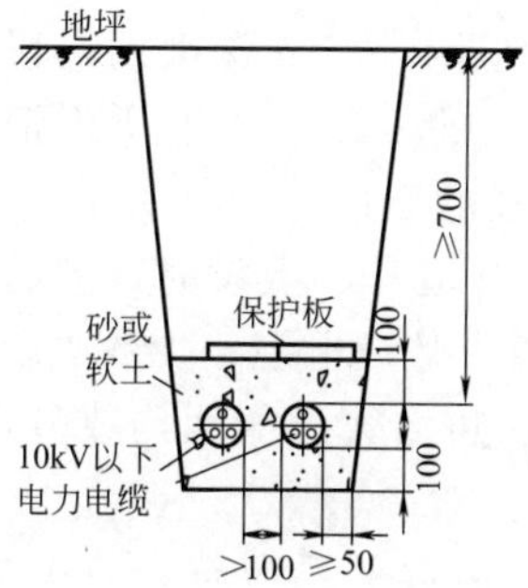


图 3-33　电缆直接埋地敷设

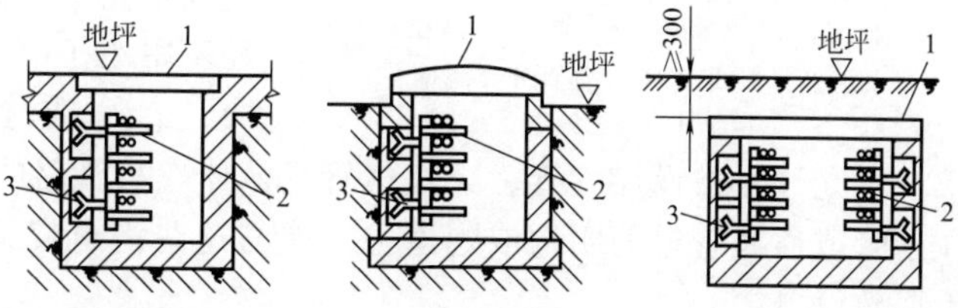


(a) 户内的　(b) 户外的　(c) 厂区的

图 3-34　电缆沟敷设

1—盖板；2—电缆支架；3—预埋铁件

③ 沿墙敷设　这种敷设方式要在墙上预埋铁件，预设固定支架，电缆沿墙敷设在支架上，如图 3-35 所示。优点是结构简单，维修方便；缺点是积灰严重，易受热力管道影响，且不够美观。

④ 电缆排管敷设　这种敷设方式适用于电缆数量不多（一般不超过 12 根），而道路交叉较多，路径拥挤，又不宜采用直埋或电缆沟敷设的地段。排管可采用石棉水泥管或混凝土管。图 3-36 所示为电缆排管敷设。

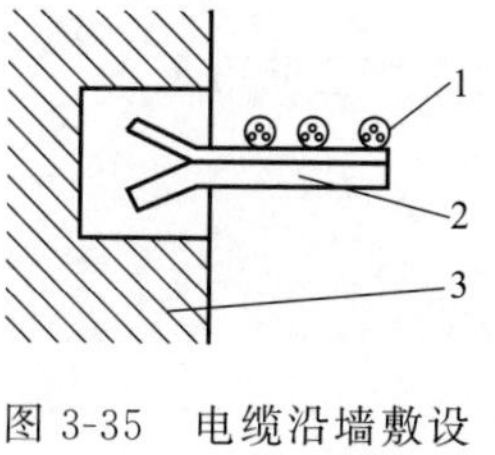


图 3-35　电缆沿墙敷设

1—电力电缆；2—电缆支架；3—墙体

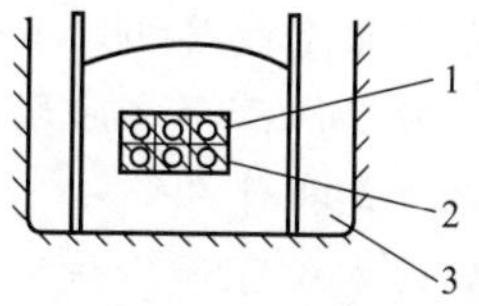


图 3-36　电缆排管敷设

1—水泥排管；2—电缆孔；3—电缆沟

⑤ 电缆桥架敷设　电缆桥架敷设是将电缆敷设在电缆桥架内。电缆桥架装置由支架、盖板、支臂和线槽等组成，如图 3-37 所示。电缆桥架在户内、户外均可采用，采用电缆桥架敷设的电缆线路，整齐美观，维护方便。封闭式槽架有利防火防爆。由于桥架高于地面，克服了其他敷设方式存在的积水、积灰、易损坏电缆等缺点，改善了运行条件，提高了电缆运行的可靠性，且具有占用空间少、投资省、建设周期短、便于采用全塑电缆和工厂系列化生产等优点，这种敷设方式近年来广泛采用。

（2）电缆敷设的一般要求

敷设电缆，一定要严格遵守有关技术规程的规定和设计要求。

① 电缆类型要符合所选敷设方式的要求。例如，直接埋地电缆应有铠装和防腐层保护，

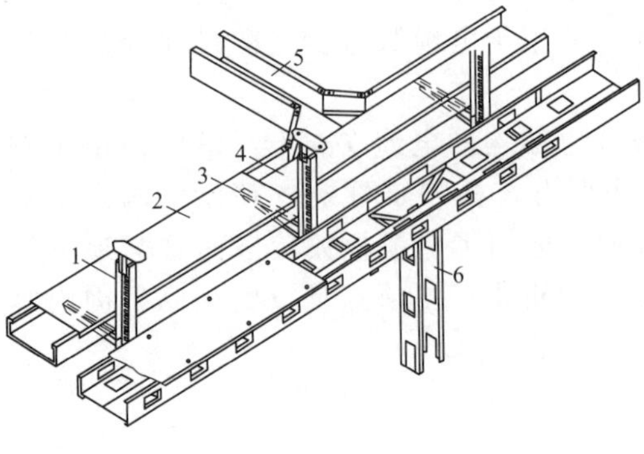


图 3-37 电缆桥架

1—支架；2—盖板；3—支臂；4—线槽；5—水平分支线槽；6—垂直分支线槽

并且为防止电缆在地形发生变化时受拉力过大，电缆在敷设时要比较松弛，直埋电缆应做波浪形埋设。在敷设条件许可下，电缆长度可考虑1.5%～2%的余量，作为检修时的备用。直埋电缆埋地深度不得小于0.7m，其壕沟离建筑物基础不得小于0.6m。

② 下列地点的电缆应穿钢管保护：电缆在引入或引出建筑物或构筑物；电缆穿过楼板及主要墙壁处；从电缆沟引出至电杆或墙壁，在距地面2m以下及地下0.25m深度的一段；电缆与道路、铁路交叉的一段。以上所用钢管内径不得小于电缆外径的2倍。

③ 电缆与不同管道一起敷设时，应满足下述要求：不允许在敷设煤气管、天然气管及液体燃料管路的沟道中敷设电缆；少数电缆允许敷设在水管或通风管道的明沟或隧道中，或与这些沟道交叉；在热力管道的明沟或隧道中，一般不要敷设电缆。

④ 电缆敷设的路径要力求少弯曲，弯曲半径与电缆外径的倍数关系应符合有关规定，以免弯曲扭伤。垂直敷设的电缆和沿陡坡敷设的电缆，其最高点与最低点之间的最大允许高度差不应超过规定值。

⑤ 户外电缆沟的盖板应高出地面，但注意厂区户外电缆沟盖板应低于地面0.3m，上面铺以砂子或碎土，户内电缆沟的盖板应与地板平齐。电缆沟的结构应考虑防火和防水。电缆沟从户外进入户内处及隧道连接处，应设置防火隔板。为了排水，电缆沟的排水坡度不得小于0.5%，而且不能排向建筑物内侧。

⑥ 电缆的金属外皮、金属封端、保护钢管和金属支架等，均应可靠接地。

**【思考与练习】**

(1) 电缆线路与架空线路相比有哪些优点？它适用于哪些场合？

(2) 选择电缆时应注意哪些问题？

(3) 电缆的封端是指什么？

(4) 电缆的敷设方式有哪几种？各适用于什么场合？

## 3.4 敷设车间供电线路

**能力目标**

① 掌握绝缘导线的类型。

② 掌握车间供电线路的敷设方式和有关要求注意事项。

③ 学会敷设车间供电线路。

### 3.4.1 车间供电线路

车间供电线路一般均采用交流380/220V中性点直接接地的三相四线制供电系统，包括户内配电线路和户外配电线路。户内（即车间内）配电线路的干线多采用裸导线，支线大多采用绝缘导线，少数情况采用电缆。户外配电线路指沿着车间外墙或屋檐敷设的低压配电线路，都采用绝缘导线，也包括车间之间短距离的低压架空线路。

户内配电线路，包括低压开关柜至车间动力配电箱的线路、车间总动力配电箱至各分动力配电箱的线路、分动力配电箱至各用电设备之间的线路等。

户内配电线路如果导线截面选择不当，或者安装不符合规定要求，很容易发生导线过热，引发火灾和触电事故，因此保证户内配电线路安全可靠至关重要。

（1）常用导线类型

① 绝缘导线　线芯外包以绝缘材料的导线称为绝缘导线。按绝缘材料分，有橡胶绝缘和塑料绝缘导线；按线芯材料分，有铜芯和铝芯绝缘导线；按线芯结构分，有单股和多股绞线；按线芯外保护层分，有无护套和有护套绝缘导线。

在易燃、易爆或对铝有严重腐蚀的场所，应采用铜芯导线，其他场所应优先采用铝芯导线。塑料绝缘导线由于绝缘性能良好，价格较低，而且可以大量节省橡胶和棉纱，在户内明敷设或穿管敷设中可取代橡皮绝缘导线。但塑料绝缘导线在低温时会变硬变脆，高温时又易软化，因此不宜在户外使用。

表3-7列出了常用的绝缘导线型号及主要用途。

**表3-7　常用绝缘导线的型号、名称及主要用途**

| 型号 | | 名称 | 主要用途 |
|---|---|---|---|
| 铜芯 | 铝芯 | | |
| BX | BLX | 棉纱编织橡皮绝缘导线 | 用于不需要特别柔软电线的干燥或潮湿场所，作固定敷设之用，宜于室内架空或穿管敷设 |
| BBX | BBLX | 玻璃丝编织橡皮绝缘导线 | 用于不需要特别柔软电线的干燥或潮湿场所，作固定敷设之用，宜于室内架空或穿管敷设，但不宜穿管敷设 |
| BXR | — | 棉纱编织橡皮绝缘导线 | 敷设于干燥或潮湿厂房中，作电气设备（如仪表、开关等）活动部件的连接线之用，以及需要特软电线之处 |
| BXG | BLXG | 棉纱编织、浸渍、橡皮绝缘导线（单芯或多芯） | 穿入金属管内，敷设于潮湿房间，或有导电灰尘、腐蚀性瓦斯蒸气、易爆炸的房间；有坚固保护层以避免穿过地板、天棚、基础时受机械损伤之处 |
| BV | BLV | 塑料绝缘导线 | 用于耐油、耐燃、潮湿的房间内，作固定敷设之用 |
| BVV | BLVV | 塑料绝缘塑料护套线（单芯及多芯） | 用于耐油、耐燃、潮湿的房间内，作固定敷设之用 |
| — | BLXF | 氯丁橡胶绝缘导线 | 具有抗油性、不易霉，不延燃、制造工艺简单，具有耐日光、耐大气老化等优点，适宜于穿管及户外敷设 |
| BVR | — | 塑料绝缘软线 | 适用于室内，作仪表、开关连接之用以及要求柔软导线之处 |

② 裸导线　常用的裸导线有软裸线和硬裸线。软裸线多为绞线，材料多为铜质。硬裸线的截面形状有圆形、管形和矩形等，材料为铜、铝、钢。裸导线作户内线路主要是母线或干线，通常采用硬母线。实际应用中，相线一般采用LMY型硬铝母线，滑触线采用铜母线，接地（接零）保护干线采用扁钢带。

③ 低压电缆　在一些不宜使用绝缘导线的车间可考虑选用电缆，有时临时拉接电源，

也采用电缆。

低压电缆除前面介绍的塑料电缆以外，常用的还有橡胶类绝缘电缆，如乙烯丙烯橡胶和丁苯橡胶。通常都有防机械损伤的聚氯乙烯、氯丁橡胶或氯化聚乙烯橡胶的外护套。

(2) 绝缘导线的布线

绝缘导线的敷设方式分为明敷和暗敷两种。导线敷设于墙壁、屋架（梁）或天花板等的表面称为明敷，导线穿管埋设在墙内、地坪内或装设在顶棚里称为暗敷。

① 直敷布线　在美观要求不高、不易触及的干燥场所，当导线截面不大于 $6mm^2$ 时可以采用护套绝缘导线直接敷设。布线的固定点间距不应大于 300mm。垂直敷设时，低于 2m 以下部分应穿管保护。导线与地面的最小距离应符合表 3-8 的规定，否则应穿管保护，以防机械损伤。

**表 3-8　绝缘导线明敷时至地面的最小距离**

| 布线方式 | | 最小距离/m |
|---|---|---|
| 电线水平敷设 | 户内 | 2.5 |
| | 户外 | 2.7 |
| 电线垂直敷设 | 户内 | 2 |
| | 户外 | 2.7 |

② 瓷（塑料）夹、鼓形绝缘子和针式绝缘子布线　这种方式是沿墙壁、屋架（梁）或天花板明敷。瓷（塑料）夹布线适用于用电量较小、不易触及和干燥的场所，导线截面在 $10mm^2$ 以下；鼓形绝缘子布线适用于用电量略大的干燥或潮湿的场所，导线截面在 $25mm^2$ 以下；针式绝缘子布线适用于用电量较大，且线路较长或潮湿的场所。

③ 槽板布线　槽板布线适用于用电量小、有一定美观要求的干燥场所或易触及的场所，导线截面一般在 $6mm^2$ 以下。

④ 穿管布线　穿管布线有明敷和暗敷之分，穿线用管有钢管和塑料管两种。钢管适用于具有火灾爆炸危险、易受机械损伤的场所，但不宜用于存在严重腐蚀性的场所；塑料管除不能用于高温、火灾爆炸危险和对塑料有腐蚀的场所外，其他场所均可采用。

配线线路中应尽量避免接头，因为在实际使用中，很多事故都是由于导线连接不良、接头质量不好而引起。若必须接头，则应保证接头牢靠，接触良好，接头必须通过专门的接线盒。穿在管内敷设的导线不准有接头。

导线穿越楼板时，应将导线穿入钢管或硬塑料管内保护，保护管上端口距地面不应小于 2m，下端口到楼板下为止。

导线穿墙时，应加装瓷管、塑料管、钢管等保护管，保护管的两端出线口伸出墙面的距离不应小于 10mm。

⑤ 钢索配线　钢索配线是以横跨在车间墙壁或构架之间的钢索为依托，直接吊装护套绝缘导线或用绝缘子吊装绝缘导线的明敷布线方式，可用于无特殊要求的一般场所。

(3) 绝缘护套线配线工艺

塑料绝缘护套线是一种具有塑料保护层的双芯绝缘导线，具有防潮、耐酸和耐腐蚀等性能，可直接敷设在空心楼板、墙壁及建筑物上，用铝片卡或塑料卡钉作为导线的支承物。

绝缘护套线敷设施工方法简单，线路外形整齐美观，其安装应遵循如下步骤。

① 定位划线　首先根据各用电器的安装位置，确定好线路的走向后，用弹线带划线。然后每隔 200～250mm（铝片卡固定）或 300～400mm（固定夹固定）划出线夹位置，如

图 3-38 所示。在距安装开关、插座和灯具木台 50～100mm 及距导线拐弯 50～100mm 处，都应设铝片卡的固定点。

② 固定铝片卡　铝片卡又称钢筋轧头，其规格有 0、1、2、3、4 号，号码越大，长度也越长。护套线铝片卡安装方法如图 3-39 所示。在木结构上，可沿线路在固定点用钉子将铝片卡钉牢。在钻结构上，应每隔 4～5 挡将铝片卡钉牢在预先安装的木塞上，中间的可用小钉钉在粉刷层内。在转角、分支、进木台和进电器处都应预先安装木塞。若线路在混凝土结构或预制板上敷设，则可用环氧树脂等合适的胶黏剂粘贴。粘贴前应将建筑物和铝片卡的粘贴面清理干净，待胶黏剂干透后方可敷线，否则容易脱落。

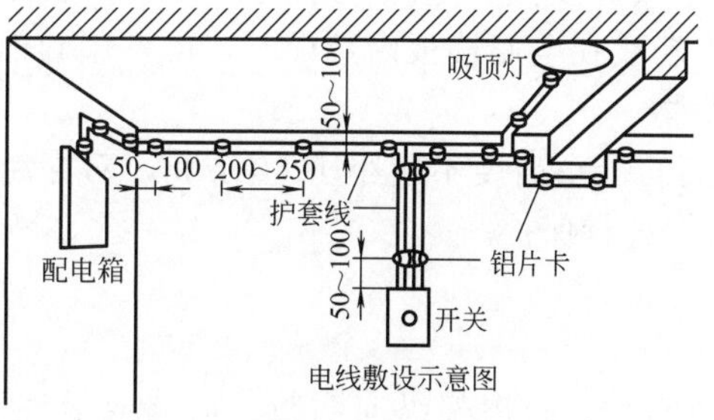


图 3-38　塑料护套线固定与间距

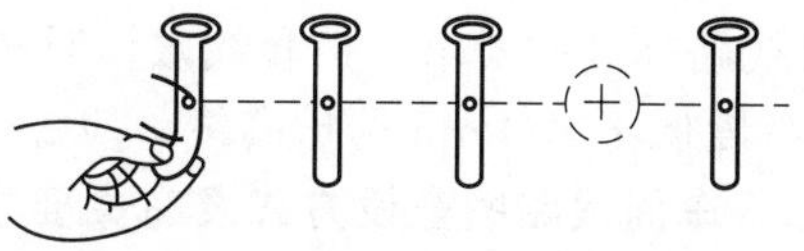

图 3-39　护套线铝片卡安装方法

③ 导线敷设　整齐美观是塑料护套线线路的特点，因此敷设必须横平竖直、线路平整。敷设前，先将盘绕的导线顺着盘绕方向放线，以免弯折打结。然后将导线两端的绝缘层剥去一段，用抹布或螺钉旋具勒直导线。敷设直线部分时，可先固定好导线的一端，收紧导线并将另一端固定，最后再固定中间部分，使导线绷紧、拉直。几根护套线平行敷设要紧密，线与线之间不得有明显的空隙。

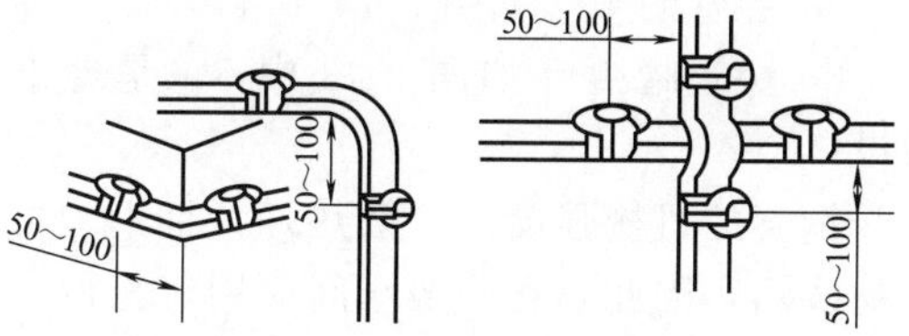


图 3-40　护套线线路的敷设

④ 铝片卡的夹持　如图 3-40 所示，护套线在转弯时，弧度不能太小，转弯的前后应各固定一个铝片卡，两线交叉处应固定 4 个铝片卡，导线进入接线盒前应固定一个铝片卡。铝片卡的扎法如图 3-41 所示。

⑤ 利用塑料卡钉进行塑料护套线配线

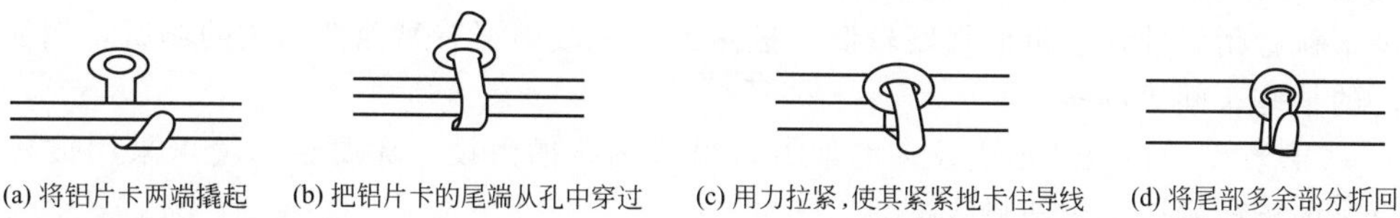

(a) 将铝片卡两端撬起　(b) 把铝片卡的尾端从孔中穿过　(c) 用力拉紧，使其紧紧地卡住导线　(d) 将尾部多余部分折回

图 3-41　铝片卡的扎法

塑料卡钉进行塑料护套线配线较为方便，现在使用较广泛。在定位及划线后进行敷设，其间距要求与铝片卡钉塑料护套线配线相同，如图 3-42 所示。

（4）护套线敷设的注意事项

① 护套线截面积的选择　室内铜芯护套线不小于 1.0mm²，铝芯护套线不小于 1.5mm²；室外铜芯护套线不小于 1.5mm²，铝芯护套线不小于 2.5mm²。

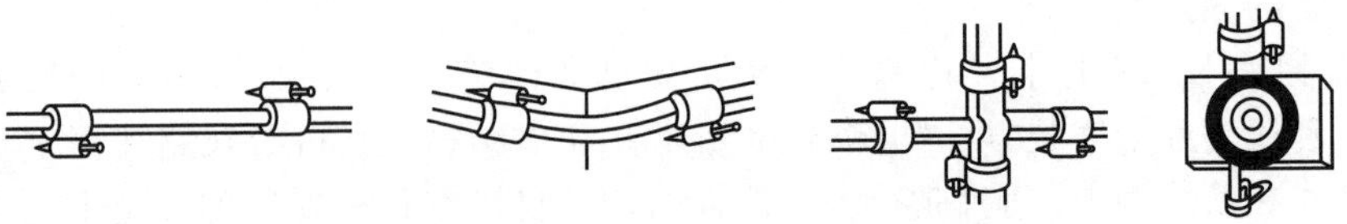

图 3-42　塑料卡钉进行塑料护套线配线

② 护套线与接线盒或电气设备的连接　护套线进入接线盒或电气设备时，护套层必须随之进入。

③ 护套线的保护　敷设护套线不得不与接地线、发热管道接近或交叉时，应加强绝缘保护；容易机械损伤的部位，应穿钢管保护；护套线在空心楼板内敷设时，可不用其他保护措施，但楼板孔内不应有积水和易损伤导线的杂物。

④ 对线路高度的要求　护套线敷设时离地面的最小高度不应小于 500mm，对穿越楼板及离地面高度低于 150mm 的护套线，应加塑料管进行保护。

### 3.4.2　车间线路的敷设方式及有关要求

(1) 常用的敷设方式

车间供电线路常用的敷设方式有沿屋架横向明敷、跨屋架纵向明敷、沿墙或沿柱明敷、穿管明敷、穿管暗敷、线槽敷设、桥架敷设等。

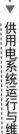

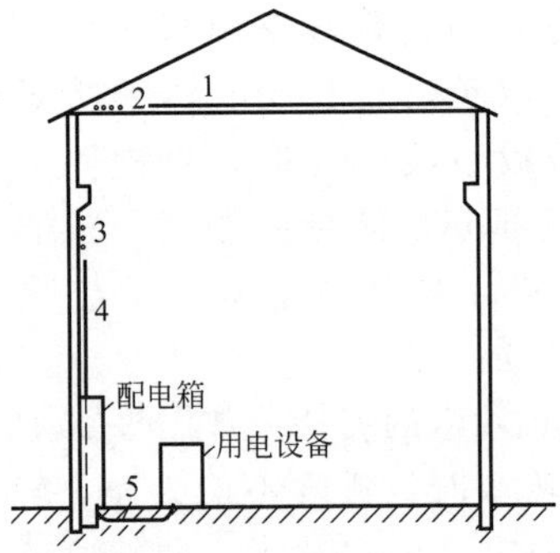


图 3-43　车间电力线路敷设方式
1—沿屋架横向明敷；2—跨屋架纵向明敷；3—沿墙或沿柱明敷；4—穿管明敷；5—穿管暗敷

图 3-43 表示了几种常用的车间电力线路的敷设方式：

① 沿屋架横向明敷　如图 3-43 中 1；

② 跨屋架纵向明敷　如图 3-43 中 2；

③ 沿墙或沿柱明敷　如图 3-43 中 3；

④ 穿管明敷　如图 3-43 中 4；

⑤ 穿管暗敷　如图 3-43 中 5，是地下暗敷设。

钢管的机械强度高，散热好，且钢管可作保护线用，因此它在一般车间应用较普遍。穿钢管的交流线路，应将同一回路的三相导线或单相的两根导线穿于同一钢管内，否则合成磁场不等于零，管壁上存在交变磁场，产生铁损，使钢管发热，导致其中导线散热条件恶化，甚至烧毁。

硬塑料管耐腐蚀，但机械强度较低，散热差。一般用于有腐蚀性物质的场所，例如石油化工厂的某些车间等场所。

⑥ 线槽敷设　在绝缘导线较多的地方，可采用线槽敷设。无腐蚀环境可采用镀锌钢线槽，有腐蚀场所则应采用塑料线槽。

⑦ 桥架敷设　在电缆根数很多时，采用电缆桥架敷设较为方便，而且灵活、美观。

(2) 有关要求

车间线路敷设应满足下列有关要求：

① 离地面 3.5m 及以下的线路必须采用绝缘导线，离地面 3.5m 以上允许采用裸导线；

② 离地面 2m 及以下的导线必须加机械保护，常用的是穿钢管或穿硬塑料管；

③ 要有足够的机械强度，按机械强度要求的绝缘导线线芯的最小截面见表 3-2；

④ 树干式干线必须明敷，以便于分支；

⑤ 工作电流在 300A 以上的干线，在干燥、无腐蚀性气体的厂房内，可采用硬裸导线作干线；

⑥ 干线到配电箱或设备的分支线，必须采用绝缘导线穿管引到配电箱或用电设备。

### 3.4.3 车间动力电气平面布线图

电气平面布线图，就是在建筑平面图上，应用国家标准《电气图用图形符号》（GB/T 4728）规定的电气平面图图形符号和有关文字符号，按照电气设备安装位置及电气线路的敷设方式、部位和路径绘出的电气系统图。

电气平面布线图，按线路性质分为动力电气平面布线图、照明电气平面布线图和弱电系统电气平面布线图等，这里仅介绍车间动力电气平面布线图。

车间动力平面布线图，是表示供配电系统对车间动力设备配电的电气平面布线图。图 3-44 是一个机加工车间的动力电气平面布线图示例。图中的用电设备、配电设备一律按国家规定的符号表示。

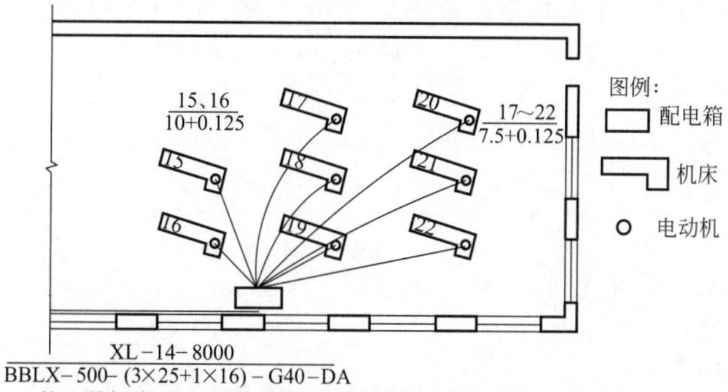


注：配电至15#～22#设备的支线均采用BBLX-500-(3×4)-G20-DA。

图 3-44 机械加工车间（一角）的动力电气平面布线图

① 须表示出所有用电设备的位置，依次进行编号，并注明设备的容量。

用电设备标注的格式为

$$\frac{a}{b} \tag{3-1}$$

或

$$\frac{a \mid c}{b \mid d} \tag{3-2}$$

式中 $a$——设备编号；

$b$——设备额定容量，kW；

$c$——线路首端熔体或低压断路器脱扣器的电流，A；

$d$——标高，m。

② 须表示出所有配电设备的位置，依次编号，并标注其型号规格。

配电设备标注的格式一般为

$$a\ \frac{b}{c} \tag{3-3}$$

或

$$a\text{-}b\text{-}c \tag{3-4}$$

当需要标注引入线的规格时，配电设备标注的格式为

$$a\ \frac{b\text{-}c}{d(e \times f)\text{-}g} \tag{3-5}$$

式中　$a$——设备编号；

$b$——设备型号；

$c$——设备的额定容量，kW；

$d$——导线型号；

$e$——导线根数；

$f$——导线截面，$mm^2$；

$g$——导线敷设方式。

图 3-44 中采用的是式（3-5）的格式，动力配电箱的型号规格为 XL-14，设备的额定容量为 8000kW；引入线的型号规格和敷设方式为 BBLX-500-(3×25＋1×16)-G40-DA，它表示采用三根 $25mm^2$（作相线）、一根 $16mm^2$（作中性线）的铝芯橡皮绝缘线，穿内径为 40mm 的焊接钢管沿地板暗敷。

③ 对配电干线和支线上的开关与熔断器也要分别进行标注。

标注的格式为
$$a\frac{b}{c/i} \tag{3-6}$$
或
$$a\text{-}b\text{-}c/i \tag{3-7}$$

当需要标注引入线时，开关和熔断器的标注格式为
$$a\frac{b-c/i}{d(e\times f)\text{-}g} \tag{3-8}$$

式中　$a$——设备编号；

$b$——设备型号；

$c$——额定电流，A；

$i$——整定电流或熔体电流，A；

$d$——导线型号；

$e$——导线根数；

$f$——导线截面，$mm^2$；

$g$——导线敷设方式。

④ 对配电支线，标注的格式为
$$d(e\times f)\text{-}g \tag{3-9}$$
或
$$d(e\times f)G\text{-}g \tag{3-10}$$

式中　$G$——穿线管代号及管径；

其余符号意义同上。

按国家标准规定的电力设备的标注方法，可归纳成表 3-9。关于线路敷设方式及敷设部位的文字代号，仍采用汉语拼音缩写，如表 3-10 所示。

**表 3-9　电力设备的标注方法**

| | | | |
|---|---|---|---|
| 标注方式 | $\frac{a}{b}$<br>$\frac{a\mid c}{b\mid d}$ | 一般标注方法<br>$a\frac{b}{c}$<br>$a\text{-}b\text{-}c$<br>当需要标注引入线规格时<br>$a\frac{b\text{-}c}{d(e\times f)\text{-}g}$ | 一般标注方法<br>$a\frac{b}{c/i}$<br>$a\text{-}b\text{-}c/i$<br>当需要标注引入线的规格时<br>$a\frac{b\text{-}c/i}{d(e\times f)\text{-}g}$ |

| | | | |
|---|---|---|---|
| 说明 | 用电设备<br>$a$——设备编号<br>$b$——设备功率(kW)<br>$c$——线路首端熔体或低压断路器脱扣器的电流(A)<br>$d$——标高(m) | 配电设备<br>$a$——设备编号<br>$b$——设备型号<br>$c$——设备功率(kW)<br>$d$——导线型号<br>$e$——导线根数<br>$f$——导线截面($mm^2$)<br>$g$——导线敷设方式及部位 | 开关及熔断器<br>$a$——设备编号<br>$b$——设备型号<br>$c$——额定电流(A)<br>$i$——整定电流(A)<br>$d$——导线型号<br>$e$——导线根数<br>$f$——导线截面<br>$g$——导线敷设方式 |

**表 3-10　线路敷设方式及部位的文字代号**

| 线路敷设方式的文字代号 | | | | 敷设部位的文字代号 | |
|---|---|---|---|---|---|
| 敷设方式 | 代号 | 敷设方式 | 代号 | 敷设部位 | 代号 |
| 明敷 | M | 用卡钉敷设 | QD | 沿梁下弦 | L |
| 暗敷 | A | 用槽板敷设 | CB | 沿柱 | Z |
| 用钢索敷设 | S | 穿焊接钢管敷设 | G | 沿墙 | Q |
| 用瓷瓶或瓷珠敷设 | CP | 穿电线管敷设 | DG | 沿顶棚(天花板) | P |
| 用瓷夹板或瓷卡敷设 | CJ | 穿塑料管敷设 | VC | 沿地板 | D |

在图 3-44 中，动力配电箱的规格为 XL-14-8000，该配电箱设有 8 路 60A 熔断器；引入电源线的型号规格和敷设方式为 BBLX-500-(3×25+1×16)-G40-DA，它表示采用额定电压为 500V 的三根 $25mm^2$ 作相线、一根 $16mm^2$ 作中性线的铝芯橡胶绝缘线，穿内径为 40mm 的焊接钢管沿地板暗敷；15＃和 16＃机床各有两台电动机，功率为 10kW 和 7.5kW。

对于设备台数很多的车间，如果每路导线的型号、截面、敷设方式等都在图上标出，则图面很杂乱。通常在平面布线图上只标出干线和配电箱及各配电箱所接的用电设备的编号，其余的可列表或加注说明。

## 技能训练　护套线配线

（1）实训器材

常用电工工具、绝缘胶布、塑料卡钉或铝片卡及螺钉、弹线袋、扳把式开关、白炽灯、单相三孔插座、木制配线板等。

（2）实训目标

① 掌握护套线配线的技术要求、方法和步骤。

② 掌握护套线配线的技能。

（3）训练内容与操作步骤

① 定位、放线。

② 做护套线转角敷设：将护套线做好转角，然后敷设好铝片卡（或塑料卡钉）。

③ 将护套线做十字交叉敷设：先敷设横线，再敷设竖线。

（4）训练注意事项

① 正确使用各种电工工具，注意操作安全。

② 安装线路前要整体把握思路，设计好开关、白炽灯、插座、木制配线板等元器件的

位置。

③ 两名同学为一组，共同完成训练内容。

④ 训练结束清理现场。

（5）项目评价

**护套线配线技能考核评分表**

姓名：＿＿＿＿＿＿＿＿＿＿＿＿组别：＿＿＿＿＿＿＿＿＿＿＿＿考核时间：2小时

| 序号 | 考核内容 | 评分要素 | 配分 | 评分标准 | 扣分 | 得分 | 备注 |
|---|---|---|---|---|---|---|---|
| 1 | 准备工作 | 实训器材及工具准备齐全<br>穿工作服、绝缘胶鞋 | 10 | 少准备一件扣2分<br>少穿戴一样扣2分 | | | |
| 2 | 定位划线 | 确定元器件的位置；确定线路的走向<br>用弹线带划线；划出铝片卡位置 | 10 | 元器件的位置不合理扣2分；划线不准确扣3分；铝片卡位置、间隔不合理，每处扣1分 | | | |
| 3 | 固定铝片卡 | 沿线路在固定点用钉子将铝片卡钉牢<br>在转角、分支、十字交叉、进木台处用钉子将铝片卡钉牢 | 10 | 铝片卡未钉牢，每个扣1分；在转角、分支、十字交叉、进木台处未钉铝片卡，每个扣1分 | | | |
| 4 | 导线敷设 | 正确放线：先固定好导线的首端，再依次固定其他导线；导线要绷紧、拉直，达到横平竖直、线路平整；完成导线与开关、灯头、插座、配线板的连接，敷设好转角、十字交叉线路 | 40 | 放线不正确扣5分；导线未绷紧、拉直扣3分；导线转角、十字交叉处未按规定固定铝片卡，少一个扣2分<br>进开关、灯头、插座、配线板处未按规定固定铝片卡，少一个扣3分 | | | |
| 5 | 清理现场 | 清理现场 | 10 | 未清理现场扣10分<br>未收拾工具，每件扣2分 | | | |
| 6 | 安全文明操作 | 遵守安全操作规程 | 10 | 每违反规定一项扣5分<br>严重违规停止操作，并从总分中再扣10分 | | | |
| 7 | 考核时限 | 在规定时间内完成 | 10 | 每超时5分钟扣2分 | | | |
| 合　计 | | | 100 | | | | |

评分员：　　　　　　　　核分员：　　　　　　　　年　　月　　日

## 【思考与练习】

（1）车间供电线路包括哪些线路？

（2）绝缘导线有哪些类型？

（3）车间供电线路有哪几种敷设方式？

（4）某电气平面布线图上，标注有BLV-500（3×70+1×35）G70-QM，试说明各文字符号的含义。

# 第4章
# 继电保护

## 4.1 继电保护的基本知识

**能力目标**

① 掌握继电保护的任务和继电保护的基本要求。

② 熟悉和了解电磁式电流继电器、时间继电器、信号继电器、中间继电器的结构、用途、动作原理等。

③ 掌握上述常用电磁型继电器的调试。

### 4.1.1 继电保护的任务

供配电系统的电气设备在运行中可能发生各种故障和不正常运行状态，这些情况都可能引起事故，以至于造成电气设备的损坏，甚至造成人身伤亡。

在供配电系统中应采取各种措施消除或减少故障。当发生故障时，必须迅速将故障部分切除，恢复其他无故障部分的正常运行。而当出现不正常运行状态时，要及时处理，以免引起设备故障。在低压系统中，一般采用熔断器保护和低压断路器保护；而在高压系统中，必须采用继电保护装置。

继电保护的任务是：

① 在供电系统出现短路故障时，能自动、迅速有选择地将故障部分从供电系统中切除，保证其他部分恢复正常运行，同时发出报警信号，提醒运行值班人员及时处理事故；

② 在供电系统出现不正常工作状态时，要求继电保护动作，但不切断线路，仅仅发出报警信号，提醒运行值班人员及时处理，以免发展为故障。

### 4.1.2 对继电保护的基本要求

（1）选择性

当供电系统发生故障时，只有离故障点最近的继电保护装置动作，切除故障，使停电范围尽量缩小，从而保证供电系统中无故障部分仍能正常运行。满足这一要求的动作，称为选择性动作。如果供电系统发生故障时，靠近故障点的保护装置不动作（拒动），而离故障点远的前一级保护装置越级动作，就称为“失去选择性”。

如图 4-1 所示，当 k-1 点发生短路时，则继电保护装置动作只应使断路器 1QF 跳闸，切除电动机 M。而其他断路器都不应跳闸，这就叫电路具有选择性。

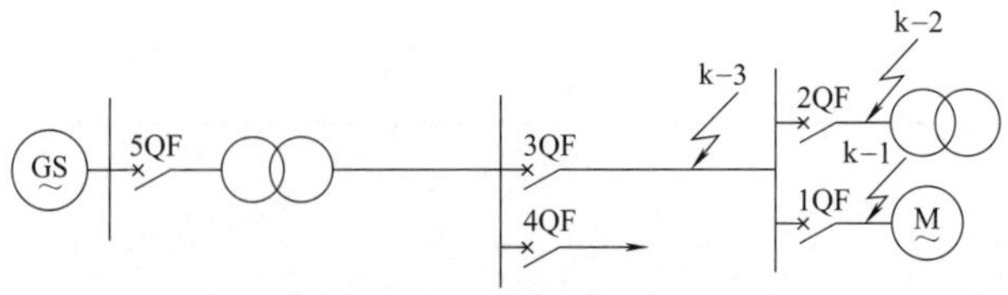


图 4-1　继电保护装置动作选择性示意图

（2）速动性

快速地切除故障部分，可以防止故障扩大，减轻短路电流对电气设备的损坏程度，加快供电系统电压的恢复，并提高供电系统运行的稳定性。因此，在发生故障时，应力求继电保护装置迅速动作，切除故障。

（3）可靠性

继电保护装置的可靠性是指在规定的保护范围内，发生了属于它应该动作的故障时，它不应该拒动；而在任何不属于它应该动作的情况下，则不应该误动。

（4）灵敏性

灵敏性是指保护装置在其保护范围内，对发生故障或不正常运行状态的反应能力。在继电保护装置的保护范围内，不论短路点的位置和短路的性质如何，保护装置都应正确反应。保护装置的灵敏性通常用灵敏度 $S_P$ 来衡量。

① 对于反应故障时参数量增加的保护装置

灵敏度=保护区末端短路时故障参数的最小计算值/保护装置动作参数的整定值

例如，过电流保护的灵敏度 $S_P$ 为：

$$S_P = I_{K.min}/I_{op(1)} \tag{4-1}$$

式中　$I_{K.min}$——在保护区内供电系统最小运行方式时的最小短路电流；

$I_{op(1)}$——保护装置的整定电流值（保护装置动作电流换算到一次电路的值，称为其一次动作电流）。

② 对于反应故障时参数量减少的保护装置

灵敏度=保护装置动作参数的整定值/保护区末端短路时故障参数的最大计算值

例如，低电压保护的灵敏度 $S_P$ 为：

$$S_P = U_{op}/U_{max} \tag{4-2}$$

式中　$U_{op}$——保护装置的整定电压值；

$U_{max}$——在保护区内发生短路时母线电压的最大值。

上述的四个基本要求，有统一的一面，又有互相矛盾的一面，对一个具体的继电保护装置，不一定都是同等重要的，而是往往有所侧重。例如，对于电力变压器，由于它是供电系统中最关键的设备，因此它的继电保护装置在灵敏度和快速性要求方面更侧重一些，有时甚至宁可牺牲选择性而确保快速切除故障。而对于一般配电线路，它的保护装置往往侧重选择性，对灵敏度要求则低一些。

### 4.1.3　继电保护的基本原理

图 4-2 所示为过电流继电保护的原理框图。当供电线路发生短路时，短路电流经电流互感器 TA 的一次线圈传送到二次线圈而流入电流继电器 KA 的线圈中，当此电流大于 KA 的动作电流时，KA 瞬时动作，使时间继电器 KT 启动。KT 经一定时限后，接通信号继电器 KS 和中间继电器 KM。KM 最后接通断路器 QF 的跳闸回路，使断路器 QF 跳闸。这就是继电保护的基本原理。

### 4.1.4 继电保护装置中常用的继电器

保护装置中常用的继电器有电磁式电流继电器、电磁式时间继电器、电磁式信号继电器、电磁式中间继电器等。

(1) 电磁式电流继电器

电磁式电流继电器在继电保护装置中，通常用作启动元件，因此又称启动继电器。

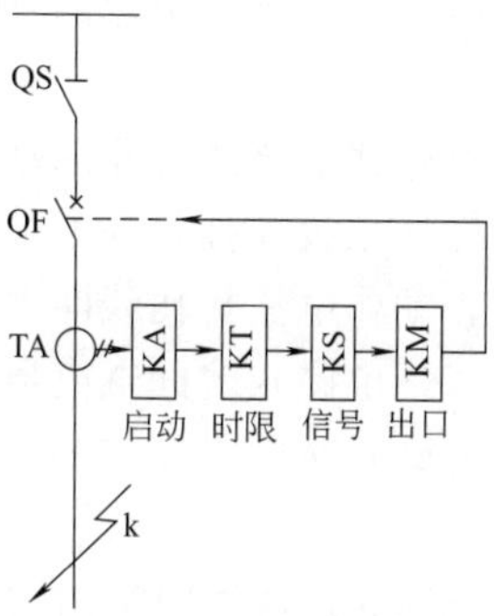


图 4-2 过电流继电保护框图

KA—电流继电器；KT—时间继电器；KS—信号继电器；KM—中间继电器

常用的DL型电磁式电流继电器的基本结构如图 4-3 (a) 所示，其内部接线和图形符号如图 4-3 (b) 和图 4-3 (c) 所示。在图 4-3 (a) 中，当线圈 3 通过电流时，电磁铁 1 中产生磁通，形成电磁力，力图使 Z 形钢舌簧片 2 向凸出磁极偏转。与此同时，转轴 4 上的反作用弹簧 5 又力图阻止钢舌簧片偏转。当继电器线圈中的电流增大到使钢舌簧片所受到的转矩大于弹簧的反作用力矩时，钢舌簧片便被吸近磁极，同时带动同轴的动触点 9 转动，使常开触点闭合，常闭触点断开，这就叫继电器的动作或启动。电流继电器启动后，减小流入继电器线圈的电流，并将电流减到一定数值时，钢舌簧片在弹簧的作用下将返回起始位置，使常开触点断开，常闭触点闭合。

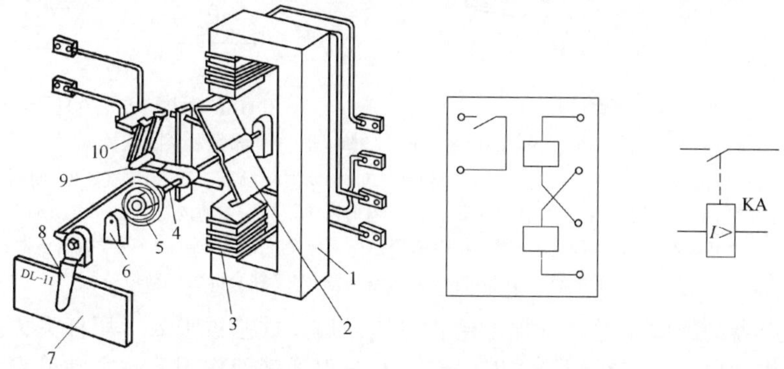


(a) 内部结构 (b) 内部接线 (c) 图形符号

图 4-3 DL 型电磁式电流继电器

1—电磁铁；2—钢舌簧片；3—线圈；4—转轴；5—反作用弹簧；6—轴承；7—标度盘（铭牌）；8—启动电流调节转杆；9—动触点；10—静触点

能使电流继电器动作（常开触点闭合，常闭触点断开）的最小电流，称为继电器的“动作电流”，用 $I_{op}$ 表示。使继电器由动作状态返回到起始位置（常开触点断开，常闭触点闭合）的最大电流，称为继电器的“返回电流”，用 $I_{re}$ 表示。实际上，$I_{re}$ 的数值比 $I_{op}$ 的数值小。

继电器“返回电流”与“动作电流”的比值，称为继电器的返回系数，用 $K_{re}$ 表示，即

$$K_{re}=I_{re}/I_{op} \tag{4-3}$$

显然，过电流继电器的返回系数小于 1，一般为 0.8～0.9。返回系数越接近于 1，说明继电器越灵敏。返回系数过高，会使常开触点闭合压力不够；返回系数过低，可能使保护装置误动作。DL-10 系列电流继电器返回系数约为 0.8，DL-30 系列电流继电器返回系数为 0.85～0.9。

继电器内电流线圈分成两部分，如图 4-3 (a)、(b) 所示，利用连接片可以将线圈接成串联（中间两个端子短接，另外两个端子串联在电路中）或并联（上面两个端子和下面两个端子分别短接，再串联到电路中）。当串联改成并联时，动作电流将增大一倍。

电磁式电流继电器的动作极为迅速，可认为是瞬时动作，因此这种继电器也称为瞬时继电器。

电磁式电流继电器的动作电流调节有两种方法：一种是平滑调节，即拨动图 4-3（a）中的转杆 8 来改变弹簧 5 的反作用力矩；另一种是级进调节，即改变线圈连接方式，当线圈并联时，动作电流将比线圈串联时增大一倍。

（2）电磁式时间继电器

电磁式时间继电器在继电保护装置中用作时限元件，使保护装置的动作获得一定的延时。

继电保护装置中常用的 DS-110、120 系列电磁式时间继电器的基本结构如图 4-4（a）所示。它是由一个电磁启动机构带动一个钟表机构组成的。其内部接线和图形符号如图 4-4（b）和图 4-4（c）所示。

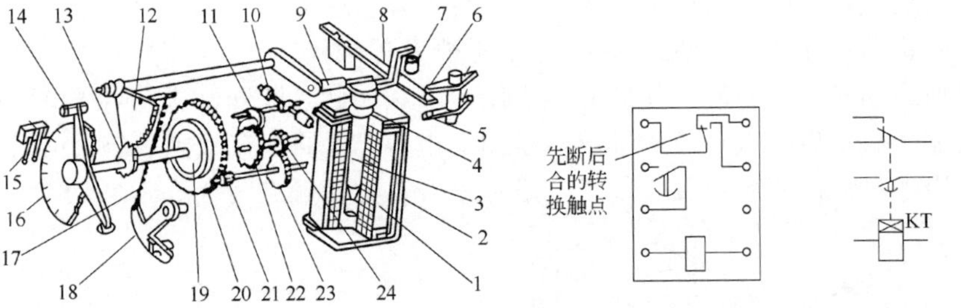


(a) 内部结构　　(b) 内部接线　　(c) 图形符号

图 4-4　DS 型电磁式时间继电器的内部结构图

1—线圈；2—电磁铁；3—可动铁芯；4—返回弹簧；5,6—瞬时静触点；7—绝缘杆；8—瞬时动触点；9—压杆；10—平衡锤；11—摆动卡板；12—扇形齿轮；13—传动齿轮；14—主动触点；15—主静触点；16—标度盘；17—拉引弹簧；18—弹簧拉力调节器；19—摩擦离合器；20—主齿轮；21—小齿轮；22—掣轮；23,24—钟表机构传动齿轮

当时间继电器的线圈 1 通电（加上动作电压）后，铁芯被吸入，压杆失去支持，使被卡住的一套钟表机构启动，同时切换瞬时触点。在拉引弹簧的作用下，主动触点恒速运动，经过一定时间后与主静触点相接触。继电器的延时，是用改变主静触点的位置（即它与主动触点的相对位置）来调整。调整的时间范围，在标度盘上标出。

当线圈失电后，继电器在拉引弹簧的作用下立即返回起始位置。

常用的 DS 系列时间继电器，一种为 DS-110 型，另一种为 DS-120 型。前者为直流，后者为交流，延时范围 0.1～9s。

（3）电磁式信号继电器

电磁式信号继电器在继电保护装置中用作信号元件，发出指示信号，指示保护装置已经动作，提醒运行值班人员注意。供配电系统的继电保护中常用 DX-11 型电磁式信号继电器，它的基本结构如图 4-5（a）所示，其内部接线和图形符号如图 4-5（b）和图 4-5（c）所示。

在正常情况下，继电器线圈 1 中没有电流通过，衔铁 4 被弹簧 3 拉住，信号牌 5 由衔铁的边缘支持着保持在水平位置。当线圈 1 中有电流流过时，电磁力吸引衔铁而释放信号牌。信号牌由于自重而下落，并且停留在垂直位置（机械自保持）。这时在继电器外壳的玻璃孔上可以看到带有颜色的信号牌落下的标志。

在信号牌落下时，固定信号牌的轴同时转动 90°，固定在这轴上的动触点 8 与静触点 9 接通，使灯光或音响信号回路接通。复位时，用手转动复位旋钮 7，由它再次把信号牌抬到水平位置，让衔铁 4 支持住，并保持在这个位置准备下次动作。

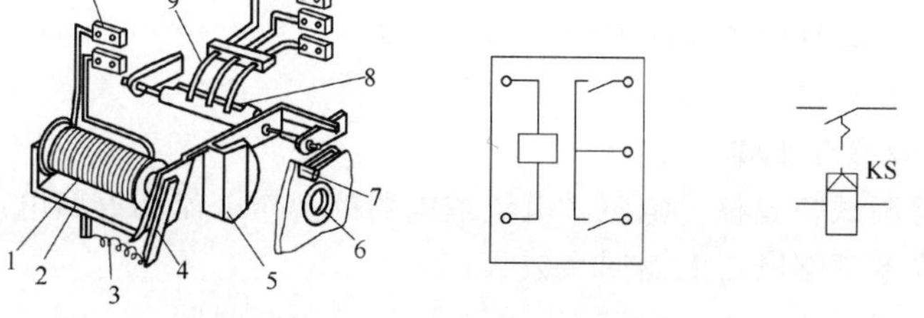


(a) 内部结构　　(b) 内部接线　　(c) 图形符号

图 4-5　DX-11 型电磁式信号继电器

1—线圈；2—电磁铁；3—弹簧；4—衔铁；5—信号牌；6—玻璃窗孔；7—复位旋钮；8—动触点；9—静触点；10—接线端子

DX 型电磁式信号继电器有电流型和电压型两种（如 DX-31B/0.025A，DX-31B/220V）。电流型可串联在二次回路中而不影响其他二次元件的动作；电压型必须并联在二次回路内。

（4）电磁式中间继电器

中间继电器的作用：扩大接点的数量与容量。

电磁式中间继电器常用在保护装置的出口回路中，用来接通断路器的跳闸回路，故又称为出口继电器。DZ 型中间继电器的基本结构如图 4-6（a）所示，其内部接线和图形符号如图 4-6（b）和图 4-6（c）所示。

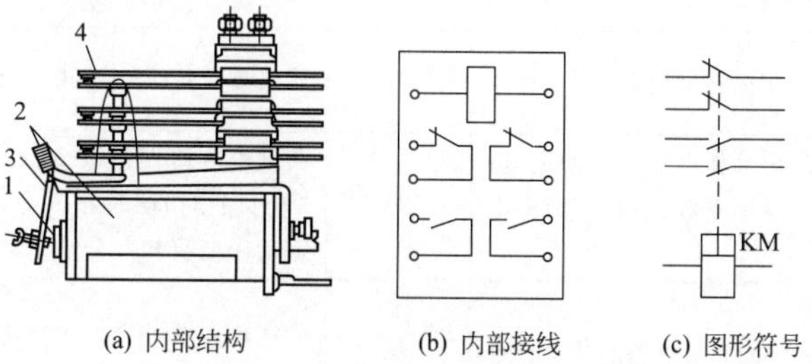


(a) 内部结构　　(b) 内部接线　　(c) 图形符号

图 4-6　DZ 型电磁式中间继电器

1—电磁铁；2—线圈；3—衔铁；4—触点

当电压加在线圈 2 上时，衔铁 3 被电磁铁 1 吸向闭合位置，并带动触点转换，常开触点闭合，常闭触点断开。当断开电源时，衔铁被快速释放，触点全部返回到起始位置。

常用的电磁式中间继电器的型号有 DZY-206 型、DZY-206X 型（带信号灯），DZS 系列动作是延时的。

## 技能训练　电流继电器和时间继电器的整定

（1）实训器材

① DL-32 电流继电器 4 只。

② DS-33 -220V 时间继电器 1 只。

③ 继电器调试装置 1 套。

④ 电工工具、万用表、兆欧表各 1 套。

（2）实训目标

① 掌握电磁式电流继电器的动作电流和返回电流的测试，会确定返回系数。

② 掌握电磁式电流继电器动作电流的整定方法。
③ 掌握电磁式时间继电器延时时间的整定方法。
④ 正确使用工具和仪器仪表。
(3) 训练内容及操作步骤
① 利用继电器调试装置整定电磁式电流继电器的动作电流和返回电流。
② 确定电磁式电流继电器的返回系数。
③ 利用继电器调试装置整定电磁式时间继电器的延时时间。
(4) 训练注意事项
① 正确连接测试电路。
② 注意读数的准确性。
③ 小心触电。
④ 三名同学为一组，共同完成训练内容。
⑤ 训练结束清理现场。
(5) 技能评价

**电流继电器和时间继电器的整定技能考核评分表**

姓名：________ 组别：__________ 考核时间：45 分钟

| 序号 | 考核内容 | 评分要素 | 配分 | 评分标准 | 扣分 | 得分 | 备注 |
|---|---|---|---|---|---|---|---|
| 1 | 准备工作 | 实训器材及工具准备齐全；穿工作服、绝缘胶鞋 | 5 | 少准备一件扣 2 分<br>少穿戴一样扣 2 分 | | | |
| 2 | 连接线路 | 能准确连接测试电路 | 20 | 接线端子每错一处扣 5 分 | | | |
| 3 | 电流继电器的测试 | 正确测出动作电流和返回电流；正确算出返回系数；会整定动作电流 | 30 | 所测电流值误差较大时，每个扣 3 分；操作错误时扣 5 分；不会整定动作电流扣 5 分 | | | |
| 4 | 时间继电器的测试 | 正确整定时间继电器的延时时间 | 20 | 操作错误时扣 5 分；不会整定延时时间扣 5 分 | | | |
| 5 | 清理现场 | 清理现场 | 10 | 未清理现场扣 10 分<br>未收拾仪器、工具，每件扣 2 分 | | | |
| 6 | 安全文明操作 | 遵守安全操作规程 | 5 | 每违反规定一项扣 3 分<br>严重违规停止操作，并另从总分中再扣 5 分 | | | |
| 7 | 考核时限 | 在规定时间内完成 | 10 | 每超时 1 分钟扣 2 分 | | | |
| | 合计 | | 100 | | | | |

评分员： 核分员： 年 月 日

## 【思考与练习】

(1) 继电保护的任务是什么？
(2) 对继电保护的基本要求有哪些？
(3) 什么叫过电流继电器的动作值、返回值、返回系数？

# 4.2 高压线路的继电保护

**能力目标**

① 了解继电保护装置的作用和构成。
② 掌握继电保护装置的接线方式。
③ 掌握定时限过电流保护、电流速断保护电路的基本原理。
④ 掌握过电流保护、电流速断保护动作电流的整定方法。
⑤ 掌握定时限过电流保护的动作时间的整定方法。
⑥ 会校验定时限过电流保护和电流速断保护电路的灵敏度。

对于3～66kV电力线路的继电保护，有相间短路保护、单相接地保护和过负荷保护等。

三相线路的相间短路保护，主要采用带时限的过电流保护和瞬时动作的电流速断保护，动作于断路器的跳闸机构，使断路器跳闸，切除短路故障部分。如果过电流保护动作时限不大于0.5～0.7s，可不装设电流速断保护；如大于这个时限，必须装设电流速断保护。

线路的单相接地保护，有两种方式：①采用绝缘监视装置，装设在变配电所的高压母线上，动作于信号；②采用有选择性的单相接地保护（零序电流保护），也动作于信号，但当危及人身和设备安全时，则应动作于跳闸。

对可能经常过负荷的电缆线路，应装设过负荷保护，动作于信号。

### 4.2.1 继电保护装置的接线方式

继电保护装置的接线方式是指保护装置中继电器与电流互感器之间的连接方式。

6～10kV高压线路的过电流保护装置的接线方式，通常有两相两继电器式和两相一继电器式两种。为了表征继电器电流 $I_{KA}$ 与电流互感器二次电流 $I_2$ 间的关系，特引用接线系数 $K_W$：

$$K_W = I_{KA} / I_2 \tag{4-4}$$

（1）两相两继电器式接线

图4-7所示为两相两继电器式接线。这种接线，如果一次电路发生三相短路或任意两相短路，至少有一个继电器动作，且流入继电器的电流 $I_{KA}$ 就是电流互感器的二次电流 $I_2$。这样，在一次电路发生任意相间短路时，接线系数 $K_W=1$，即保护灵敏度都相同。

（2）两相一继电器式接线

如图4-8所示，这种接线，又称两相电流差接线。正常工作时，流入继电器的电流为两相电流互感器二次电流的相量差。其数值是一相电流互感器二次电流的 $\sqrt{3}$ 倍，即 $I_{KA}=\sqrt{3}I_2$。

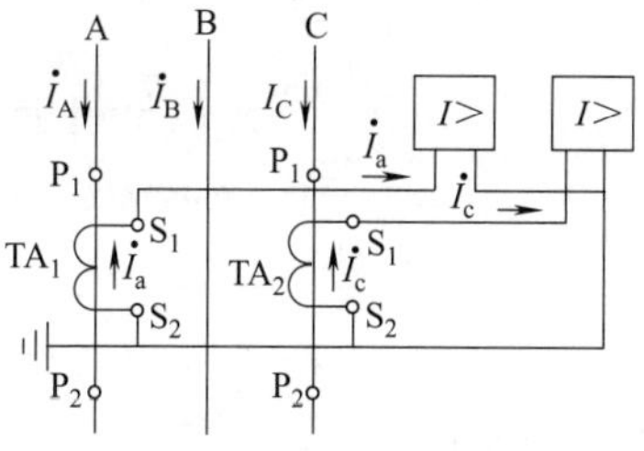


图4-7 两相两继电器式接线

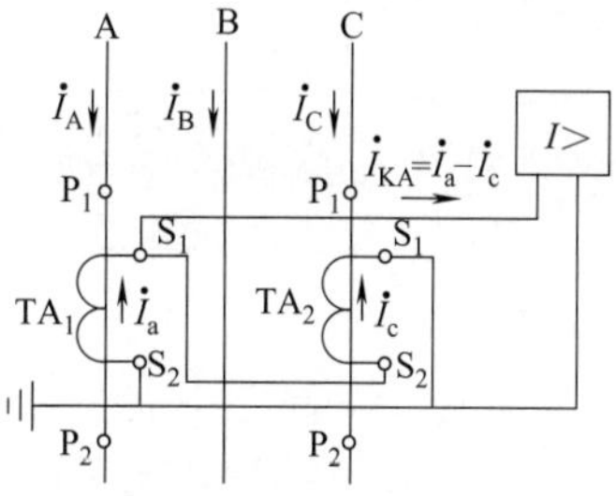


图4-8 两相一继电器式接线

这样，当一次电路发生不同的相间短路时，其接线系数 $K_W$ 将不同。

① 当一次电路发生三相短路时，流入 KA 的电流为电流互感器二次电流的 $\sqrt{3}$ 倍，即 $K_W^{(3)}=\sqrt{3}$。

② 当 A、C 两相（均装有 TA）短路时，由于两相短路电流大小相等，相位差 180°，所以流入 KA 中的电流（两相电流差）为电流互感器二次电流的 2 倍，即 $K_W^{(A.C)}=2$ 。

③ 当 A、B 两相或 B、C 两相（B 相未装 TA）短路时，由于只有 A 相或 C 相电流互感器反应短路电流，而且直接流入 KA，因此 $K_W^{(A.B)}=K_W^{(B.C)}=1$。

由以上分析可知，两相一继电器接线能够反应各种相间短路故障，但是灵敏度有所不同，有的甚至相差一倍，这是不理想的。然而由于这种接线较之两相两继电器接线少用一个继电器，较为简单经济，因此在高压线路保护中也有所应用，特别广泛用作高压电动机的保护。

### 4.2.2 高压线路的定时限过电流保护和电流速断保护

带时限的过电流保护，按其动作时间特性分，有定时限过电流保护和反时限过电流保护两种。定时限，就是保护装置的动作时间是固定的，与短路电流大小无关。反时限，就是保护装置的动作时间与短路电流大小（反应到继电器中的电流）成反比关系，短路电流越大，动作时间越短，所以反时限特性也称为反比延时特性或反延时特性。在此，仅介绍定时限过电流保护。

在过电流保护中，保护装置的动作电流是按照大于线路最大负荷电流的原则整定的，因此，为了保证保护装置动作的选择性，必须采用逐级增加的阶梯形时限特性。这在很多情况下，越是靠近电源线路的过电流保护，其动作时间越长；而短路电流则是越靠近电源，其值越大，危害也更加严重。为了克服这一缺点，同时又保证动作的选择性，一般采用提高电流整定值以限制动作范围的办法，这样保护装置的动作就可以加快，这就构成了电流速断保护。我国规定，当过电流保护的动作时间超过 1s 时，应该装设电流速断保护装置。

（1）保护装置的组成

定时限过电流保护和电流速断保护装置的组成如图 4-9 所示。

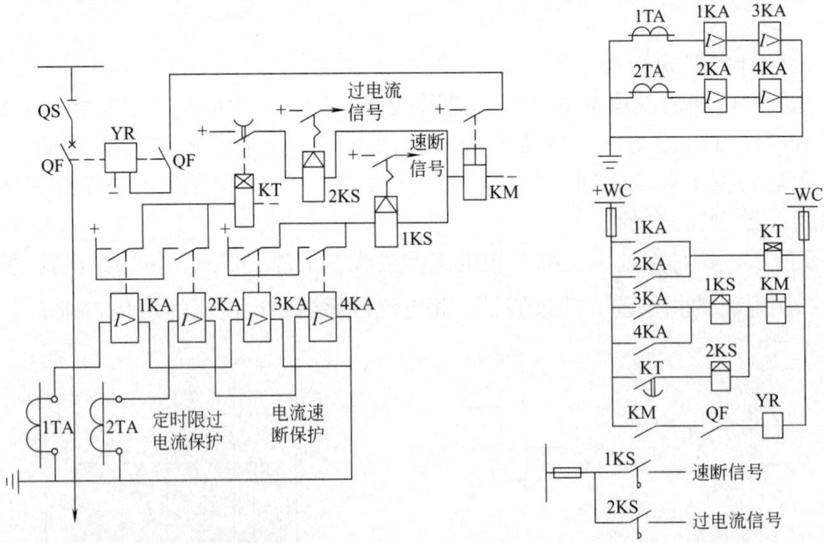


(a) 集中表示(归总式)电路图　　(b) 分开表示(展开式)电路图

图 4-9　线路定时限过电流保护和电流速断保护原理接线图

QF—高压断路器；TA—电流互感器；KA—电流继电器；KS—信号继电器；

KT—时间继电器；KM—中间继电器；YR—跳闸线圈

（2）定时限过电流保护和电流速断保护的动作原理

① 定时限过电流保护　当一次电路发生相间短路时，短路电流流过电流互感器的一次侧，使其二次电流成比例增大，电流继电器 1KA、2KA 中至少一个瞬时动作，闭合其动合触点，使时间继电器 KT 启动。KT 经过整定限时后，其延时触点闭合，使串联的信号继电器（电流型）2KS 和中间继电器 KM 动作。KM 动作后，其触点接通断路器的跳闸线圈 YR 的回路，使断路器 QF 跳闸，切除短路故障。与此同时，2KS 动作，常开触点接通信号回路，发出灯光和音响信号。在断路器跳闸后，QF 的辅助触点随之断开跳闸回路，以切断其回路中的电流（防止 YR 长期通电而烧毁）。在短路故障被切除后，继电保护装置中除 2KS 外的其他所有继电器均自动返回起始状态，而 2KS 可手动复位。

② 电流速断保护　当一次电路在速断保护区发生相间短路时，短路电流反应到电流互感器的二次电流使电流继电器 3KA、4KA 中至少一个瞬时动作，其常开触点闭合，使串联的信号继电器（电流型）1KS 和中间继电器 KM 动作。KM 动作后，其触点接通跳闸线圈 YR，使断路器 QF 跳闸，切除短路故障。与此同时，1KS 动作，其触点接通速断信号回路，发出灯光和音响信号。在断路器 QF 跳闸后，QF 的辅助触点随之断开 YR 回路。在短路故障被切除后，继电保护装置中除 1KS 外的其他所有继电器均自动返回起始状态，而 1KS 可手动复位。

### 4.2.3　6～10kV 高压线路保护配置的定值计算

高压 6～10kV 的供配电线路，可采用定时限过流保护加电流速断保护的保护配置。

（1）过流保护动作电流 $I_{op}$ 的整定

动作电流 $I_{op}$ 应躲过线路的最大负荷电流 $I_{L.max}$，以免在 $I_{L.max}$ 通过时保护装置误动作；而且其返回电流 $I_{re}$ 也应躲过线路的最大负荷电流 $I_{L.max}$，否则保护装置还可能发生误动作。

如图 4-10 所示电路，假设线路 WL2 的首端 $K$ 点发生三相短路，由于短路电流远大于线路上的所有负荷电流，所以沿线路的过电流保护装置包括 KA1、KA2 均要动作。按照保护选择性的要求，应是靠近故障点 $K$ 的保护装置 KA2 首先动作，断开 QF2，切除故障线路 WL2。这时由于故障线路 WL2 已切除，保护装置 KA1 应立即返回起始状态，不致再断开 QF1。但是如果 KA1 的返回电流未躲过线路 WL1 的最大负荷电流，则在 KA2 动作并断开线路 WL2 后，KA1 未返回而继续保持动作状态，错误地断开断路器 QF1，造成线路 WL1 停电，扩大了故障停电范围，这是不允许的。所以过电流保护装置不仅动作电流应躲过线路的最大负荷电流，而且其返回电流也应躲过线路的最大负荷电流。即要求：

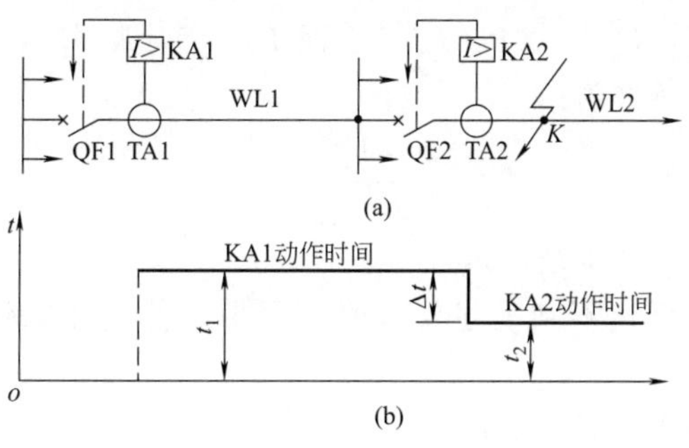


图 4-10　线路过电流保护整定说明图

$$I_{op} > \frac{K_W}{K_i} I_{L.max} \tag{4-5}$$

及 $$I_{re}>\frac{K_W}{K_i}I_{L.max} \tag{4-6}$$

对于过电流继电器，$I_{op}>I_{re}$。因此只要满足式（4-6），式（4-5）就成立。即要求

$$I_{re}=K_{re}I_{op}>\frac{K_W}{K_i}I_{L.max}$$

得：$$I_{op}>\frac{K_W}{K_{re}K_i}I_{L.max} \tag{4-7}$$

考虑到保护装置的可靠性，式（4-7）的右边再乘以一个大于1的系数 $K_{rel}$，称为可靠系数，则不等式就可写成等式为：

$$I_{op}=\frac{K_{rel}K_W}{K_{re}K_i}I_{L.max} \tag{4-8}$$

式中 $K_{rel}$——保护装置的可靠系数，对DL型继电器可取1.2，对GL型继电器可取1.3；

$K_W$——保护装置的接线系数，按三相短路来考虑，对两相两继电器式接线为1，对两相一继电器式接线（两相电流差接线）为$\sqrt{3}$；

$I_{L.max}$——线路的最大负荷电流，可取为$(1.5\sim3)I_{30}$，$I_{30}$为线路的计算电流；

$K_{re}$——继电器的返回系数，对于DL型继电器可取0.8；

$K_i$——电流互感器的变流比。

（2）过电流保护动作时间的整定

为了保证前后两级保护装置动作的选择性，过电流保护的动作时间（也称动作时限）应按“阶梯原则”进行整定。如图4-10（a）所示的电路中，从电源供电的方向来讲，KA1属前级保护，KA2属后一级保护。在线路WL2的首端$K$点发生三相短路时，前一级保护装置的动作时间$t_1$应比后一级保护中最长的动作时间$t_2$大一个时间级差$\Delta t$，如图4-10（b）所示，即：

$$t_1\geqslant t_2+\Delta t \tag{4-9}$$

这样才能保证前后两级保护装置动作满足阶梯原则。

考虑到保护装置动作时间可能出现偏差以及其他因素，一般取$\Delta t=0.5\sim0.7$s。对定时限过电流保护，可取$\Delta t=0.5$s；对反时限过电流保护，可取$\Delta t=0.7$s。

（3）过电流保护的灵敏度计算

根据式（4-1），过电流保护的灵敏度$S_P=I_{K.min}/I_{op(1)}$。对于线路过电流保护，$I_{K.min}$应取被保护线路末端在系统最小运行方式下的两相短路电流$I_{K.min}^{(2)}$（两相短路电流按0.866倍三相短路电流计算，即：$I_k^{(2)}=0.866I_k^{(3)}$）。而$I_{op(1)}=(K_i/K_W)I_{op}$。因此按规定过电流保护的灵敏度必须满足的条件为：

$$S_P=\frac{K_W I_{K.min}^{(2)}}{K_i I_{op}}\geqslant1.5 \tag{4-10}$$

如满足上式有困难时，个别情况可以$S_P\geqslant1.25$。

当过电流保护灵敏度仍达不到上述要求时，可采用低电压闭锁的过电流保护来提高灵敏度。

（4）电流速断保护动作电流$I_{qb}$的整定

当过电流保护的动作时间超过0.5～0.7s时，应装设瞬时动作的电流速断保护装置，以利于快速切除故障，减少短路带来的危害。

为了保证选择性，电流速断保护的动作范围不能超过被保护线路的末端，电流速断保护的动作电流（即速断电流）$I_{qb}$，应躲过（大于）被保护线路末端的最大短路电流（即三相短路电流）$I_{K.max}$。只有这样整定，才能避免在后一级速断保护所保护线路的首端发生三相短路时可能的误跳闸。如图 4-11 所示的电路图中，线路 WL1 末端 k—1 点的三相短路电流，实际上与其后一段线路 WL2 首端 k-2 点的三相短路电流是近乎相等的，因为这两点相距很近，线路阻抗很小。因此 KA1 的速断动作值 $I_{qb}$ 只有躲过 $I_{k-1}^{(3)}$（即躲过末端的 $I_{K.max}$），才能躲过 $I_{k-2}^{(3)}$，防止 k-2 点（下一段线路首端）短路时 KA1 误动作。

由此可得电流速断保护动作电流（速断电流）的整定计算公式为：

$$I_{qb}=\frac{K_{rel}K_{W}}{K_{i}}I_{K.max} \tag{4-11}$$

式中 $K_{rel}$——可靠系数，对 DL 型继电器，取 1.2～1.3，对 GL 型继电器，取 1.4～1.5；

$I_{K.max}$——线路末端的三相短路电流。

由于电流速断保护的动作电流躲过了线路末端的最大短路电流，因此靠近末端的相当长一段线路上发生的不一定是最大的短路电流，如两相短路时，电流速断保护就不会动作。这说明电流速断保护不可能保护线路的全长。这种保护装置不能保护的区域，叫做“死区”，如图 4-11 所示。

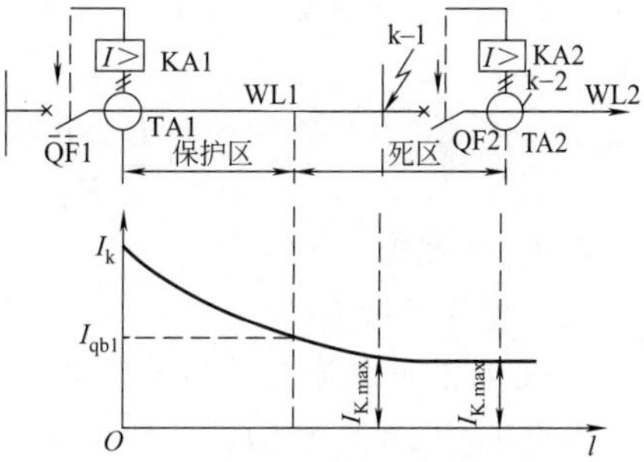


图 4-11 线路电流速断保护的动作电流整定说明及保护区和死区

为了弥补死区得不到保护的缺陷，凡是装设有电流速断保护的线路，必须配备带时限的过电流保护。过电流保护的动作时限比电流速断保护至少长一个时间级差 $\Delta t=0.5\sim0.7$s，而且前后过电流保护的动作时间又要符合前面介绍的“阶梯原则”，以保证选择性。所以规定：在电流速断的保护区内，速断保护为主要保护，过电流保护为后备保护；而在电流速断保护的死区内，过电流保护为基本保护。

（5）电流速断保护的灵敏度计算

按照灵敏度的定义，电流速断保护的灵敏度，应按其安装处（即线路首端）的两相短路电流作为最小短路电流来校验。因此，电流速断保护的灵敏度必须满足的条件为：

$$S_{P}=\frac{K_{W}I_{k}^{(2)}}{K_{i}I_{qb}}\geqslant 1.25\sim1.5 \tag{4-12}$$

式中 $I_{k}^{(2)}$——线路首端在系统最小运行方式下的两相短路电流。

工厂供电线路较短，当速断保护不能满足灵敏度的要求时，应用纵联差动保护代替。

**例 4-1** 在如图 4-12 所示的供电线路中，TA1 的变比 100/5，TA2 的变比 75/5，均采用两相两继电器式接线。电流继电器分别为 DL-11/20 和 DL-11/50，构成电磁式定时限保护。已知 KA1 的动作电流整定为 9A，动作时间 $t_1=1$s，线路 WL2 的计算电流 $I_{30}=50$A，线路 WL2 发生三相短路，首端 k-1 处三相短路电流 $I_{k-1}^{(3)}=600$A，末端 k-2 点三相短路电流 $I_{k-2}^{(3)}=280$A。试整定 KA2 的过电流保护动作电流 $I_{op}$、动作时间 $t_2$ 和速断保护的动作电流 $I_{qb}$，并分别校验它们的灵敏度。

**解** （1）整定 KA2 的过电流动作电流 $I_{op}$

由已知条件得 $K_{i(2)}=75/5=15$，$K_{W(2)}=1$，对 DL 型继电器，可取 $K_{rel}=1.2$，$K_{re}=0.8$，故根据式（4-8）得 KA2 的动作电流为：

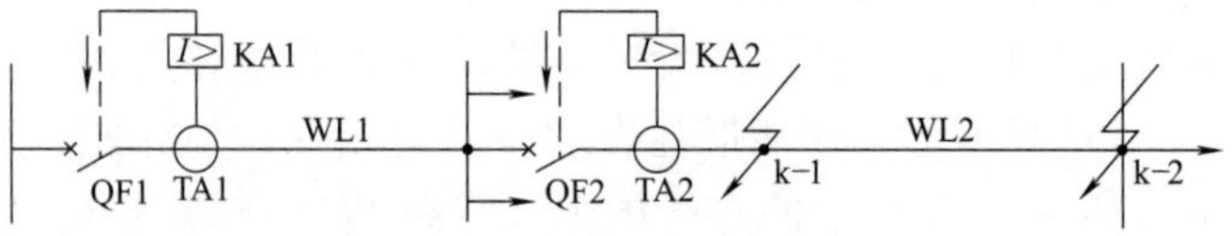


图 4-12　例 4-1 用图

$$I_{op}=\frac{K_{rel}K_{W}}{K_{re}K_{i}}I_{K.max}=\frac{1.2\times1}{0.8\times15}\times2\times50=10A$$

(2) 整定 KA2 的动作时间 $t_2$

因为 $t_1$ 与 $t_2$ 是定时限配合，所以 $\Delta t$ 取 0.5s，故

$$t_2=t_1-\Delta t=1-0.5=0.5s$$

(3) 整定 KA2 的速断保护的动作电流 $I_{qb}$

因为 $K_{i(2)}=75/5=15$，$K_{W(2)}=1$，对 DL 型继电器，可取 $K_{rel}=1.2$，WL2 线路末端 k-2 点的三相短路电流 $I_{k\text{-}2}^{(3)}=280A=I_{K.max}$。根据式 (4-11) 得 KA2 的速断保护的动作电流为：

$$I_{qb}=\frac{K_{rel}K_{W}}{K_{i}}I_{K.max}=\frac{1.2\times1}{15}\times280=22.4A$$

取 $I_{qb}=23A$。

(4) 校验灵敏度

① 定时限过电流保护的灵敏度

因为 $I_{K.min}^{(2)}=0.866I_{K.min}^{(3)}=0.866\times280$，所以

$$S_P=\frac{K_W I_{K.min}^{(2)}}{K_i I_{op}}=\frac{1\times0.866\times280}{15\times10}=1.62>1.5$$

满足要求。

② 电流速断保护的灵敏度

因为 $I_k^{(2)}=0.866I_k^{(3)}=0.866\times600$，所以

$$S_P=\frac{K_W I_k^{(2)}}{K_i I_{qb}}=\frac{1\times0.866\times600}{15\times23}=1.51>1.5$$

满足要求。

## 技能训练　连接安装继电保护装置

(1) 实训器材

① LQJ-10 型电流互感器 2 台。

② DL-32 型电流继电器 4 只。

③ DS-33 -220V 型时间继电器 1 只。

④ DX-31B/0.025A 型信号继电器 2 只。

⑤ DZB-257 -220V 型中间继电器 1 只。

⑥ YY1-D 型连接片 1 个。

⑦ 模拟配电板 700mm×800mm 1 块。

⑧ BV2.5mm² 导线 5m。

⑨ BV1.5mm² 导线 10m。

⑩ 跳闸线圈（使用直流接触器模拟接线）。

⑪ 断路器辅助常开接点。

⑫ 220V 直流电源 1 组。

⑬ A4 纸若干张。

⑭ 自备下列文具和工具：碳素笔 1 支；直尺 1 把；电工工具（常用工具、万用表、兆欧表）各 1 套。

（2）实训目标

① 掌握继电保护装置原理图的读图方法。

② 掌握继电保护装置展开图的绘图方法。

③ 掌握继电保护装置的接线。

④ 正确使用工具和仪器仪表。

（3）训练内容及操作步骤

① 选择并清点材料、工具和元器件，并填写元器件名细表。

② 读懂图 4-13 所示的具有定时限过电流保护和电流速断保护功能的继电保护装置的原理图。

③ 根据图 4-13 绘出继电保护装置的展开图。

④ 设计并绘出元件布置图。

⑤ 在模拟配电板上安装元器件。

⑥ 根据原理图和展开图，在模拟配电板上进行接线操作。

⑦ 对照电路图仔细检查线路连接是否正确。

⑧ 在老师的指导下通电试验，调试。

⑨ 清理现场。

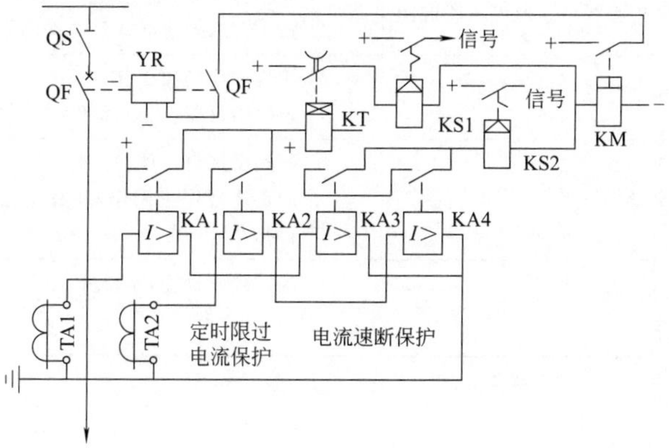


图 4-13　具有定时限过电流保护和电流速断保护功能的继电保护装置的原理图

（4）训练注意事项

① 必须按照操作步骤一步一步进行。

② 读懂原理图、绘出展开图和绘出元件布置图这三个步骤必须让老师确认、批改并评分。

③ 元器件安装在模拟配电板上要牢固。

④ 接线要正确，线头端子要接牢固。

⑤ 通电试验小心触电。

⑥ 三名同学为一组，共同完成训练内容。

⑦ 训练结束时清理现场。

（5）技能评价

**连接安装继电保护装置技能考核评分表**

姓名：________　组别：________　　考核时间：120 分钟

| 序号 | 考核内容 | 评分要素 | 配分 | 评分标准 | 扣分 | 得分 | 备注 |
|---|---|---|---|---|---|---|---|
| 1 | 准备工作 | 实训器材及工具准备齐全<br>穿工作服、绝缘胶鞋 | 5 | 少准备一件扣 2 分<br>少穿戴一样扣 2 分 | | | |
| 2 | 选择和清点元件，填写元件名细表 | 选择清点元件齐全<br>填写元件名细表正确 | 5 | 选择错误一个元件扣 2 分<br>少一个元件扣 2 分 | | | |
| 3 | 绘出展开图 | 正确绘出继电保护装置展开图 | 10 | 图形符号和文字符号，每错一个扣 2 分<br>电路元件位置错误一处扣 2 分 | | | |
| 4 | 绘出元件布置图 | 正确绘出元件布置图 | 10 | 元件布置不合理时扣 3 分 | | | |
| 5 | 安装元器件 | 在模拟配电板上安装元器件要牢固 | 10 | 元器件安装不牢固，有晃动时，每个扣 2 分 | | | |
| 6 | 线路连接 | 接线要正确，线头端子要接牢固 | 30 | 接线错误时，每错一根线扣 3 分<br>接线不完整，每空一个端子扣 2 分<br>线头端子未接牢固时，每个扣 1 分 | | | |
| 7 | 通电试验，调试 | 通电试验成功<br>或经调试后通电试验成功<br>或经重新检查线路后通电试验成功 | 20 | 通电试验一次成功不扣分；通电试验二次成功扣 3 分；通电试验三次成功扣 8 分；通电试验三次不成功扣 15 分；未通电试验的不得分 | | | |
| 8 | 清理现场 | 清理现场 | 5 | 未清理现场扣 5 分<br>未收拾仪器、工具，每件扣 2 分 | | | |
| 9 | 安全文明操作 | 遵守安全操作规程 | 5 | 每违反规定一项扣 3 分<br>严重违规停止操作，并另从总分中再扣 5 分 | | | |
| 10 | 考核时限 | 在规定时间内完成 | | 超时停止操作，不得分 | | | |
| | 合计 | | 100 | | | | |

评分员：　　核分员：　　年　月　日

## 【思考与练习】

（1）说明定时限过电流保护和电流速断保护装置的组成及动作原理。

（2）写出线路定时限过电流保护的整定原则和整定计算公式。什么情况过电流保护必须动作？

（3）写出线路电流速断保护的整定原则和整定计算公式。什么情况电流速断保护必须动作？

## 4.3 电力变压器的继电保护

**能力目标**

① 了解电力变压器的常见故障类型及保护装置的配置要求。

② 熟悉电力变压器的瓦斯保护、差动保护、过负荷保护的构成和原理。

③ 掌握对电力变压器定时限过电流保护、电流速断保护电路的基本原理。

④ 会对定时限过电流保护、电流速断保护的动作电流、动作时间进行整定和对灵敏度进行校验。

### 4.3.1 变压器的故障类型

电力变压器是工厂供电系统的核心设备，它的故障将对整个工厂或车间的供电带来严重的影响。

变压器的故障可分为内部故障和外部故障两种。内部故障是指变压器油箱内所发生的故障，包括相间短路、绕组的匝间短路和单相接地(碰壳)短路等。内部故障是很危险的，因为短路电流产生的电弧不仅会破坏绕组绝缘，烧坏铁芯，还可能使绝缘材料和变压器油受热而产生大量气体，引起变压器油箱爆炸。外部故障是指变压器引出线上的绝缘套管相间短路和单相接地等。

此外，变压器的不正常运行方式主要有：由于变压器外部短路和过负荷引起的过电流，不允许的油面降低和温度升高等。

变压器的内部故障和外部故障均应动作于跳闸。对于外部相间短路引起的过电流，保护装置应采用带时限的过电流保护并动作于跳闸。对过负荷、油面降低、温度升高等不正常状态的保护，一般只作用于信号报警。

### 4.3.2 电力变压器的保护配置

① 对于高压侧为6～10kV的车间变电所或小型工厂变电所的主变压器，通常装设带时限的过电流保护和电流速断保护。如果过电流保护的动作时间不大于0.5s，也可不装设电流速断保护。

② 容量在800kV·A及以上的油浸式变压器或安装在车间内部，容量在400kV·A及以上的油浸式变压器，除装设带时限的过电流保护和电流速断保护外，还需装设瓦斯保护。

③ 两台并列运行的变压器，单台容量在400kV·A及以上，以及虽为单台运行，但又作为备用电源用的变压器有可能过负荷时，除装设带时限的过电流保护和电流速断保护外，还需装设过负荷保护，但过负荷保护只动作于信号报警，而其他保护都要动作于跳闸。

④ 对于单台运行的变压器，容量在10000kV·A及以上或两台并列运行的变压器、单台容量在6300kV·A及以上时，除装设带时限的过电流保护外，还要装设差动保护来取代电流速断保护。

⑤ 对于高压侧为35kV及以上的工厂总降压变电所主变压器，一般应装设过电流保护、电流速断保护和瓦斯保护。

### 4.3.3 变压器的瓦斯保护

变压器的瓦斯保护，也称为气体继电保护，是为了预防油浸式变压器油箱内部故障和油面降低而设置的一种保护。其中轻瓦斯保护动作于信号报警，重瓦斯保护瞬时动作于跳开变压器电源侧的断路器。

瓦斯保护的主要元件是瓦斯继电器，它装在变压器的油箱和油枕之间的连通管上。图 4-14 所示为瓦斯继电器的安装示意图，图 4-15 为 FJ3-80 型开口杯式瓦斯继电器的内部结构示意图。

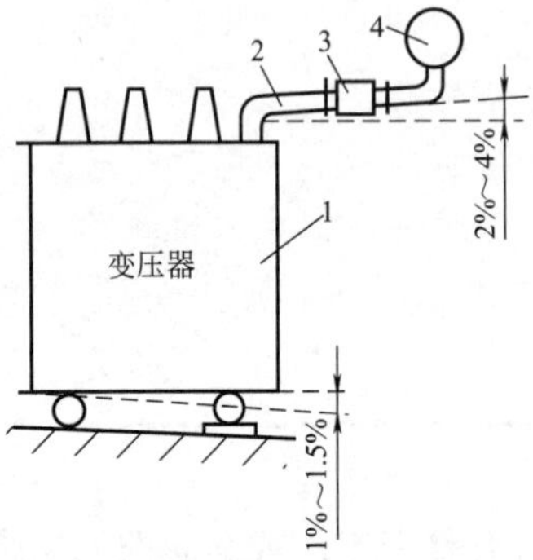


图 4-14 瓦斯继电器的安装及结构示意图

1—变压器油箱；2—连通管；3—瓦斯继电器；4—油枕

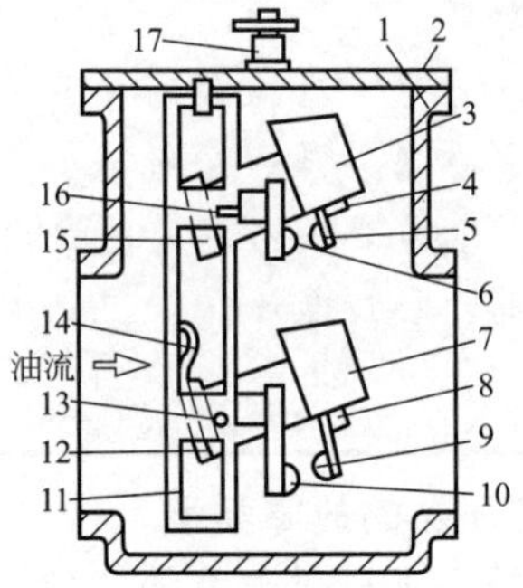


图 4-15 FJ3-80 瓦斯继电器的内部结构示意图

1—容器；2—盖板；3，7—上、下油杯；4，8—永久磁铁；5，9—上、下动触点；6，10—上、下静触点；11—支架；12，15—下、上油杯平衡锤；13，16—下、上油杯转轴；14—挡板；17—放气阀

在变压器正常工作时，瓦斯继电器的上、下油杯中都是充满油的，油杯因其平衡锤的作用而升高，使其上、下两对触点都是断开的。当变压器油箱内部发生轻微故障时（如匝间短路），油箱内产生少量气体慢慢升起，通过连通管进入瓦斯继电器，气体由上而下地排除其中的油，致使油面下降，上油杯因其中还盛有油使其力矩大于平衡锤的力矩而降落，从而使上触点接通，发出报警信号，这就是轻瓦斯动作。当变压器油箱内部发生严重故障时（如相间短路、铁芯起火等），由于故障产生的气体很多，带动油流迅猛地由变压器油箱通过连通管进入油枕，大量的油气混合体在经过瓦斯继电器时，冲击挡板，使下油杯降落，从而使下触点接通，直接动作于断路器跳闸。这就是重瓦斯动作。

如果变压器出现漏油，将会引起瓦斯继电器内的油也慢慢流尽。这时继电器的上油杯先降落，接通上触点，发出报警信号，当油面继续下降时，会使下油杯降落，下触点接通，从而使断路器跳闸。

瓦斯继电器只能反应变压器内部的故障，包括漏油、漏气、油内有气、匝间故障、绕组相间短路等。而对变压器外部端子上的故障情况则无法反应。因此，除设置瓦斯保护外，还需设置过电流保护、电流速断保护或差动保护等。

### 4.3.4 变压器的差动保护

变压器的差动保护，主要用来保护变压器内部以及引出线和绝缘套管的相间短路，并且也可用来保护变压器的匝间短路，其保护区在变压器一、二次侧所装的电流互感器之间。

图 4-16 是变压器差动保护的单相原理电路图。将变压器高、低压两侧的电流互感器同极性串联起来，使继电器跨接在两连线之间，于是流入差动继电器的电流就是两侧电流互感器二次电流之差。合理选择电流互感器的变流比，使正常运行时电流差值为零。

在变压器正常运行或差动保护的保护区外 k-1 点发生短路时，$I_1''$、$I_2''$同时增大，流入继电器 KA 的电流很小，继电器 KA 不动作。而在差动保护的保护区内 k-2 点发生短路时，对于单端供电的变压器来说，$I_2''=0$，$I_{KA}=I_1''$，两电流的差值超过继电器 KA 所整定的动作电

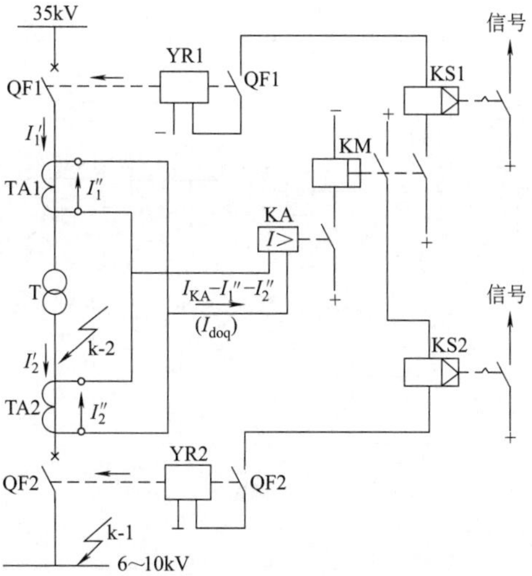


图 4-16　变压器纵联差动保护的单相原理电路图

流，并使 KA 瞬时动作，然后通过出口继电器 KM 使断路器 QF1、QF2 同时跳闸，将故障变压器切除，从而切除短路故障，同时由信号继电器发出报警信号。

综上所述，变压器差动保护的工作原理：正常工作或外部故障时，流入差动继电器的电流为不平衡电流，在适当选择好两侧电流互感器的变流比和接线方式的条件下，该不平衡电流值很小，并小于差动保护的动作电流，故差动保护不动作。但在保护范围内发生故障时，流入继电器的电流大于差动保护的动作电流，差动保护动作于跳闸。因此它不需要与相邻元件的保护在整定值和动作时间上进行配合，可以构成无延时速动保护。其保护范围包括变压器绕组内部及两侧套管和引出线上所出现的各种短路故障。

### 4.3.5　变压器的过电流保护、电流速断保护和过负荷保护

(1) 变压器的保护要求

变压器的容量无论大小，都应该装设过电流保护。但一般 400 kV·A 以下的变压器多采用高压熔断器保护，400 kV·A 及以上的变压器高压侧装有高压断路器时，应装设带时限的过电流保护装置。对于车间变压器来说，过电流保护可作为主保护。如果过电流保护的时限超过 0.5s，而且容量不超过 8000 kV·A 时，应装设电流速断保护，并将电流速断保护作为主保护，而过电流保护则作为后备保护。对于变压器的过负荷保护，是用以预防变压器对称过负荷的，该保护大多装在 400 kV·A 以上并联运行的变压器上；对单台运行易于发生过负荷的变压器也应装设过负荷保护。变压器的过负荷保护通常只动作于信号报警。

(2) 变压器的过电流保护、电流速断保护和过负荷保护的电路组成及原理

图 4-17 是变压器的过电流保护、电流速断保护和过负荷保护的综合电路。

变压器带时限过电流保护和电流速断保护的组成和动作原理与线路的保护完全相同。对于变压器的过负荷保护，它是反应变压器正常运行时的过载情况的，一般只延时后动作于信号报警。由于变压器的过负荷电流大多是三相对称增大的，因此过负荷保护只需在一相电流互感器二次侧接一个电流继电器（图 4-16 中的 5KA）。为了防止在短时过负荷或短路时时发出不必要的信号报警，需装设一个时间继电器，使其动作延时大于过电流保护装置的动作延时，一般取 10～15s，最后接通信号继电器发出过负荷报警信号。

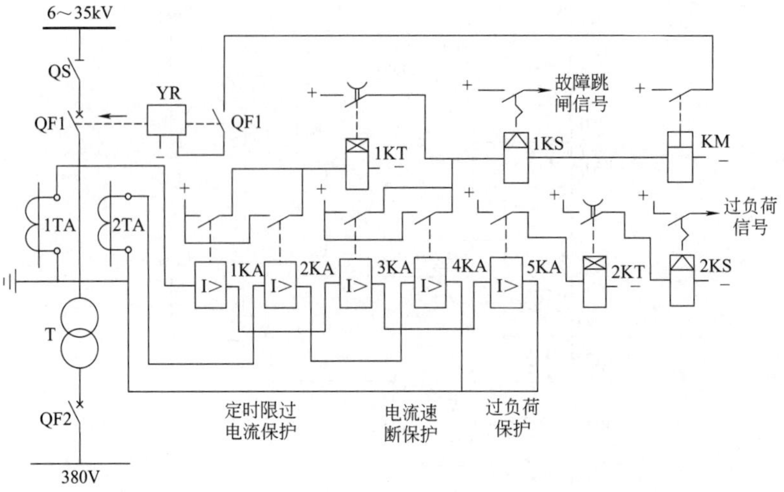


图 4-17　变压器的过电流保护、电流速断保护和过负荷保护的综合电路

应该指出，变压器的过电流保护装置是用以防御内、外部各种相间短路，并作为瓦斯保护和差动保护（或电流速断保护）的后备保护。

（3）各种保护的定值计算

① 变压器的过电流保护（变压器电源侧装设）　动作电流的整定，与电力线路过电流保护基本相同。

$$I_{op}=\frac{K_{rel}K_{W}}{K_{re}K_{i}}\times(1.5\sim3)I_{1N.T}$$

式中　$I_{1N.T}$——变压器的额定一次电流。

此外，还应验算 $I_{op}$ 能否躲过低压母线上最大一台电动机启动时的电流，否则 $I_{op}$ 应适当放大。

变压器过电流保护的动作时间，也按“阶梯原则”整定。但对车间变电所来说，由于它属于供电系统的终端变电所，因此其动作时间要整定为最小值 0.5s。

变压器过电流保护的灵敏度，按变压器低压母线在系统最小运行方式时发生两相短路（换算到高压侧的电流值）来校验。要求灵敏度 $S_P\geqslant1.25\sim1.5$。如果 $S_P$ 达不到要求，同样可采用低电压闭锁的过电流保护。

② 变压器的电流速断保护　速断保护的动作电流应躲过低压母线上最大运行方式时的三相短路电流。

$$I_{qb}=\frac{K_{rel}K_{W}}{K_{i}K}I_{K.max}^{(3)}$$

式中　$K$——变压器的额定电压比；

$I_{K.max}^{(3)}$——低压母线上的最大三相短路电流有效值；

$I_{K.max}^{(3)}/K$——低压母线上的最大三相短路电流有效值换算到高压侧的电流值。

$I_{qb}$ 还应躲过变压器空载投入时的励磁涌流（可近似取 $5I_{1N.T}$），再取两者中的较大者。必要时可通过冲击合闸试验来检验是否会误动作。

变压器速断保护的灵敏度，按保护装置安装处在系统最小运行方式下发生两相短路的短路电流 $I_k^{(2)}$ 来校验，要求 $S_P \geqslant 2$ 。

变压器的电流速断保护，与电力线路电流速断保护一样，也有“死区”。弥补死区的措施，也是配备带时限的过电流保护。

**例 4-2** 某车间变电所装有一台 6/0.4kV、1000kV·A 的变压器。高压侧保护用的电流互感器，变流比为 150/5，采用 DL 型过电流继电器组成两相两继电器式接线。已知高压电源母线处的短路电流 $I_{K.min}^{(3)}=9000A$，在低压母线上的最大三相短路电流为 $I_{K.max}^{(3)}=19kA$，最小三相短路电流为 $I_{K.min}^{(3)}=16kA$，试：

① 计算过电流保护装置的动作电流 $I_{op}$，并校验灵敏度、整定动作时限；

② 计算电流速断保护装置的动作电流 $I_{qb}$，并校验其灵敏度。

**解** (1) 过流保护动作值 $I_{op}$ 的整定

变压器的额定一次电流为

$$I_{1N.T}=\frac{S_N}{\sqrt{3}U_{1N}}=\frac{1000}{\sqrt{3}\times 6}\approx 96A$$

因为采用 DL 型过电流继电器组成两相两继电器式接线，可取 $K_W=1$，$K_{rel}=1.2$，$K_{re}=0.85$，则：

$$I_{op}=\frac{K_{rel}K_W}{K_{re}K_i}\times 2I_{1N.T}=\frac{1.2\times 1}{0.85\times 30}\times 2\times 96A\approx 9.07A$$

取 $I_{op}=9A$。

又因 $I_{K.min}^{(2)}=0.866I_{K.min}^{(3)}=0.866\times 16000A$，电流互感器的变流比 $K_i=150/5=30$，变压器的变比 $K=6/0.4$，所以：

$$S_P=\frac{K_W I_{K.min}^{(2)}}{KK_i I_{op}}=\frac{1\times 0.866\times 16000}{(6/0.4)\times 30\times 9}\approx 3.42>1.5$$

满足要求。

过电流保护的动作时限的整定：因为是终端变电所，动作时限 $t$ 取 0.5s。

(2) 速断保护动作电流 $I_{qb}$ 的整定

$$I_{qb}=\frac{K_{rel}K_W}{K_i K}I_{K.max}^{(3)}=\frac{1.3\times 1}{30\times(6/0.4)}\times 19000A=54.9A$$

取 $I_{qb}=55A$。

$$S_P=\frac{K_W I_{K.min}^{(2)}}{K_i I_{qb}}=\frac{1\times 0.866\times 9000A}{30\times 55}\approx 4.72>2$$

满足要求。

## 技能训练 连接安装继电保护装置

(1) 实训器材

① LQJ-10 型电流互感器 2 台。

② DL-32 型电流继电器 5 只。

③ DS-33 -220V 型时间继电器 2 只。

④ DX-31B/0.025A 型信号继电器 3 只。

⑤ DZB-257-220V 型中间继电器 1 只。

⑥ YY1-D 型连接片 1 个。

⑦ 模拟配电板 700mm×800mm 1 块。

⑧ BV2.5mm$^2$ 导线 5m。

⑨ BV1.5mm$^2$ 导线 10m。

⑩ 跳闸线圈（使用直流接触器模拟接线）。

⑪ 断路器辅助常开接点。

⑫ 220V 直流电源 1 组。

⑬ A4 纸若干张。

⑭ 自备下列文具和工具：碳素笔 1 支；直尺 1 把；电工工具（常用工具、万用表、兆欧表）各 1 套。

（2）实训目标

① 掌握继电保护装置原理图的读图方法。

② 掌握继电保护装置展开图的绘图方法。

③ 掌握继电保护装置的接线。

④ 正确使用工具和仪器仪表。

（3）训练内容及操作步骤

① 选择并清点材料、工具和元器件，并填写元器件名细表。

② 读懂图 4-18 所示的对变压器进行定时限过电流保护、电流速断保护和过负荷保护的原理电路图。

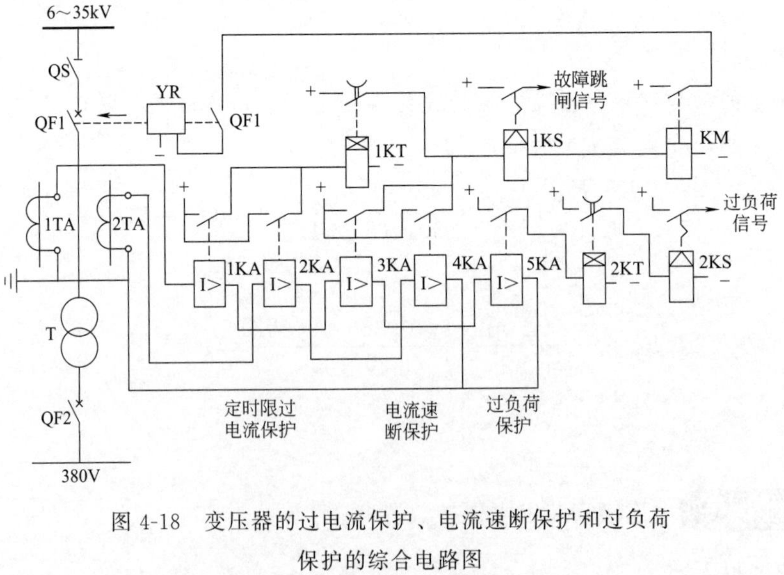


图 4-18　变压器的过电流保护、电流速断保护和过负荷保护的综合电路图

③ 根据图 4-18 绘出继电保护装置的展开图。

④ 根据原理图和展开图，在模拟配电板上进行接线操作。

⑤ 对照电路图仔细检查线路连接是否正确。

⑥ 在老师的指导下通电试验，调试。

⑦ 清理现场。

（4）训练注意事项

① 必须按照操作步骤一步一步进行。

② 读懂原理图、绘出展开图这两个步骤必须让老师确认、批改并评分。

③ 接线要正确，线头端子要接牢固。

④ 通电试验小心触电。

⑤ 三名同学为一组，共同完成训练内容。

⑥ 训练结束时清理现场。

（5）技能评价

**连接安装继电保护装置技能考核评分表**

姓名：＿＿＿＿＿＿ 组别：＿＿＿＿＿＿＿＿＿＿ 考核时间：90 分钟

| 序号 | 考核内容 | 评分要素 | 配分 | 评分标准 | 扣分 | 得分 | 备注 |
|---|---|---|---|---|---|---|---|
| 1 | 准备工作 | 实训器材及工具准备齐全<br>穿工作服、绝缘胶鞋 | 5 | 少准备一件扣 2 分<br>少穿戴一样扣 2 分 | | | |
| 2 | 选择和清点元件，填写元件名细表 | 选择清点元件齐全<br>填写元件名细表正确 | 5 | 选择错误一个元件扣 2 分<br>少一件元件扣 2 分 | | | |
| 3 | 绘出展开图 | 正确绘出继电保护装置展开图 | 20 | 图形符号和文字符号每错一个扣 3 分；电路元件位置错误一处扣 3 分 | | | |
| 4 | 线路连接 | 接线要正确，线头端子要接牢固 | 40 | 接线错误时，每错一根线扣 3 分<br>接线不完整，每空一个端子扣 3 分<br>线头端子未接牢固时，每个扣 1 分 | | | |
| 5 | 通电试验，调试 | 通电试验成功；或经调试后通电试验成功；或经重新检查线路后通电试验成功 | 20 | 通电试验一次成功不扣分；通电试验二次成功扣 3 分；通电试验三次成功扣 8 分；通电试验三次不成功扣 15 分；未通电试验的不得分 | | | |
| 6 | 清理现场 | 清理现场 | 5 | 未清理现场扣 5 分<br>未收拾仪器、工具，每件扣 2 分 | | | |
| 7 | 安全文明操作 | 遵守安全操作规程 | 5 | 每违反规定一项扣 3 分；严重违规停止操作，并另从总分中再扣 5 分 | | | |
| 8 | 考核时限 | 在规定时间内完成 | | 超时停止操作，不得分 | | | |
| | 合计 | | 100 | | | | |

评分员：　　　　　　核分员：　　　　　　年　月　日

## 【思考与练习】

（1）变压器通常采用哪些保护装置？

（2）简要说明变压器瓦斯保护的动作原理。

（3）变压器定时限过电流保护、电流速断保护的动作电流如何整定？

## 4.4 认识供电系统的二次回路与自动装置

能力目标

① 了解二次回路的操作电源。

② 掌握具有电气防跳回路的高压断路器控制回路的控制原理。

③ 熟悉自动重合闸装置（ARD）、备用电源自动投入装置（APD）的作用和工作原理。

### 4.4.1 二次回路及其操作电源

（1）二次回路概述

二次回路是指用来控制、指示、监测和保护一次电路运行的电路。二次回路又称二次接线。按功能二次回路可分为断路器控制回路、信号回路、保护回路、监测回路和自动化回路。为保证二次回路的用电，还有相应的操作电源回路等。

就二次回路图而言，主要有二次回路原理图、二次回路原理展开图、二次回路安装接线图等。

（2）二次回路的操作电源

操作电源，是指供电给二次回路及断路器操作机构的电源。操作电源应能保证在正常情况下和事故情况下不间断供电，当供电系统发生故障时，能保证二次回路供电和断路器可靠地动作，并在断路器合闸时有足够的容量。

二次回路的操作电源主要有直流和交流两大类。

① 直流操作电源　直流操作电源主要有蓄电池组和硅整流直流操作电源两种。

a. 蓄电池组直流操作电源　蓄电池组直流操作电源有铅酸蓄电池组和镉镍蓄电池组两种。过去多采用铅酸蓄电池组，现在已逐步被镉镍蓄电池组取代。因为采用镉镍蓄电池组作操作电源，不受供电系统运行情况的影响，工作可靠，大电流放电性能好，比功率大，机械强度高，使用寿命长，腐蚀性小，它只是装在专用屏内，无需专用房间来装设，从而大大降低了投资，因此在供电系统中应用比较普遍。

b. 硅整流直流操作电源　硅整流直流操作电源，按断路器操作机构的要求有电容储能（电磁操动）和电动机储能（弹簧操动）等类型。图 4-19 所示为电容储能型硅整流直流操作电源的原理图。这种直流操作电源在工厂变配电所中应用较广。

硅整流器的电源来自所用变压器的低压母线，一般是一路电源进线，但为了保证直流操作电源的可靠性，可以采用两路电源和两台硅整流装置。硅整流器 U1 主要用作断路器合闸电源，并可向控制、保护、信号等回路供电，其容量较大。硅整流器 U2 仅向操作母线供电，容量较小。两组硅整流之间用电阻 R 和二极管 V3 隔开，V3 起到止逆阀的作用，它只允许从合闸母线向控制母线供电而不能反向供电，以防在断路器合闸或合闸母线侧发生短路时，引起控制母线的电压严重降低，影响控制和保护回路供电的可靠性。电阻 R 用于限制在控制母线侧发生短路时流过硅整流 U1 的电流，起保护 V3 的作用。在硅整流器 U1 和 U2 前，也可以用整流变压器（图中未画）实现电压调节。整流电路一般采用三相桥式整流电路。

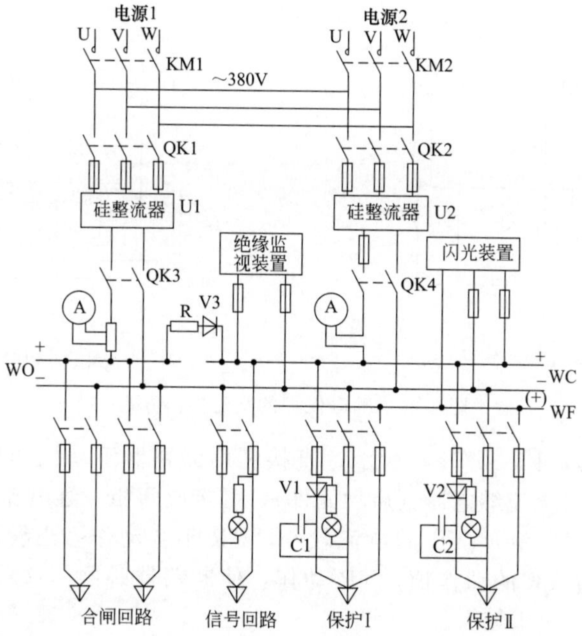


图 4-19 电容储能型硅整流直流操作电源原理图

在直流母线上还接有绝缘监察装置和闪光装置。绝缘监察装置用以监测正负母线或直流回路对地绝缘电阻，当某一母线对地绝缘电阻降低时，发出报警信号。闪光装置主要提供灯光闪光电源，当系统或二次回路发生故障时，相应信号指示灯发出闪光报警信号。

直流操作电源的母线上引出若干条线路，分别向各回路供电，如合闸回路、信号回路、保护回路等。在保护供电回路中，C1、C2为储能电容器组，电容器所储存的电能仅在事故情况下，用作继电保护回路和跳闸回路的操作电源。逆止元件V1、V2主要作用是在事故情况下，交流电源电压降低引起操作母线电压降低时，禁止向操作母线供电，而只向保护回路放电。

带电容储能的直流操作电源装置的优点是投资少、建设快、运行维护方便，但可靠性上不如硅整流带镉镍蓄电池组储能的直流装置。

② 交流操作电源　交流操作电源，是直接利用交流供电系统的电源为继电保护装置及其所作用的断路器操作机构供电。

交流操作电源的优点是接线简单、投资低廉、运行维护方便。缺点是交流继电器性能没有直流继电器完善，不能构成复杂的保护。因此，交流操作电源在小型工厂变配电所中应用较广，而对保护要求较高的变配电所则大多采用直流操作电源。

交流操作电源可分为电流源和电压源。电流源取自电流互感器，主要供电给继电保护装置和跳闸回路。电压源取自变配电所所用变压器或电压互感器，通常以所用变压器作为正常工作电源，而电压互感器因其容量小，只作为保护油浸式变压器内部故障的瓦斯保护的交流操作电源。

交流操作电源供电的继电保护装置，主要有“直接动作式”和“去分流跳闸的方式”两种操作方式。在交流操作方式下，采用GL型感应式电流继电器。继电保护的交流操作方式如图4-20所示。

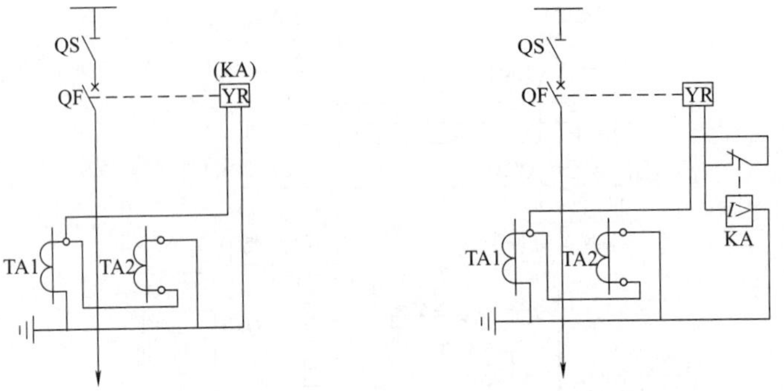


(a) 直接动作式　　(b) 去分流跳闸的操作方式

图 4-20　继电保护的交流操作方式

a. 直接动作式　如图 4-20（a）所示，直接利用断路器手动操作机构内的过流脱扣器（跳闸线圈）YR 作为过电流继电器（启动元件），可接成两相一继电器式或两相两继电器式接线。由于正常运行时，流过 YR 的电流较小，YR 不会动作。当线路发生短路时，流过 YR 的电流很大，超过 YR 的动作值，YR 动作，使断路器跳闸。这种操作方式虽然简单，但灵敏度不高，实际上应用较少。

b. 去分流跳闸的操作方式　如图 4-20（b）所示，电流继电器的常闭触点将跳闸线圈短路，正常运行时，跳闸线圈 YR 中无电流流过。当线路发生故障时，KA 动作，其常闭触点打开，使 YR 的短路分流支路去掉，电流互感器二次电流全部流过 YR，断路器跳闸。这就是去分流跳闸操作方式。这种方式接线简单，由于使用了电流继电器作启动元件，提高了保护的灵敏度，在工厂供配电系统中应用广泛。

（3）所用变压器

变电所的用电一般应设置专门的变压器供电，简称“所用变”。变电所的用电主要有室外照明、室内照明、生活用电、事故照明、操作电源用电等。

为保证操作电源的用电，所用变压器一般都接在电源的进线处，如图 4-21 所示。即使变电所的母线或变压器发生故障时，所用变压器仍能取得电源。

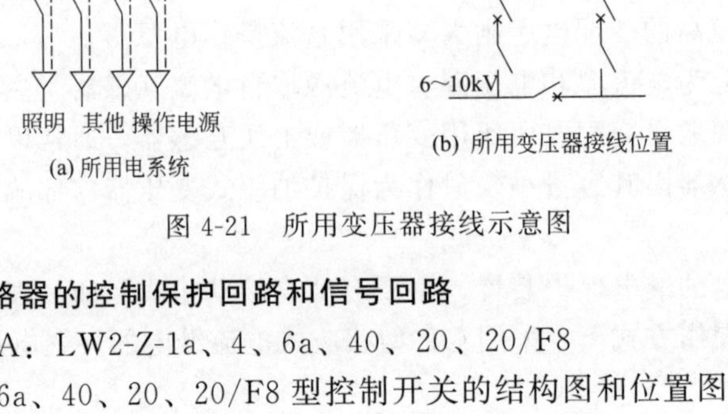


(a) 所用电系统　　(b) 所用变压器接线位置

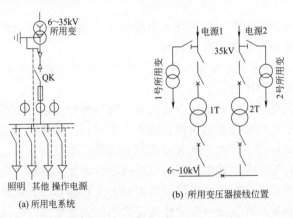

图 4-21　所用变压器接线示意图

### 4.4.2　高压断路器的控制保护回路和信号回路

（1）控制开关 SA：LW2-Z-1a、4、6a、40、20、20/F8

LW2-Z-1a、4、6a、40、20、20/F8 型控制开关的结构图和位置图如图 4-22 所示，控制开关有 6 个位置：跳闸后、预备合闸、合闸、合闸后、预备跳闸、跳闸，其中“跳闸后”和“合闸后”为固定位置，其他为操作时的过渡位置。手柄在“合闸”位置，松手后自动回复到“合闸后”；手柄在“跳闸”位置，松手后自动回复到“跳闸后”。一般用字母表示 6 种位置，即“C”表示合闸，“T”表示跳闸，“P”表示“预备”，“D”表示“后”。触点打“×”代表接通；触点打“—”代表断开。

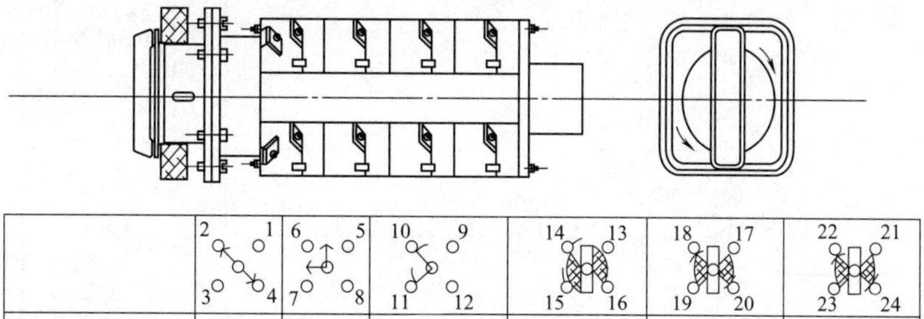


| 接点盒型式 | | 1a | | 4 | | 6a | | | 40 | | | 20 | | | 20 | | |
|---|---|---|---|---|---|---|---|---|---|---|---|---|---|---|---|---|---|
| 位置 | 触点号 | 1–3 | 2–4 | 5–8 | 6–7 | 9–10 | 9–12 | 11–10 | 14–13 | 14–15 | 16–13 | 19–17 | 17–18 | 18–20 | 21–23 | 21–22 | 22–24 |
| 跳闸后 | | – | × | – | – | – | – | × | – | × | – | – | – | × | – | – | × |
| 预备合闸 | | × | – | – | – | × | – | – | × | – | – | – | × | – | – | × | – |
| 合闸 | | – | – | × | – | – | × | – | – | – | × | × | – | – | × | – | – |
| 合闸后 | | × | – | – | – | × | – | – | – | – | × | × | – | – | × | – | – |
| 预备跳闸 | | – | × | – | – | – | – | × | × | – | – | – | × | – | – | × | – |
| 跳闸 | | – | – | – | × | – | – | × | – | × | – | – | – | × | – | – | × |

图 4-22　LW2-Z-1a、4、6a、40、20、20/F8 型控制开关触点图表

（2）具有电气防跳回路的控制原理

配电变压器主回路图如图 4-23 所示，控制保护回路图如图 4-24 所示，信号回路图如图 4-25 所示。

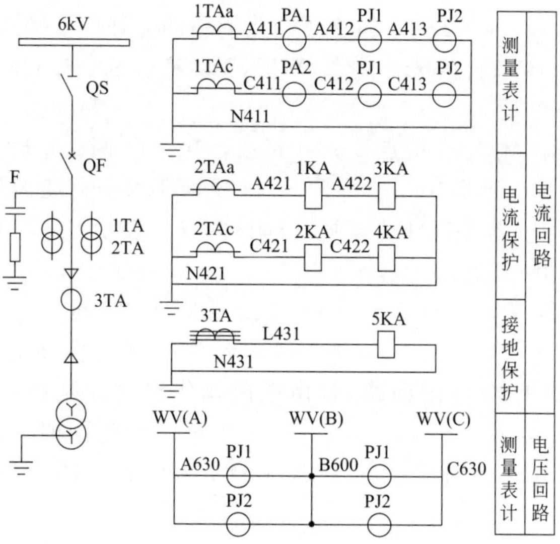


图 4-23　配电变压器主回路原理图

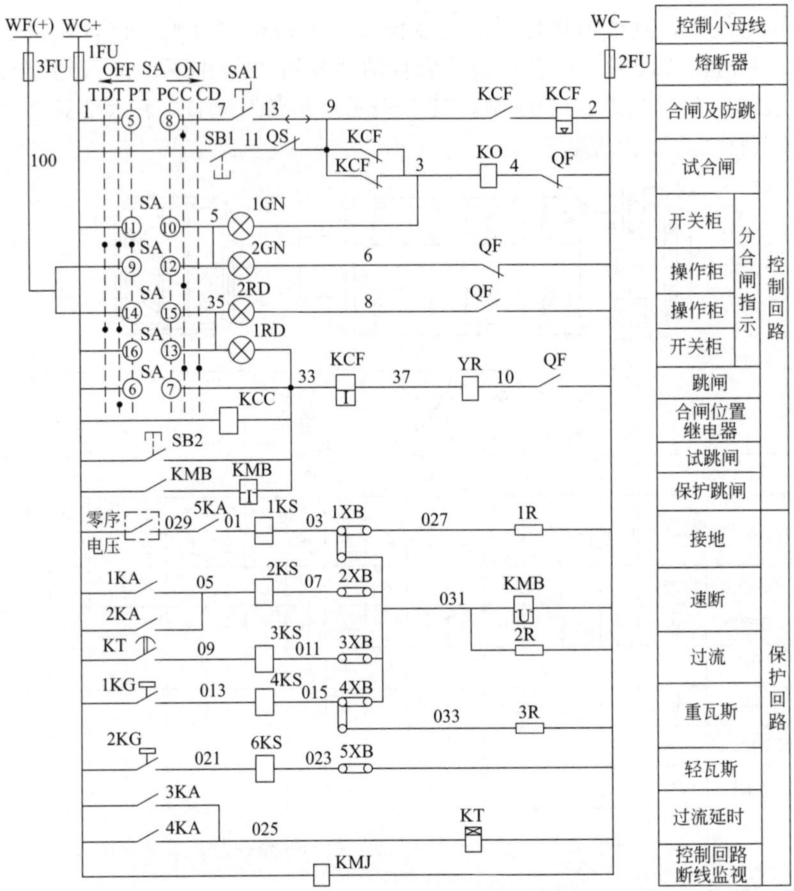


图 4-24　配电变压器控制保护回路图

① 断路器 QF 的合闸过程

a. 转换开关 SA 处于"跳闸后"位置，接点 10—11 接通，1GN 绿灯亮（指示断路器 QF 分闸状态），回路 1—5—3—4—2 通，监视了合闸回路的完好性。接点 14—15 通，若 QF 自动合闸，1RD 闪光（电源来自闪光小母线 WF＋），表示 SA 与 QF 的状态不对应，回路 100—35—33—37—10—2 通。

b. SA 置"预备合闸"位置，接点 9—10 接通，10—11 断。这时分闸指示灯 1GN 的正电来自闪光小母线 WF＋，回路 100—5—3—4—2 通，1GN 分闸指示灯闪光，提醒操作人员注意。接点 13—14 接通，若 QF 自动合闸，1RD 闪光，表示 SA 与 QF 的状态不对应，回路 100—35—33—37—10—2 通。

c. SA 置"合闸"位置，接点 5—8、9—12、13—16 接通。5—8 接通，使合闸接触器 KO 动作，回路 1—7—13—9—3—4—2 通，允许合闸开关 SA1 在接通位置，QF 的合闸线圈 YO 得电（图 4-25 合闸回路），由电磁操作机构使断路器 QF 合闸（变压器带电运行），1RD 亮，回路 1—35—33—37—10—2 通。与此同时，QF 常闭触点 4—2 断开，KO 释放，YO 断电，分闸指示灯 1GN 熄灭；QF 常开触点 10—2 闭合，为 QF 分闸做好准备。

d. 合闸完毕，松开手，SA 自动回复到"合闸后"位置，接点 9—10、13—16 接通，1RD（合闸指示灯）亮。如果在合闸时因某种原因 QF 没合上，此时分闸指示灯 1GN 闪光，

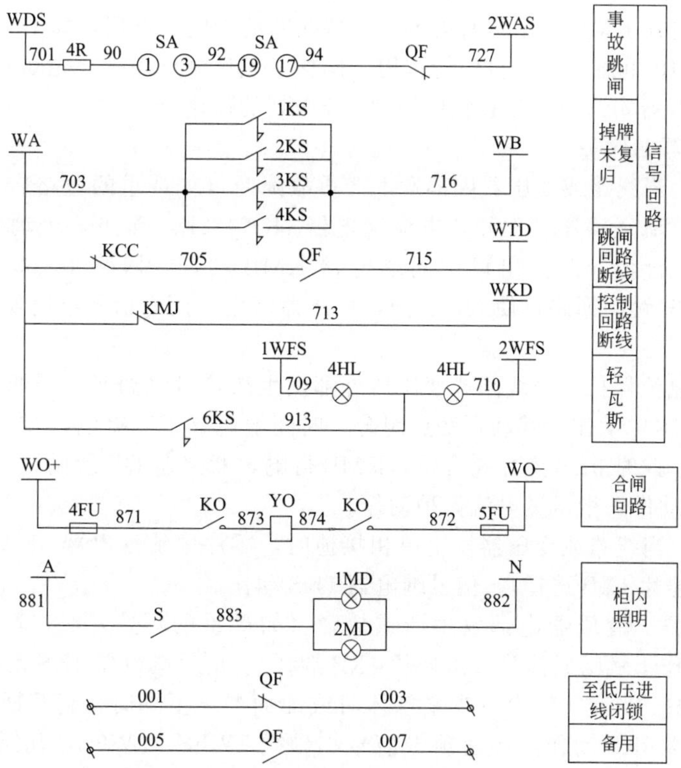


图 4-25　配电变压器信号回路图

表明回路 100—5—3—4—2 通，说明转换开关 SA 与断路器 QF 的状态不对应，操作人员应注意。SA 在“合闸后”位置，在运行中保护动作使保护出口继电器 KMB 动作跳 QF，接点 9—10 接通，也使 1GN 闪光。

② 断路器 QF 的分闸过程

a. 要将 QF 断开，先将 SA 置“预备跳闸”，接点 10—11、13—14 接通，13—16 断开，1RD 闪光，提示操作人员注意。

b. SA 置“跳闸”，接点 6—7、10—11、14—15 接通。6—7 接通，跳闸线圈 YR 得电，回路 1—33—37—10—2 通，QF 跳闸。QF 跳闸后，QF 常开触点 10—2 断开，使 YR 失电（避免 YR 长期通电而烧毁）；合闸指示灯 1RD 熄灭，分闸指示灯 1GN 亮。

c. QF 分闸后，松开手，SA 自动回复到“跳闸后”位置，接点 10—11、14—15 接通，1GN 亮。如果在分闸时因某种原因没跳开，合闸指示灯 1RD 闪光，表明 SA 位置与断路器 QF 的位置不对应。

d. SA 在“合闸后”位置，接点 1—3、19—17 接通，因保护动作或断路器误脱扣时，接通事故音响小母线 2WAS，发出事故音响报警信号。

e. 断路器 QF 的防跳，用 KCF 实现。

防跳回路：SA 合闸，接点 5—8 通，QF 合闸。若合于故障上，保护出口中间继电器 KMB 马上动作跳 QF，KCF 电流线圈有电流通过动作，常开闭合，常闭断开。由于操作人员需要一定的反应时间，接点 5—8 仍通，使 KCF 电压线圈自保持，保持其常开闭合，常闭断开，切断合闸接触器 KO 回路，使开关不会再合闸，防止了开关的“跳跃”。手松开 SA 回复到“合闸后”位置，接点 5—8 断开，切断合闸回路，KCF 返回。由于 SA 接点 9—10

通（SA 合闸后位置），1GN、2GN 闪光。

保护出口继电器 KMB 采用具有电流自保持线圈的中间继电器，如 DZB-257 型。当保护跳闸时，由于 KMB 电流线圈的自保持作用，确保了 QF 触点 10—2 先断开（切断跳闸回路电流），KMB 继电器才返回，能起到保护触点 KMB 的作用。

③ 配电变压器的保护

a. 速断保护　当线路或变压器内部发生严重故障时（如严重的短路），产生非常大的短路电流，感应到电流互感器二次侧，电流继电器 1KA、2KA 至少一个动作，其触点闭合，此时 2XB 连片在合位，保护出口中间继电器 KMB 动作，回路 1—05—07—031—2 通，KMB 触点接通 QF 跳闸回路，使 QF 分闸，变压器断电。同时信号继电器 2KS 动作，指示速断保护动作。

b. 定时限过电流保护　当线路或变压器外部发生故障时（如变压器低压侧短路），过电流继电器 3KA、4KA 动作，其动合触点闭合，时间继电器 KT 得电，经过一段时间 KT 延时常开接点闭合，此时 3XB 连片在合位，KMB 得电，断路器 QF 跳闸，变压器断电。同时信号继电器 3KS 动作，指示过电流保护动作。

c. 接地保护　当线路或变压器发生单相接地时，零序电流继电器 5KA 动作，可动作于跳闸或信号（由连片 1XB 选择），信号继电器 1KS 动作。

d. 重瓦斯保护　变压器内部发生严重故障（如严重的短路）时，重瓦斯继电器触点 1KG 接通，可动作于跳闸或信号（由连片 4XB 选择）。信号继电器 4KS 动作。

e. 轻瓦斯保护　当变压器内有少量气体时或油面严重下降时，轻瓦斯动作，触点 2KG 闭合，信号继电器 6KS 动作，接通预告信号小母线 1WFS、2WFS，瓦斯灯窗 4HL 点亮，预告铃响（图 4-25 轻瓦斯信号回路）。

f. 其他　KMB 继电器电压线圈两端并联一个电阻 2R，主要是与信号继电器 1KS～4KS 线圈的启动电流相匹配，保证信号继电器可靠动作。另外，此电阻对 KMB 继电器线圈突然断电后而产生的感应电动势起了良好的泄放作用，保护了继电器的线圈。合闸位置继电器 KCC 可监视跳闸回路的完好性，运行中跳闸回路断线时，KCC 释放，其常闭触点接通跳闸回路断线小母线 WTD，启动预告信号装置发信号。中间继电器 KMJ 可监视控制回路电源的完好性，熔断器 1FU、2FU 熔断时，KMJ 释放，其常闭触点接通控制回路断线小母线 WKD，启动预告信号装置发出信号。保护动作后，信号继电器 1KS～4KS 未复归，其触点接通掉牌未复归小母线 WB，也启动预告信号装置发信号。

### 4.4.3　自动重合闸装置（ARD）

为了提高供电的可靠性，保证重要负荷不间断供电，供电系统还需要装设除继电保护外的其他自动装置。最常用的有自动重合闸装置（ARD）和备用电源自动投入装置（APD）。

当断路器继电保护动作，或其他原因跳闸后，能自动重新合闸的装置，称为重合闸装置，简称 ARD。

电力系统的运行经验证明：架空线路上的故障大多数是瞬时性短路，如雷电放电、潮湿闪络、鸟兽类或树枝的跨接等。这些故障虽然会引起断路器跳闸，但瞬时性短路故障后，如雷闪过后、鸟兽或树枝烧毁后，故障点的绝缘一般能自行恢复。此时若断路器再合闸，便可立即恢复供电，从而提高了供电的可靠性。自动重合闸装置就是利用这一特点。运行资料表明自动重合闸的成功率在 60％～90％。

自动重合闸装置主要用于架空线路，在电缆线路中一般不用自动重合闸装置（电缆与架空线混合的线路除外），因为电缆线路中的大部分跳闸多因电缆、电缆头或中间接头绝缘破坏所致，这些故障一般不是短暂的。

自动重合闸装置按其不同特性有不同的分类方法。按动作方法可分为机械式和电气式，机械式 ARD 适用于弹簧操动机构的断路器，电气式 ARD 适用于电磁操动机构的断路器；按重合次数来分可分为一次重合闸、二次或三次重合闸，工厂变电所一般采用一次重合闸。

图 4-26 所示为电气一次自动重合闸装置原理接线图。KAR 为 DH-2 型重合闸继电器；SA1 是控制开关，为 LW2-Z-1a. 4. 6a. 40. 20. 204/F8 型，它的合闸（ON）和跳闸（OFF）操作各具有三个位置：预备（合、跳闸）、正在（合、跳闸）、已经（合、跳闸）。SA1 的两侧箭头“→”指向就是此操作顺序。SA2 是选择开关，采用 LW2-1. 1/F4-X 型，只有合闸（ON）和跳闸（OFF）两个位置，用来投入和解除 ARD。

（1）ARD 的工作原理

线路正常运行时，SA1 和 SA2 都扳到合闸（ON）位置，ARD 投入工作。这时，SA1 接点 21—23、25—28、5—8 均接通；SA2 接点 1—3 接通。重合闸继电器 KAR 中的电容 C 经 R4 充电，指示灯 HL 亮，表示控制母线 WC 的电压正常，C 已处在充电状态，中间继电器 KM 接点接触良好，ARD 装置处于准备工作状态。

当线路发生瞬时性故障，使断路器 QF 跳闸时，QF 的辅助触点 1—2 闭合，而 SA1 仍处在合闸位置，从而接通 KAR 的启动回路，使 KAR 中的时间继电器 KT 经它本身的常闭触点 1—2 而动作。KT 动作后，其常闭触点 1—2 断开，串入电阻 R5，使 KT 保持动作状态。串入 R5 的目的，是限制流入 KT 线圈的电流，避免线圈过热，因为 KT 线圈不是按长

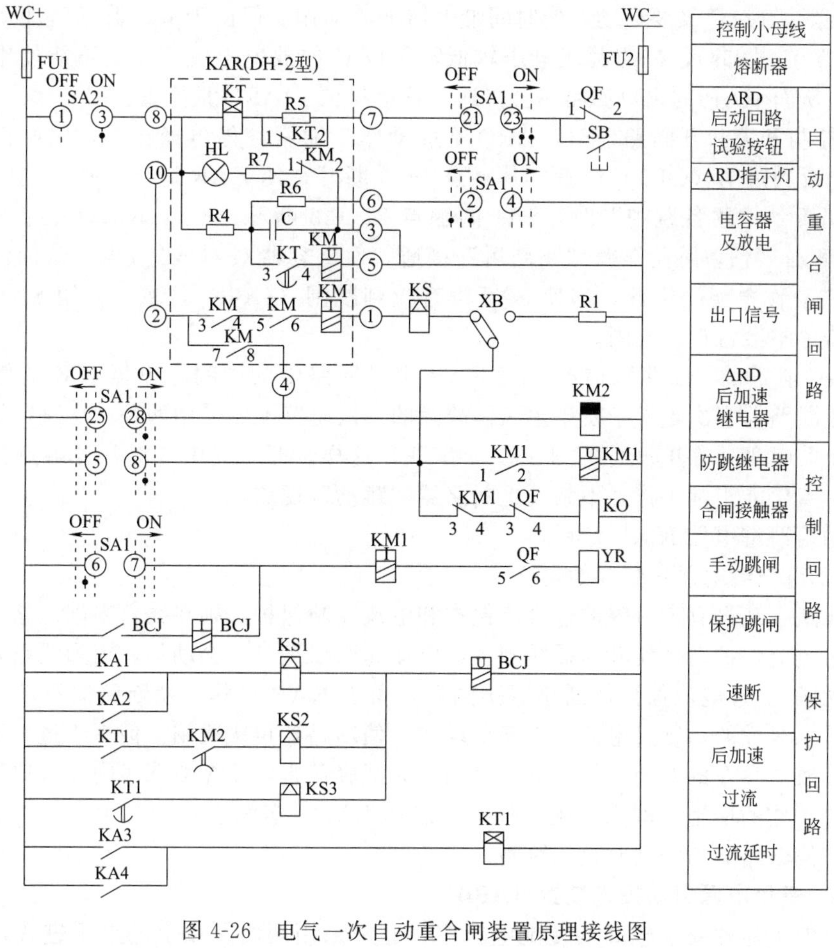


图 4-26　电气一次自动重合闸装置原理接线图

期接入额定电压设计的。时间继电器 KT 动作后，经一定延时，其延时闭合的常开触点 3—4 闭合。这时电容器 C 就对 KAR 中的中间继电器 KM 的电压线圈放电，使 KM 动作。

中间继电器 KM 动作后，其常闭触点 1—2 断开，使 HL 熄灭，这就表示 KAR 已经动作，其出口回路已经接通。合闸接触器 KO 由控制母线+KM 经 SA2 的接点 1—3，KAR 中的 KM 两对串联的常开触点 3—4、5—6 及 KM 电流线圈，KS 线圈，连接片 XB，KM1 中的常闭触点 3—4 和断路器辅助触点 3—4 而获得电源动作，从而使断路器 QF 重新合闸。

由于中间继电器 KM 是由电容器 C 放电而动作的，但 C 的放电时间不长，因此为了使 KM 能够自保持，在 KAR 的出口回路中串入了 KM 的电流线圈，借 KM 本身的常开触点 3—4、5—6 闭合使之接通，以保持 KM 处于动作状态。在断路器合闸后，QF 的辅助触点 3—4 断开而使 KM 的自保持解除。

在 KAR 的出口回路中串联信号继电器 KS，是为了记录 KAR 的动作，并为 KAR 动作发出灯光信号和音响信号。断路器重合闸成功以后，所有继电器自动返回，电容器 C 又恢复充电。

要使 ARD 退出工作，可将选择开关 SA2 扳到分（OFF）位置，同时将出口回路的连接片 XB 断开。

（2）一次自动重合闸装置的基本要求

① 一次自动重合闸装置只能重合闸一次　如果一次电路故障为永久性的，断路器在 KAR 作用下处于重合闸后，因故障未消除，继电保护动作又会使断路器自动跳闸。断路器第二次跳闸后，KAR 又要启动，使时间继电器 KT 动作。但由于电容器 C 还来不及充好电（充电时间需 15～25s），C 的两端电压较低，所以 C 的放电电流很小，不能使中间继电器 KM 动作，从而 KAR 的出口回路不会接通，这就保证了 ARD 只能重合闸一次。

② 用控制开关断开断路器时，ARD 不应动作　通常在停电操作时，先操作选择开关 SA2，SA2 扳到跳闸（OFF）位置，其触点 1—3 断开，使 KAR 退出工作。同时控制开关 SA1 的手柄扳到“预备跳闸”时，SA1 的触点 21—23 断开，KT、KM 不会再动作。SA1 的触点 2—4 在“预备跳闸”及“跳闸后”接通，使电容器 C 对 R6 放电，从而使中间继电器 KM 失去动作电源。因此，即使 SA2 没有扳到跳闸（OFF）位置，在用 SA1 操作跳闸时，断路器也不会自行重合闸。

③ KAR 必需的“防跳”措施　当 KAR 出口回路中的中间继电器 KM 的触点被粘住时，应防止断路器多次重合于发生永久性故障的一次电路上。采用两种“防跳”措施：

a. KM 采用两对常开触点 3—4、5—6 串联，这样，万一其中一对常开触点被粘住，另一对常开触点仍能正常工作，不致发生断路器“跳动”现象；

b. 采用防跳继电器 KM1 实现。

（3）ARD 与继电保护装置的配合

如果线路上装设有带时限的过电流保护和电流速断保护，则在线路末端短路时，应该是带时限的过电流保护动作使断路器跳闸，而电流速断保护是不会动的，因为线路末端是速断保护的“死区”。过电流保护使断路器跳闸后，由于 KAR 动作，使断路器重新合闸，如果短路故障是永久性的，则过电流保护又要动作，使断路器再次跳闸。但由于过电流保护带有时限，将使故障存在的时间延长，危害加剧。为减轻危害，缩短故障时间，采取重合闸后加速保护装置动作的措施。即重合闸动作时，启动 KM2。若又合在故障上，KT1 动作，BCJ 得电动作，使断路器未经延时直接跳闸。

### 4.4.4　备用电源自动投入装置（APD）

在对供电可靠性要求较高的变配电所中，通常采用两路及以上的电源进线，或互为备用，或一路为主电源，另一路为备用电源。当主电源线路中发生故障而断电时，需要把备用电源自动投入运行以确保供电可靠，通常采用备用电源自动投入装置（简称 APD）。由于变电所电源进线及主接线的不同，对所采用的 APD 要求和接线也有所不同，如 APD 有采用直流操作电源的，也有采用交流操作电源的。电源进线运行方式有工作电源和备用电源方式，也有互为备用电源方式。

图 4-27 为交流操作双电源互为备用的 APD 回路。当双电源进线互为备用时，要求任一路主工作电源消失时，另一路备用电源自动投入装置动作，双电源进线的两个 APD 接线是相似的。图中断路器采用交流操作的 CT7 型弹簧操动机构。

当 1WL 工作时，2WL 为备用。1QF 在合闸位置。1SA 的触点 5—8、6—7 不通，而 16—13 通。1QF 的辅助触点中常闭断开，常开闭合。2QF 在分闸位置，2SA 的触点 5—8、6—7、16—13 均断开。当 1WL 电源侧因故障而断电时，电压继电器 1KV、2KV 常闭触点闭合，1KT 动作计时，延时后动合触点接通，使 1QF 的跳闸线圈 1YR 通电跳闸。1QF 的触点 1—2 闭合，则 2QF 的合闸线圈 2YO 经 1SA 的触点 16—13、经 1QF 的触点 1—2、4KS 的线圈、2KM 的常闭触点、2QF 的触点 7—8 通电，将 2QF 合上，从而使备用电源 2WL 自动投入，变配电所恢复供电。

同样，当 2WL 为主电源时，发生上述现象后，1WL 也能自动投入。

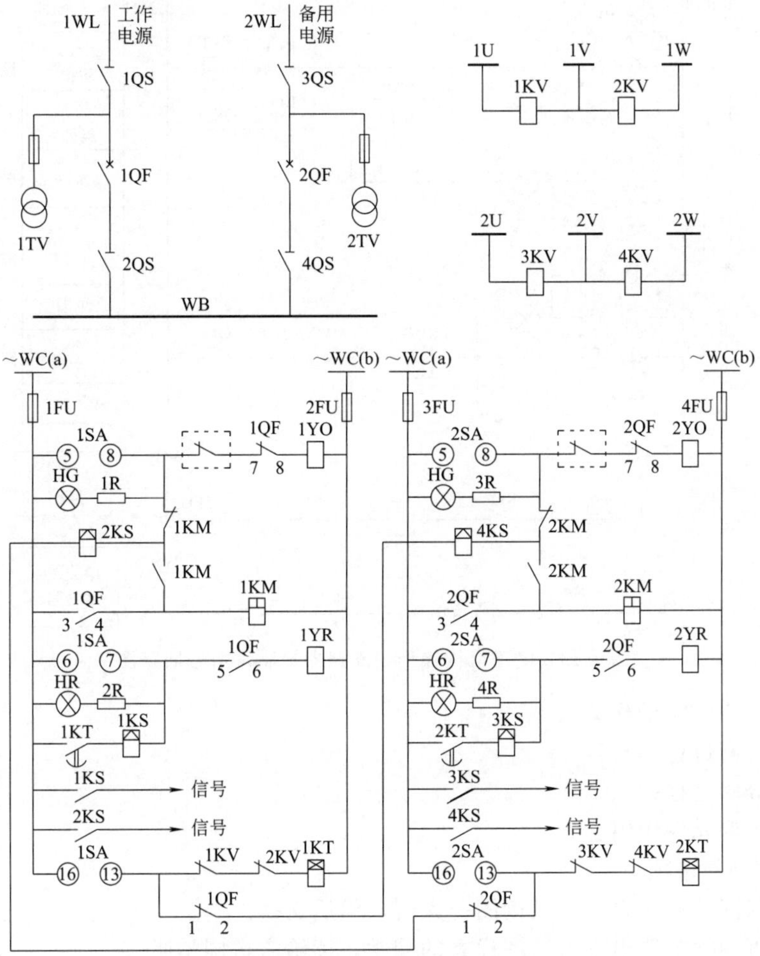


图 4-27 双电源互为备用的 APD 原理接线图

在合闸回路中，虚框内的触点为对方断路器保护回路的出口继电器触点，用于闭锁APD，当1QF因故障跳闸时，2WL线路中的APD合闸回路便被断开，从而保证变配电所内部故障跳闸时，APD不被投入。

**技能训练** 识读电磁机构操作的断路器控制及信号回路图

（1）实训器材

电磁机构操作的断路器控制及信号回路图图纸一张。

（2）实训目标

① 了解控制电路图和信号电路图的结构和内涵。

② 掌握控制电路图和信号电路图的读图方法。

③ 掌握控制电路图和信号电路图中各电气元件的作用。

（3）训练内容及操作步骤

电磁机构操作的断路器控制及信号回路图如图4-28所示，读出图中的电路原理，并完成下列内容：

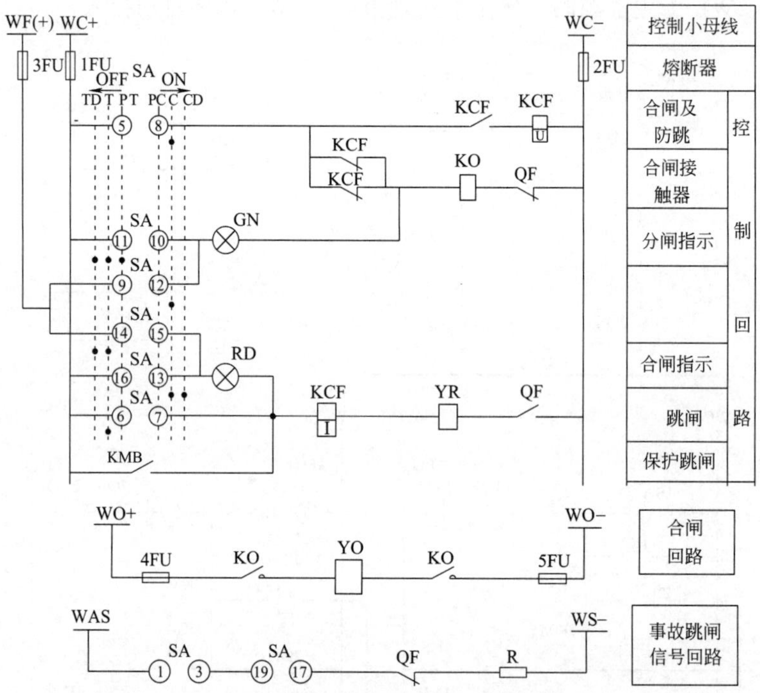


图4-28 电磁机构操作的断路器控制及信号回路图

① 写出回路中字母含义；

② 写出合闸过程；

③ 写出分闸过程；

④ 写出主要元件作用。

（4）训练注意事项

① 每两名同学为一组，一人读图一人听，然后交换。

② 在全班同学中选出三名读图优秀的同学，读给全班同学听。

（5）技能评价

**识读电磁机构操作的断路器控制及信号回路图考核评分记录表**

姓名：＿＿＿＿＿＿＿＿＿＿＿组别：＿＿＿＿＿＿＿＿＿ 考核时间：30分钟

| 序号 | 考核项目 | 考核要点 | 配分 | 评分标准 | 扣分 | 得分 | 备注 |
|---|---|---|---|---|---|---|---|
| 1 | 准备工作 | 控制回路图纸一份，记录纸、笔 | 3 | 少准备一件扣1分 | | | |
| 2 | 写出回路中字母含义 | 写出图纸上 YR、SA、QF、KCF、WF的含义 | 20 | 写错一个扣4分 | | | |
| 3 | 写出合闸过程 | 从控制回路正电源至负电源并清楚QF、SA开关接点状态<br>从合闸回路正电源至负电源 | 30 | 未能讲出合闸过程不得分；讲错1处扣2分；QF开关接点状态不清楚扣5分、SA开关接点状态不清楚扣5分；未能讲出合闸线圈得电情况扣10分 | | | |
| 4 | 写出分闸过程 | 从控制回路正电源至负电源并清楚QF、SA开关接点状态 | 22 | 未能讲出分闸过程不得分；讲错1处扣2分；QF开关接点状态不清楚扣6分，SA开关接点状态不清楚扣6分 | | | |
| 5 | 写出主要元件作用 | 写出 KCF、QF、WF、KO、YO的作用 | 25 | 写错一个扣5分 | | | |
| 6 | 考核时限 | 按规定时间完成 | | 超时停止读图 | | | |
| | 合　计 | | 100 | | | | |

评分员：　　　　　　　　核分员：　　　　　　　　年　月　日

## 【思考与练习】

(1) 常用的直流操作电源有哪几种？各有何特点？

(2) 什么断路器"防跳"？试根据图4-25说明断路器防跳回路的工作原理。

(3) 根据图4-27说明电气一次自动重合闸装置的动作原理。

# 第5章
# 供电系统的运行维护与检修试验

## 5.1 认识变配电所的倒闸操作

**能力目标**

① 掌握一次开关设备的操作方法。
② 掌握变配电所的倒闸操作原则。
③ 进一步熟悉保障安全的组织措施和技术措施。
④ 通过理论学习和技能训练，达到：
a. 熟悉倒闸操作的操作规程；
b. 学会填写操作票和审核操作票；
c. 掌握倒闸操作的流程；
d. 掌握倒闸操作要进行的各项工作。

电气设备由于周期性检查、试验或处理事故等原因，需操作断路器和隔离开关等电气设备，以改变电气设备的运行状态。这种将设备由一种状态转变为另一种状态的过程叫倒闸，倒闸时所进行的操作叫倒闸操作。

倒闸操作是电气值班人员及电工的一项经常性的重要工作，操作人员在进行倒闸操作时，必须严格执行倒闸操作安全规程及相关规章制度。因为在倒闸操作时，稍有疏忽就可能造成严重事故，给人身和设备安全带来危害，铸成难以挽回的损失。

### 5.1.1 变电站倒闸操作安全规程

第一条　倒闸操作必须根据值班调度员或值班负责人命令，受令人复诵无误后执行。发布命令应准确、清晰，使用正规操作术语和设备双重名称（设备名称和调度编号）。发令人使用电话发布命令前，应先和受令人互报姓名。值班调度员发布命令的全过程（包括对方复诵命令）和听取受令人的报告时，都要录音并做好记录。倒闸操作由操作人填写操作票，每张操作票只能填写一个操作任务。

第二条　停电拉闸操作必须按断路器—负荷侧隔离开关—母线侧隔离开关的顺序依次操作，送电合闸操作应按与上述相反的顺序进行。严防带负荷拉合隔离开关。

手车式断路器停电拉闸操作应按断路器—手车的顺序依次进行，送电合闸操作顺序相反。

为防止误操作，高压电气设备都应加装防误操作的闭锁装置（特殊情况下经上级主管部门批准，可加机械锁）。闭锁装置的解锁用具（包括钥匙）应妥善保管，按规定使用，不许乱用。机械锁要一把钥匙开一把锁，钥匙要编号并妥善保管，方便使用。所有投运的闭锁装置（包括机械锁）不经值班调度员或值班负责人同意不得退出或解锁。

第三条 下列项目应填入操作票内：应拉合的断路器和隔离开关；检查断路器和隔离开关的位置；手车式断路器推入备用位置前检查断路器是否处在断开状态；安装接地线（合上接地开关）前验电；装、拆接地线并检查；检查负荷分配；安装或拆除控制回路或电压互感器回路的熔断器；切换保护回路和检验是否确无电压等。

在填写操作票时，操作任务栏应写清设备的双重名称。

第四条 操作票应用钢笔或圆珠笔填写，票面应清楚整洁，不得任意涂改。操作人和监护人应根据模拟图板或接线图核对所填写的操作项目，并分别签名，然后经值班负责人审核签名。

第五条 倒闸操作必须由两人进行，一人操作，一人监护，并认真执行监护复诵制。其中对设备较为熟悉者作监护人。特别重要和复杂的倒闸操作，由熟练的值班员操作，值班负责人监护。

第六条 发布命令和复诵命令都必须严肃认真，使用正规操作术语，准确清晰。开始操作前，要按操作票填写的顺序逐项在模拟图板上进行核对性模拟预演。每模拟操作完一项，在操作票上此项之前做半勾记号“\”，模拟预演完毕并检查无误后，再进行设备操作。设备操作前应认真核对设备名称、调度编号和位置。操作时必须按操作票填写的顺序逐项操作。每实际操作完一项并检查无误后，在操作票上此项做对应的半勾记号“/”，即填写成记号“∨”。全部操作完毕后进行复查。

第七条 操作中发生疑问时，应立即停止操作并向值班调度员或值班负责人报告，弄清问题后，再进行操作。不准擅自更改操作票，不准随意解除闭锁装置。

第八条 用绝缘棒拉合隔离开关或经传动机构拉合隔离开关和断路器，均应穿绝缘靴，戴绝缘手套。雨天操作室外高压设备时，绝缘棒应有防雨罩。接地网电阻不符合要求的，晴天也应穿绝缘靴。雷电时，禁止进行倒闸操作。

第九条 装卸高压熔断器，应戴护目镜和绝缘手套，必要时使用绝缘夹钳，并站在绝缘垫或绝缘台上。

第十条 断路器遮断容量应满足电网要求。如遮断容量不够，必须将操作机构用墙或金属板与该断路器隔开，并设远方控制，重合闸装置必须停用。

第十一条 电气设备停电后，即使是事故停电，在未拉开有关隔离开关和做好安全措施以前，不得触及设备或进入遮栏，以防突然来电。

第十二条 在发生人身触电事故时，为了解救触电人，可以不经许可，即行断开有关设备的电源，但事后必须立即报告上级。

第十三条 下列各项工作可以不用填写操作票，但要记入运行日志内：①事故处理；②拉合断路器的单一操作；③拉开一组接地刀闸或拆除全站（室）仅有的一组接地线。

第十四条 操作票应先编号，按照编号顺序使用。执行后的操作票保存 6 个月。

第十五条 操作票填写完毕后应在最后一个操作步骤下加盖“以下空白”章。一个操作任务需填用多页操作票时，操作票上还应加盖“承上页”“转下页”章。作废的操作票，应在操作任务栏内加盖“作废”章，并在备注栏内注明作废原因。已执行的操作票加盖“已执行”章。

### 5.1.2 开关设备的操作

（1）断路器的操作

① 断路器不允许现场带负载手动合闸。因为手动合闸速度慢，易产生电弧灼烧触头，从而导致触头损坏。

② 断路器拉合后，应先查看有关的信息装置和测量仪表的指示，判断断路器的位置，而且还应该到现场查看其实际位置。

③ 断路器合闸送电或跳闸后试合，工作人员应远离现场，以免因带故障合闸造成断路器损坏时，发生意外。

④ 拒绝拉闸或保护拒绝跳闸的断路器，不得投入运行或列为备用。

(2) 高压隔离开关的操作

① 手动闭合高压隔离开关时，应迅速果断，但在合到底时不能用力过猛，防止产生的冲击导致合闸过头或损坏支持绝缘子。如果一合上隔离开关就发生电弧，应将开关迅速合上，并严禁往回拉，否则，将会使弧光扩大，导致设备损坏更严重。如果误合了隔离开关，只能用断路器切断回路后，才允许将隔离开关拉开。

② 手动拉开高压隔离开关时，应慢而谨慎，一般按“慢—快—慢”的过程进行操作。刚开始要慢，便于观察有无电弧。如有电弧应立即合上，停止操作，并查明原因。如无电弧，则迅速拉开。当隔离开关快要全部拉开时，反应稍慢些，避免冲击绝缘子。切断空载变压器、小容量的变压器、空载线路和拉开系统环路等时，虽有电弧产生，也应果断而迅速地拉开，促使电弧迅速熄灭。

③ 对于装在三相线路上的单相隔离开关，拉闸时，先拉中相，后拉边相；合闸操作则相反。

④ 隔离开关拉合后，应到现场检查其实际位置；检修后的隔离开关，应保持在断开位置。

⑤ 当高压断路器与高压隔离开关在线路中串联使用时，应按顺序进行倒闸操作，合闸时，先合隔离开关，再合断路器；拉闸时，先拉开断路器，再拉隔离开关。这是因为隔离开关和断路器在结构上的差异：隔离开关在设计时，一般不考虑直接接通或切断负荷电流，所以没有专门的灭弧装置，如果直接接通或切断负荷电流会引起很大的电弧，易烧坏触头，并可能引起事故。而断路器具有专门的灭弧装置，所以能直接接通或者切断负荷电流。

### 5.1.3 验电操作

为了保证倒闸过程安全顺利地进行，验电操作必不可少。如果忽视这一步，可能会造成带电挂地线、相与相短路等故障，从而造成经济损失和人身伤害等事故。

(1) 验电的准备

验电前，必须根据所检验的系统电压等级来选择与电压相配的验电器。切忌“高就低”或“低就高”。为了保证验电结果的正确，有必要先在有电设备上检查验电器，确认验电器良好。如果是高压验电，操作人员必须戴绝缘手套。

(2) 验电的操作

① 一般验电，不必直接接触带电导体，验电器只要靠近导体一定距离，就会发光（或有声光报警），而且距离越近，亮度（或声音）就越强。

② 对架构比较高的室外设备，须借助绝缘拉杆验电。如果绝缘杆勾住或顶着导体，即使有电也不会有火花和放电声。为了保证观察到有电现象，绝缘拉杆与导体应保持虚接或在导体表面来回蹭，如果设备有电，就会产生火花和放电声。

### 5.1.4 装设接地线

验明设备已不带电后，应立即安装临时接地线，将停电设备的剩余电荷导入大地，以防止突然来电或感应电压。接地线是电气检修人员的安全线和生命线。

(1) 接地线的装设位置

① 对于可能送电到停电检修设备的各方面均要安装接地线。如变压器检修时，高低压侧均要挂地线。

② 停电设备可能产生感应电压的地方，应挂地线。

③ 检修母线时，母线长度在10m及以下，可装设一组接地线。

④ 在电气设备上不相连接的几个检修部位，如隔离开关、断路器分成的几段，各段应分别验电后进行接地短路。

⑤ 在室内，短路端应装在装置导电部分的规定地点，接地端应装在接地网的接头上。

（2）接地线的装设方法

必须由两人进行，一人操作，一人监护。装设时，应先检查地线，然后将良好的接地线接到接地网的接头上。

### 5.1.5 倒闸操作实例

执行某一操作任务时，首先要掌握电气接线的运行方式、保护的配置、电源及负荷的功率分布情况等，然后依据命令的内容填写操作票。操作项目要全面，顺序要合理，以保证操作的正确、安全。

例如：某6kV/0.4kV变配电所的电气系统图如图5-1所示，试完成该变电所的部分倒闸操作。

（1）1＃配电变压器的停电操作票

正常运行方式：1＃、2＃配电变压器分列运行，6kVⅠ段通过1＃配电变压器供380VⅠ段，6kVⅡ段通过2＃配电变压器供380VⅡ段；断路器6J30、QF3处于断开状态，隔离开关QS63、QS64、QS31、QS32处于合闸位置（断路器6J30、QF3处于热备状态）；如果某条6kV进线故障停电，6J30会自动合上；如果1号配电变压器或2号配电变压器中一台故障停电，断开停电的一台变压器二次侧出线断路器后，QF3会自动合上。

设1＃配电变压器要停电检修，填写1＃配电变压器停电倒闸操作票，其停电操作票内容的填写详见表5-1。

操作完成后，380V Ⅰ段由380V Ⅱ段通过断路器母联QF3供电。

（2）1＃配电变压器的送电操作票

1＃配电变压器检修完成后要送电，使1、2号配电变压器分列运行，恢复正常运行方式。填写1＃配电变压器送电倒闸操作票，其送电操作票内容的填写详见表5-2。

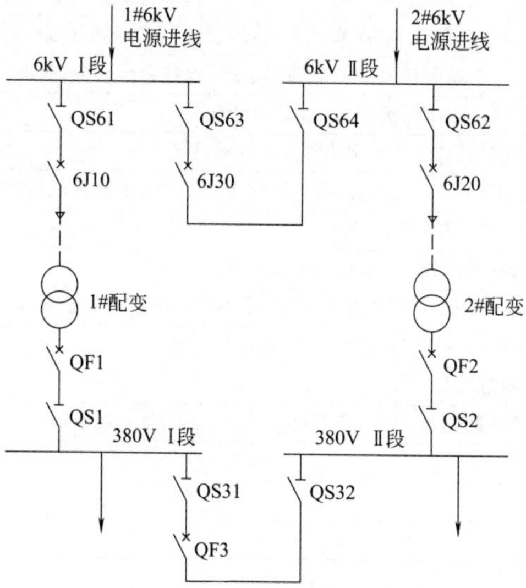


图5-1 某6kV/0.4kV变配电所电气系统图

**表 5-1 变电所停电倒闸操作票**

单位：______________变电所______________________________ 编号：________

| 发令人 | | 受令人 | | 发令时间 | 年 月 日 时 分 |
|---|---|---|---|---|---|
| 操作开始时间： 年 月 日 时 分 | | | | 操作结束时间： 年 月 日 时 分 | |
| 操作任务：1#配电变压器停电 | | | | | |

| | 顺序 | 操 作 项 目 |
|---|---|---|
| | 1 | 合上 6kV 母联断路器 6J30，检查确已合上 |
| | 2 | 合上 380V 母联断路器 QF3，检查确已合上（变压器并列运行） |
| | 3 | 断开断路器 QF1，检查确已断开 |
| | 4 | 断开断路器 6J10，检查确已断开 |
| | 5 | 断开隔离开关 QS1，检查确已断开 |
| | 6 | 断开隔离开关 QS61，检查确已断开 |
| | 7 | 断开 6kV 母联断路器 6J30，检查确已断开 |
| | 8 | 在 QS61、QS1 隔离开关手柄上分别悬挂"禁止合闸、有人工作"标示牌 |
| | 9 | 在 6J10 断路器至 1#配电变压器之间三相验电确无电压 |
| | 10 | 在 6J10 断路器至 1#配电变压器之间装设 1 号接地线一组 |
| | 11 | 在 QF1 断路器至 1#配电变压器之间三相验电确无电压 |
| | 12 | 在 QF1 断路器至 1#配电变压器之间装设 2 号接地线一组 |
| | 13 | 取下断路器 6J10、QF1 的操作保险 |
| | 14 | 全面检查 |
| | | 以下空白（章） |

备注： 已执行章

操作人： 监护人： 值班长：

**表 5-2 变电所送电倒闸操作票**

单位：______________变电所______________________________ 编号：________

| 发令人 | | 受令人 | | 发令时间 | 年 月 日 时 分 |
|---|---|---|---|---|---|
| 操作开始时间： 年 月 日 时 分 | | | | 操作结束时间： 年 月 日 时 分 | |
| 操作任务：1#配电变压器送电 | | | | | |

| | 顺序 | 操 作 项 目 |
|---|---|---|
| | 1 | 拆除 1#配电变压器一、二次侧的两组接地线（1、2 号接地线），检查确已拆除 |
| | 2 | 取下 QS61、QS1 隔离开关手柄上的标示牌，检查确已取下，收回 1#变压器检修操作票 |
| | 3 | 依次合上 QS61、QS1 隔离开关，检查确已合上 |
| | 4 | 装上断路器 6J10、QF1 的操作保险，检查确已装上 |
| | 5 | 合上断路器 6J10 的合闸保险，合上断路器 6J10（变压器带电）检查已合上 |
| | 6 | 拉断断路器 6J10 的合闸保险 |
| | 7 | 合上 6kV 母联断路器 6J30，检查确已合上 |
| | 8 | 在断路器 QF1 主触头两端用万用表进行核相，确定相序正确 |
| | 9 | 合上断路器 QF1，检查确已合上（变压器并列运行） |
| | 10 | 断开 380V 母联断路器 QF3，检查确已断开 |
| | 11 | 断开 6kV 母联断路器 6J30，检查确已断开（变压器分列运行） |
| | 12 | 全面检查 |
| | | 以下空白（章） |

备注： 已执行章

操作人： 监护人： 值班长：

## 技能训练 模拟 6kV 线路停电检修倒闸操作

（1）实训器材

① 某 6kV/0.4kV 变电所的电气系统图图纸一张。

② 空白操作票一本。

（2）实训目标

① 熟悉倒闸操作的操作规程。

② 学会填写操作票和审核操作票。

③ 掌握倒闸操作的流程。

④ 掌握倒闸操作要进行的各项工作。

（3）训练内容及操作步骤

某 6kV/0.4kV 变电所的电气系统图如图 5-1 所示，试完成模拟 6kV 线路停电检修的倒闸操作。

① 熟悉操作程序。

② 填写操作票。

③ 审核操作票。

④ 接受调度命令并复诵调度命令。

⑤ 模拟操作（先在模拟图上预演，然后再验电，布置安全措施，完成各项模拟操作任务）。

⑥ 向调度汇报。

（4）训练注意事项

模拟操作时，四名同学为一组，一人进行模拟操作，一人担任监护，另外两人听，然后交换，轮流进行。

（5）技能评价

（下列模拟倒闸操作操作技能考核评分记录表，是按照实际操作的评分来设定的，对于不能通过模拟操作完成的项目，打满分，不扣分）。

**模拟 6kV 线路停电检修倒闸操作操作技能考核评分记录表**

姓名：________________ 工位号：____________ 考核时间：30 分钟

| 序号 | 考核内容 | 评分要素 | 配分 | 评分标准 | 扣分 | 得分 | 备注 |
|---|---|---|---|---|---|---|---|
| 1 | 准备工作 | 验电器、接地线、标示牌准备齐全 | 3 | 少选择一件扣 1 分 | | | |
| 2 | 填写操作票 | 票面要求 | 10 | 涂改一处扣 1 分；术语错误，每处扣 2 分；双重名称填写错误，每处扣 2 分 | | | |
| | | 按顺序填写 | 10 | 操作项目并项，每处扣 5 分<br>多项、漏项或填写错误扣 3 分 | | | |
| 3 | 审核 | 对照接线图审核 | 5 | 未对照接线图逐项审核操作票扣 5 分 | | | |
| 4 | 接受调度命令 | 接受调度操作命令 | 6 | 未互通姓名扣 1 分；未记录票令号扣 1 分；未记录受令时间、操作时间各扣 1 分；未复诵、未录音各扣 1 分 | | | |

续表

| 序号 | 考核内容 | 评分要素 | 配分 | 评分标准 | 扣分 | 得分 | 备注 |
|---|---|---|---|---|---|---|---|
| 5 | 模拟操作 | 在模拟图上模拟预演 | 4 | 未在模拟图上预演此项不得分；未高声复诵扣2分；未逐项模拟扣2分 | | | |
| 6 | | 检查、佩戴安全防护用具 | 10 | 未检查安全护具扣4分；少佩戴防护用具一件扣2分 | | | |
| | | 按操作票逐项操作 | 10 | 未执行唱票复诵制扣2分；未核对设备双重名称扣2分；漏一项扣5分 | | | |
| | | 操作要求 | 5 | 未检查操作结果扣3分； | | | |
| 7 | | 选择使用验电器 | 5 | 验电器选错扣5分；未检查验电器扣3分 | | | |
| | | 验电要求 | 7 | 未在有电设备上试验验电器扣2分；手握验电器不在安全护环之下扣2分；未进行三相验电扣3分；验电位置错误此项不得分 | | | |
| | | 装设接地线 | 13 | 装设地线顺序错误此项不得分；装设地线前未放电扣3分；地线编号与操作票不相符扣1分；装接地线缠绕一处扣1分；接地线触碰人体扣3分；接地线未与设备接触良好扣2分 | | | |
| | | 装设遮栏及标示牌 | 5 | 遮栏不符合规程扣1分；悬挂标示牌错误，每处扣2分；漏挂一处标示牌扣2分 | | | |
| 8 | 汇报调度 | 按标准完成票面后汇报调度 | 7 | 未盖“已执行”印章扣1分；未填写操作完成时间扣2分；未打封线扣2分；未汇报调度扣2分 | | | |
| 9 | 清理现场 | 清理现场 | | 未清理操作现场从总分中扣5分 | | | |
| 10 | 安全文明操作 | 按国家颁发或企业有关安全规程进行 | | 违反操作规程一次从总分中扣5分；严重违规停止操作 | | | |
| 11 | 考试时限 | 按规定时间完成 | | 超时停止操作 | | | |
| | | 合　计 | 100 | | | | |

评分员：　　　　　　　　　　核分员：　　　　　　　　　　年　　月　　日

## 【思考与练习】

(1) 为什么不允许现场对断路器带负载手动合闸？

(2) 为什么手动拉开高压隔离开关时，应该按“慢—快—慢”的过程进行操作？

(3) 对于装在三相线路上的单相隔离开关，拉闸时应如何操作？

(4) 高压断路器与高压隔离开关在线路中串联时，说出合闸和分闸时的操作顺序。

(5) 高低压验电器能混用吗？为什么？

(6) 为什么已经进行了停电操作的设备，还要再进行验电？

## 5.2 电力变压器的运行维护

**能力目标**

① 进一步熟悉变压器的结构。
② 掌握变压器巡视检查项目。
③ 熟悉变压器的运行维护知识。
④ 掌握变压器的故障处理方法。

### 5.2.1 变压器的运行监测和检查

电力变压器是变电所内最关键的设备，做好变压器的运行维护工作是十分重要的。

在有人值班的变电所内，值班人员应根据控制盘或开关柜上的仪表信号来监视变压器的运行情况，并每小时抄表一次。每天至少对变压器检查一次，每周进行一次夜间检查。如果变压器经常过负荷运行，则至少每半小时抄表一次，以达到随时监控变压器的运行情况。安装在变压器上的温度计，也应在每次巡视时检视和记录。

无人值班的变电所，应于每次定期巡视时，记录变压器的电压、电流和上层油温等。变压器容量大于315kV·A的，每月至少检查一次；容量在315kV·A及以下的，可2个月检查一次。另外，根据现场的具体情况，特别是在气候骤变时，应适当增加检查次数。

要经常监视变压器电源电压的变化范围，其变化范围应在±5%额定电压以内，以确保二次电压质量。如电源电压长期过高或过低，应通过调整变压器的分接开关，使二次电压趋于正常。

要经常监测三相电流的平衡情况。对Y，yn0接线的变压器，其中性线电流不应超过线圈额定电流的25%，超过时应调节每相的负荷，尽量使各相负荷趋于平衡。

### 5.2.2 变压器日常巡视检查项目

变压器应定期进行外部巡视检查。检查的内容如下。

① 检查油枕及瓦斯继电器的油位和油色，检查各密封处有无渗油和漏油现象。油面过高，可能是冷却装置运行不正常或变压器内部故障等所引起。油面过低，可能有渗油、漏油现象。此时均应及时处理。要注意油位表上面通气孔阻塞时会造成假油位。变压器油正常时应为透明、略带浅黄色。如果油色变深变暗，则说明油质变坏。

② 检查变压器的油色。一般变压器油每年应进行一次滤油处理，以保证变压器油在正常状态下运行。

③ 检查变压器上层油温及温升是否超过允许值。油浸变压器的上层油温一般不应超过85℃，最高不应超过95℃；温升一般不应超过45℃，最高不应超过55℃。运行中要以上层油温为准，温升是参考数字。油温过高，可能是变压器过负荷引起，也可能是变压器内部故障。应特别注意以下不正常情况：

a. 上层油温或温升超过规定值；

b. 在变压器负载不变或变化很小时，油温不断上升（自然冷却状态新投入的变压器除外）；

c. 在负载和冷却介质温度相似的情况下，油温较以前所测数值明显上升。

④ 检查变压器的声音是否正常。变压器的正常声音应是均匀的“嗡嗡”声，如声音较平常沉重，说明变压器过负荷，如声音尖锐，说明电源电压过高。

⑤ 检查瓷套管是否清洁，有无破损裂纹和放电痕迹；高低压引线接头螺栓是否紧固，有无接触不良和发热现象。

⑥ 检查安全气道的防爆膜是否完整无损；检查吸湿器是否畅通，吸湿剂（硅胶）是否已吸湿饱和（超过 2/3 的颜色变黄或浅红为吸湿饱和）。

⑦ 检查变压器的接地装置是否完好。

⑧ 检查变压器冷却、通风装置是否正常。

⑨ 检查变压器及其周围有无其他影响其安全运行的异物（如易燃、易爆和腐蚀性物品等）和异常现象。

在检查中发现的异常情况，应记入专用记录本内；重要情况应及时汇报，请示处理。

### 5.2.3 变压器运行中的故障分析及处理

（1）变压器声音异常的分析及处理

变压器运行时，交变电流通过绕组，便在铁芯中产生交变磁场，由交变磁场引起的电磁力会使铁芯振动而发出轻微的“嗡嗡”声，这是正常的。如果出现不均匀的其他声音，则属不正常现象。

① 变压器空载合闸时，由于产生很大的励磁涌流，会在短时间内引起较大的“嗡嗡”声。

② 若变压器的声音连续均匀，但比平时增大，而且变压器上层油温也有所上升，运行人员可查看功率表、电流表，一般是变压器过负荷所致。

③ 变压器检修后，如果铁芯夹紧螺栓未拧紧，“嗡嗡”声比检修前会明显增大；如果铁芯接地不良或忘了接地，会听到有明显的放电声；如果用听诊器听到“叮当叮当”的金属撞击声，可能有铁质垫圈、螺母等杂物掉在变压器油箱内。

④ 大雾天、下雪天和细雨天，由于空气潮湿，可能在套管处听到“嘶嘶”的放电声，在夜间还能看到明显的蓝色小火花。这种异声一般不需特殊处理，天晴后能自行消失。有时，由于固定瓷套管的压板或压块接地不良，也可能在套管边缘与压板或压块间产生蓝色小火花，同时可听到放电声。如果这种异声在晴天也有，则需要处理。

⑤ 当运行中的变压器发出很大而且不均匀的响声，夹有爆裂和“咕噜”声，这是由于变压器内局部（层间、匝间）绝缘击穿，引线对外壳、引线对铁芯和引线之间局部放电造成的。另外，分接开关接触不良引起火花，也会有类似声音。这种异声应引起特别注意，及时进行缺陷登记并向生产主管反映，要求检查处理，防止扩大事故。

⑥ 变压器的温度计或控制信号线的金属软管与箱壁、散热器发生碰撞，风扇电动机固定不好，风扇叶片固定不好或有裂纹，都可能产生不正常的响声。这些异声在变压器附近可明显听到，通过直观检查也较容易发现。

运行人员发现变压器有异声时，除观察有关仪表指示外，还应用手摸或用半导体点温计检查各部位的温度，用听诊器听四周的声音并观察油温、油位和油色的变化情况，查看变压器保护装置动作情况，综合分析判断产生异常声音的原因。

（2）变压器温度异常的分析及处理

当变压器在正常运行中温度不断升高，应做如下检查：

① 检查变压器的负荷及冷却介质的温度，与以往同样负荷及冷却介质相比较；

② 对新安装或大修后新投运的变压器检查散热器的阀门是否打开，冷却装置是否正常；

③ 检查温度计本身是否失灵。

若以上三项正常，油温比同样条件下高出 10℃，且还继续上升，则可断定为变压器内部故障。常见的内部故障有如下几种。

① 分接开关接触不良　分接开关是变压器内部唯一的可动部件，可能因接触不良而使接触电阻增加，损耗增大，产生局部发热。

② 绕组匝间短路　即相邻几个线匝之间绝缘损坏，使线匝间产生金属性接触而形成短路环流，同时使该相绕组的匝数减少，短路环路内的短路电流会使绕组局部产生高温，严重时，可能烧坏变压器。当有匝间短路存在时，一般发热厉害，油温上升，轻瓦斯保护可能动作，在变压器旁用听诊器可听到像油沸腾一样的"咕噜"响声。

③ 铁芯的硅钢片间存在短路　如由于外力损伤或检修插片时不小心，可能使硅钢片之间的绝缘损坏而形成短路，造成较大涡流，引起铁芯局部过热，严重时会使硅钢片熔伤。

此外，还有绕组内部连接的焊接不良，引线和绕组的焊接不良，引线与导管中导杆的螺母连接不良等造成的接头发热；压环螺钉绝缘损坏或压环碰铁芯造成环流等引起过热。

为了及时发现并防止扩大变压器局部高温故障，在运行维护上，要经常监视变压器的油温，听变压器声音。轻瓦斯保护动作后要引起注意，加强巡视检查，应尽量避免变压器长期过负载运行。

(3) 变压器油位异常的分析及处理

① 油位异常　变压器油枕的油位表，一般标有 30℃、20℃、40℃三条线，它是标志变压器未投入运行前不同油温时的三个油面标志，根据这三个标志可以判断是否需要加油或放油。运行中变压器温度的变化会使油体积变化，从而引起油位上下移动。

常见的油位异常有假油位和油面过低两种。运行中的变压器如发生防爆管通气堵塞、油标管堵塞和油枕呼吸器堵塞等故障，则在负荷温度变化正常时油标管内的油位就会变化不正常或不变，这些现象称假油位。油面过低，是由变压器严重渗漏或大量跑油，或多次放油后未做补充，原来油量不足又遇温度骤降等原因造成。变压器严重缺油时，内部的铁芯、线圈就可能暴露在空气中，使绝缘受潮，同时露在空气中的部分线圈因无油循环散热，导致散热不良而引起损坏事故。配有瓦斯保护的变压器，瓦斯继电器装设在油枕下方，当油位降到一定程度时还会发生轻、重瓦斯保护动作。

② 油位指示看不见油位的处理　无论因渗漏油、放油未补充，还是因气温急剧下降等诸因素造成油位指示器看不到油位，都应将变压器退出运行，速报有关领导及进行缺陷登记，请示检查及补油。

(4) 变压器外表异常的分析及故障处理

① 外表异常　主变一般多置于室外，由于长期通电带负荷运行和自然条件的影响，会使变压器外表发生下列变化。

a. 渗油、漏油是变压器最常见的外表异常现象　由于变压器本体充满油，各连接部位中间夹有胶垫以防渗漏油，长时间的运行会使胶垫老化龟裂，从而引起渗油。当然螺钉松动或放油阀门关闭不严，制造时有砂眼或焊接质量差，也是渗漏油的主要原因。

b. 套管闪络放电也是变压器常见的外表异常现象　套管闪络放电，多数是因制造中有隐伤或安装中发生轻微碰伤，套管表面落有导电尘埃，系统出现内、外过电压等引起。套管闪络放电，会造成发热，导致老化，引起套管接地或爆炸。

c. 有时还会发生防爆管玻璃破损的现象　这主要是由于内部发生短路故障、更换防爆管玻璃时螺钉拧得太紧、法兰盘表面不平整和呼吸器堵塞等原因造成。当油枕呼吸器堵塞后，油枕内上部空气压力发生变化，引起防爆管玻璃破损，这样水蒸气和潮湿空气将进入变压器，引起绝缘物受潮。

d. 为了保证变压器油枕内上部空气压力与外部压力平衡，变压器均装有呼吸器。呼吸器下端玻璃筒内装有变色硅胶，其目的是为了便于运行人员监视。正常情况下变色硅胶呈浅蓝色，若其变成粉红色时，说明它已不具备吸潮性能，应予以更换。

e. 在无月光和阴雨天晚上，有时还会发现套管与引线夹处发红。这是由于连接部位螺钉松动，接触面氧化严重，使接头过热。一般规定接头连接部位温度不宜超过 70℃，可用示温蜡片试验，有条件也可以用红外线测温仪测量。

② 事故处理　在运行中若发现上述几种外表异常，轻者向相关领导汇报，加强监视，进行缺陷登记；严重者应请示停用变压器，等候处理。对下列 6 种特别严重的故障，可先停下运行变压器，再立即向调度及相关领导汇报。

a. 防爆玻璃破碎向外喷油　变压器顶盖上部设有防爆装置，用来将变压器运行中产生的、不能承受的高压气体及时泄放。运行中的变压器，一旦发现防爆玻璃破碎向外喷油，应立即将其退出运行。这种情况产生的原因是变压器内部有急剧放出大量热量的部位，如绕组击穿短路、分接开关严重接触不良和起弧发热，使变压器油受热急剧分解出大量气体所引起。

b. 变压器的套管一旦发生严重破损并引起放电，则认为该变压器已经失去了正常运行的功能，应立即退出运行。

c. 变压器着火　当发现电力变压器着火时，值班人员应该立即拉开各侧电源断路器，拉开隔离开关，拉开操动信号电源，停止冷却器及动力电源。如顶部流油着火，则打开放油阀放油至流油口以下并将油引入储油坑内，采取措施防止再燃。

变压器火灾的扑灭，应使用 1211 灭火剂（卤代烷灭火剂）以及干粉等不导电灭火剂。在不得已的情况下，可使用砂子灭变压器上的火。

为防止从变压器流出的油着火，变压器油坑内应放卵石，以起到降温散流的作用。

d. 变压器内部响声很大，有爆炸声，很不正常。

e. 在正常冷却条件下，上层油温达 95℃以上时。

f. 油色变化过甚。

（5）变压器瓦斯保护动作后的处理

主变压器一般装有差动保护、重瓦斯保护、复合电压启动的过电流保护以及轻瓦斯保护等。其中主保护为差动保护和重瓦斯保护，复合电压启动过电流保护作为主变压器的后备保护，这三套保护动作均自动跳闸。因此，运行人员应尽快根据掉牌指示，查明何种保护动作，同时立即向技术负责人汇报。

变压器运行中发生局部发热和绝缘损坏，首先表现出的是油气分解的异常，即油在局部高温作用下分解或蒸发为气体，逐渐集聚在变压器顶盖上端及瓦斯继电器内。由于故障性质和严重程度不同，产气的速度和产气量大小不同，气体继电器的动作情况也不相同。为主变压器设置的瓦斯保护有两种功能：第一，轻瓦斯保护，保护动作时仅发出信号报警；第二，重瓦斯保护，保护动作时不仅发出信号，同时主变压器各侧断路器自动跳闸，主变压器退出运行。

① 轻瓦斯动作后的处理　轻瓦斯动作发出信号报警后，值班人员应首先停止音响信号（一般音响信号能自动停止），检查气体继电器里气体的性质，从颜色、气味和可燃性判断是否发生故障，可参照表 5-3 进行。

**表 5-3　气体继电器的气体性质与故障性质的关系**

| 序号 | 气体性质 | 故障情况 | 故障处理 |
|---|---|---|---|
| 1 | 无色，无味，不可燃 | 变压器内有空气 | 排出绝缘油中的空气 |
| 2 | 黄色，不易燃 | 木质制件烧毁 | 停电检查 |
| 3 | 灰白色，有臭味，可燃 | 纸质制件烧毁 | 立即停电检查 |
| 4 | 灰色，黑色，易燃 | 绝缘油碳化 | 接触不良或变压器局部过热 |

a. 非变压器原因，如因进行滤油、加油而使空气进入变压器；因温度下降或漏油使油面缓慢低落；因外部穿越性短路电流的影响；二次回路中直流回路绝缘破坏或触点劣化等引起的误动作。如确定为非主变压器故障原因引起动作，在信号复归后，变压器可继续运行。

b. 变压器轻微故障而产生少量气体，则复归信号后应向单位技术主管汇报并进行缺陷登记。确认为变压器内部故障时，应将变压器退出运行并进行必要的检查。

② 重瓦斯保护动作后的处理

a. 重瓦斯保护动作原因分析　运行中的变压器发生瓦斯保护动作跳闸，可能由于变压器发生严重故障，油面剧烈下降或保护装置二次回路故障；也可能是检修后充油速度快，静止时间短，油中空气分离后，使重瓦斯保护动作于跳闸。

b. 重瓦斯保护动作处理步骤　发生瓦斯信号后，首先停止音响信号而保留光字牌信号，确认是哪一台主变瓦斯动作跳闸后按以下步骤进行：

• 对变压器外部进行全面检查，有无严重漏油、喷油现象；

• 收集气体继电器内的气体，并根据气体多少、颜色、气味和可燃性等来判断其性质，可参照表5-3［检查气体是否可燃时，可打开继电器顶盖上的放气栓，对气体进行可燃性试验，可燃时，有明亮的火焰（须注意火苗应距栓口5～8 cm，以免吹熄火苗）］；

• 检查二次回路是否瓦斯保护误动；

• 测量变压器绝缘电阻；

经上述几步尚无法判明变压器故障性质时，应立即进行气相色谱分析并进行必要的测试，保护好事故现场，为事故调查分析提供依据；查明原因后，由检修人员进行处理；如判明确是重瓦斯保护误动作后，可暂停用重瓦斯保护，但恢复送电时，差动保护必须投入运行。

注意：主变压器发生重瓦斯跳闸动作后，不经详细检查、测量，原因不明者，不得投入运行。

③ 变压器油质气相色谱分析　正常情况下变压器油及有机绝缘材料在热和电的作用下，会逐渐老化和分解，产生少量的低分子烃类及$CO_2$、CO等气体，这些气体大部分溶解在油中。当存在潜伏性过热或放电故障时，会加快这些气体的产生速度。随着故障的发展，分解出的气体形成的气泡在油里对流、扩散并不断溶解在油中，当产气速度大于溶解速度时，会有一部分气体进入气体继电器。故障气体的成分和含量与故障的类型及故障的严重程度有密切关系，因此，分析溶解于油中的气体，能尽早发现设备内存在的潜伏性故障，可随时掌握故障的发展情况。

（6）变压器差动保护动作后的处理

当主变压器各侧差动电流互感器之间一次部分发生故障（如主变压器绕组相间短路、单相严重的匝间短路和出线引出线间的相间短路）时，差动保护动作跳闸将其退出运行，以减轻故障变压器损坏程度。

主变压器差动保护是按循环电流原理设计的，而瓦斯保护是根据变压器内部故障时会产生和分解气体这一特点设计的，它们都作为主变压器的主保护，相互配合来完成保护主变压器的任务。运行经验证明，在变压器出现故障（除不严重的匝间短路）时，纵联差动保护和瓦斯保护都能反映出来。

变压器纵联差动保护动作，跳开主变压器各侧断路器，运行人员在拉开主变压器各侧断路器和隔离开关后，应重点检查以下几项：

① 变压器套管是否完整，连接变压器的母线上是否有闪络的痕迹，或者连接变压器的电缆是否有移动现象；

② 对变压器差动保护区范围内的所有一次设备（即变压器高压侧及低压侧断路器之间的所有设备、引线和铝线等）进行检查，以便发现在差动保护区内有无异常。

经上述检查没有结果时，有以下几种情况需要考虑：

① 进一步查明是否主变压器内部故障，检查的方法和步骤可参考变压器重瓦斯保护动作的处理；

② 检查差动保护的二次回路，差动保护的动作与电流互感器极性、接线方式有密切的联系，若二次回路刚经过检修，或互感器的一侧动过，那么这种可能性比较大；

③ 差动保护的整定值也应检查；

④ 有些差动保护装置在保护以外发生短路时，也有可能误动作。

将该变压器空载合闸试送电，合闸后，经检查正常时，方可带负荷运行。

(7) 变压器后备保护动作后的处理

主变压器除两套主保护外，一般均装有复合电压启动的过电流保护作为主保护的后备保护。当后备保护动作跳闸时，运行人员在解除音响后，详细检查有无越级跳闸动作的可能，即检查出线断路器保护装置动作情况，各信号继电器是否掉牌，断路器操动机构是否卡死等，当然这种情况的分析要根据变电站主接线的运行方式，一般线路有故障时常会出现。在排除上述情况后，则要考虑本变电站主变压器低压侧母线、电缆或其他电气设备是否短路及运行人员误碰等误动作的可能。在查明原因、确认无误的情况下，运行人员经技术领导同意，方可将变压器投入运行。

**技能训练** 巡视检查变压器

(1) 实训器材

运行中的变压器一台（可借助学校附近地区的变电所中正在运行的变压器）。

(2) 实训目标

① 进一步熟悉变压器的外部结构。

② 掌握变压器巡视检查项目及内容。

③ 熟悉变压器的运行维护常识。

(3) 训练内容及操作步骤

① 先熟悉巡视要求。

② 检查变压器本体运行情况。

③ 检查变压器附属设备运行情况。

④ 填写检查记录。

⑤ 如发现变压器运行不正常，应及时报告，以便及时处理。

(4) 训练注意事项

① 四名同学为一组，共同完成实训内容。

② 在变压器周围巡视检查时，当心触电。

(5) 技能评价

## 巡视检查变压器技能考核评分记录表

姓名：＿＿＿＿＿＿＿＿＿＿＿＿＿＿级别：＿＿＿＿＿＿＿＿＿＿　　　　考核时间：20 分钟

| 序号 | 考核内容 | 评分要素 | 配分 | 评分标准 | 扣分 | 得分 | 备注 |
|---|---|---|---|---|---|---|---|
| 1 | 检查变压器负荷运行情况 | 检查电压 | 5 | 未检查变压器一、二次电压此项不得分 | | | |
| | | 检查电流 | 5 | 未检查变压器一、二次电流此项不得分 | | | |
| 2 | 检查变压器本体运行情况 | 检查温度 | 5 | 未检查变压器本体温度此项不得分；未与远方温度核对扣 3 分 | | | |
| | | 检查声音 | 5 | 未检查变压器声音此项不得分；不会判断声音扣 3 分 | | | |
| | | 检查油箱 | 8 | 未检查油箱外观扣 4 分；未检查油箱接地扣 4 分 | | | |
| | | 检查绝缘油 | 10 | 未检查变压器油枕油标内油位扣 3 分；未检查变压器油枕油标内油色扣 3 分；未检查油位表数值扣 4 分 | | | |
| 3 | 检查变压器附属设备运行情况 | 检查保护装置 | 10 | 未检查硅胶变化情况扣 2 分；未检查呼吸器完好情况扣 2 分；未检查瓦斯继电器扣 3 分；未检查压力释放阀扣 3 分 | | | |
| | | 检查冷却装置 | 8 | 未检查循环管温度扣 2 分；未检查风扇运行状态扣 4 分；未检查冷却装置外观扣 2 分 | | | |
| | | 检查高低压瓷套管 | 4 | 未检查瓷套管外观扣 4 分 | | | |
| | | 检查高低压引线接点 | 8 | 未检查引线接点扣 4 分；未检查接线板固定螺钉扣 4 分 | | | |
| | | 检查铁芯接地 | 7 | 未检查铁芯接地扣 3 分；未检查铁芯接地电流扣 4 分 | | | |
| | | 检查风冷控制箱 | 4 | 未检查风冷控制箱外观扣 2 分；未检查内部接线扣 2 分 | | | |
| 4 | 巡视要求 | 按巡视路线巡视 | 1 | 未按巡回路线逐点逐项巡视扣 1 分 | | | |
| 5 | 检查结果分析及记录填写 | 分析变压器运行状态，发现缺陷及时汇报，并填写相关记录 | 20 | 未分析变压器运行状态扣 5 分；发现缺陷未汇报扣 5 分；发现缺陷未填写相关记录扣 5 分；记录内容填写错误扣 5 分 | | | |
| 6 | 考试时限 | 在规定时间内完成 | | 超时停止考试 | | | |
| 合　计 | | | 100 | | | | |

评分员：　　　　　　　　　　核分员：　　　　　　　　　　年　月　日

## 5.3 配电装置、电力线路的运行维护

能力目标

① 掌握变配电系统中主要高压电气设备的运行维护内容及方法。
② 掌握变配电系统中成套配电装置的运行维护内容及方法。
③ 掌握变配电系统中电力线路的运行维护内容及方法。

### 5.3.1 主要电气设备的运行与维护

(1) 高压熔断器的运行与维护

熔断器是一种通过的电流超过规定值时使其熔体熔化而切断电路的保护电器。熔断器的功能主要是对电路及其电气设备进行短路保护，但也有的具有过负荷保护的功能。在 6～35kV 系统中，户内广泛采用 RN1、RN2 型管式熔断器，户外则广泛采用 RW4 型跌落式熔断器。

高压熔断器的运行与维护，主要进行下列工作：

① 在巡视时，要观察熔断器的接触头与熔管金属帽接触是否良好，如果有接触不良等现象，应立即停电检修；

② 在检修熔断器时，要拔下熔管，看触头与熔管是否接触良好，并擦除灰尘后将其装好；

③ 在更换新熔断器时，必须和原来熔断器的规格及型号相同，更换熔体时必须和原来的熔体额定电流相同。

(2) 高压隔离开关的运行与维护

① 隔离开关的触头接触应该良好，不应发热。接点及连接部分最大允许温度为 70℃。一般用变色漆或示温片进行监视（黄、绿、红三种示温片，熔化时分别代表 60℃、70℃、80℃）或用红外测温仪定期巡测。

② 隔离开关的闸刀和静触头不应有脏污、变形、烧痕；弹簧片、弹簧应无锈蚀、疲劳。

③ 绝缘子应完好清洁，无裂纹及放电现象。

④ 检查触头在合闸后是否到位，接触是否良好。

⑤ 检查闭锁装置是否完好，机械闭锁的销子应销牢，辅助触头的位置应正确，并接触良好。

⑥ 各机件应紧固，位置应正确，无歪斜等不正常现象。

⑦ 运行时，应无振动和异常声音。通过的电流不应超过额定值。

(3) 高压负荷开关的运行与维护

高压负荷开关是一种具有简单灭弧装置，能通断一定的负荷电流和过负荷电流，但不能断开短路电流的高压电气设备。

高压负荷开关可以配合高压断路器及热脱扣器使用。在短路时借助熔断器切断短路故障；在过负荷时，热脱扣器动作，使负荷开关自动跳闸。由于负荷开关断开时，与隔离开关一样具有明显的断开点，因此它也有隔离电源、保证安全检修的功能。高压负荷开关的运行与维护，主要进行下列工作：

① 在巡视时，应观察灭弧装置有无闪络、破损和放电现象；

② 触头间接触是否良好，两侧的接触压力是否均匀，有无发热现象，示温片有无熔化；

③ 灭弧触头及喷嘴有无烧损现象；

④ 在几次的空载分、合闸操作中，触头系统和操作机构均应无任何呆滞、卡阻现象；

⑤ 载流部分表面应无锈蚀及发热现象；

⑥ 绝缘子应完好清洁，无裂纹及放电现象。

（4）高压断路器的运行与维护

① 检查断路器各绝缘部分应完好，无损坏和无闪络、放电现象。

② 各导电部位应无发热、变色等现象，查看示温片有无熔化。

③ 检查少油断路器油面是否在标准刻度线之上，油色应正常，无渗漏现象。

④ 检查真空断路器真空室的颜色有无变化，有无裂纹等现象。

⑤ 检查六氟化硫断路器压力表的压力指示是否在规定的范围内。

⑥ 在断路器事故跳闸后，应重点检查断路器有无喷油现象，油色有无变化，是否有沉淀物出现。

⑦ 检查操作机构的分、合闸线圈有无发热等异常现象，以及操作机构的分、合闸指示器的指示与断路器的实际位置是否相符。

（5）互感器的运行与维护

① 电流互感器的运行与维护

a. 电流互感器在运行中二次侧不得开路。如在调换电流表、有功表、无功表时，应先将电流回路短路后再进行表计的调换连接。

b. 为了防止电流互感器在运行中二次侧开路，旋拧电流互感器试验端子的压板时，不要旋得过紧，避免螺扣滑牙，造成开路。

② 电压互感器的运行与维护

a. 电压互感器投入运行后，应测量二次侧电压是否正常。有功表、无功表等指示应正确。

b. 在调换电压互感器二次侧表计前，应特别注意二次侧不能短路。

c. 三相五柱式电压互感器的一次侧装有单极中性点接地刀闸，当系统发生接地短路故障超过 2 小时后，可将该刀闸拉开，要测试时再合上。

d. 当 6～10 kV 无载母线通电时，电压互感器有时因铁磁谐振而使三相电压不平衡，开口三角形的二次绕组两端有电压出现，而使系统接地信号动作。当投入线路负载后，该现象应消失。如果接地信号仍不消失，电压仍不正常，则应按单相接地故障处理。

（6）继电保护装置的运行与维护

① 要定期巡视保护屏、信号装置、闪光装置、绝缘监察装置等的完好情况，发现异常及时处理。

② 继电器外壳有无破损，整定位置是否变动。

③ 继电器触点有无卡死、脱轴、脱焊等情况，经常带电的继电器触点有无大的抖动及磨损，感应型继电器铝盘转动是否正常。

④ 各种音响信号、灯光指示是否正常。

⑤ 保护装置的连接片、切换开关的位置是否与运行要求一致。

⑥ 有无异常声响、发热、冒烟等现象。

### 5.3.2 成套配电装置的运行与维护

（1）一般要求

配电装置应定期进行巡视检查，以便及时发现运行中出现的设备缺陷和故障，如导体接头部分发热、绝缘瓷瓶闪络或破损、油断路器漏油等，并设法采取措施予以消除。

在有人值班的变配电所内，配电装置应每班或每天进行一次外部检查。在无人值班的变配电所内，配电装置应至少每个月检查一次。如遇短路引起开关跳闸或其他特殊情况（如雷击时），应对设备进行特别检查。

(2) 巡视项目

① 由母线及接头的外观或其温度指示装置（如变色漆、示温蜡等）的指示，检查母线及接头的发热温度是否超过允许值。

② 开关电器中所装的绝缘油颜色和油位是否正常，有无漏油现象，油位指示器有无破损。

③ 绝缘瓷瓶是否脏污、破损，有无放电痕迹。

④ 电缆及其接头有无漏油及其他异常现象。

⑤ 熔断器的熔体是否熔断，熔断器有无破损和放电痕迹。

⑥ 二次系统的设备如仪表、继电器等的工作是否正常。

⑦ 接地装置及 PE 线、PEN 线的连接处有无松脱、断线的情况。

⑧ 整个配电装置的运行状态是否符合当时的运行要求。停电检修部分有没有在其电源侧断开的开关操作手柄处悬挂“禁止合闸，有人工作”之类的标示牌，有没有装设必要的临时接地线。

⑨ 高低压配电室及电容器室的通风、照明及安全防火装置等是否正常。

⑩ 配电装置本身和周围有无影响安全运行的异物（如易燃易爆和腐蚀性物品等）和异常现象。

在巡视中发现的异常情况，应记入专用记录簿中，重要情况应及时汇报上级，请示处理。

### 5.3.3 电力线路的运行与维护

(1) 架空线路的运行维护

① 一般要求　架空线路的运行维护工作，主要采取巡视检查的方法。通过巡查，掌握线路运行状况及周围环境的变化，以便及时消除缺陷，预防事故的发生。

对厂区架空线路，应根据工厂环境及线路的重要性，综合确定巡查周期。一般要求每个月进行一次巡视检查。如遇大风、大雨等恶劣气候、自然灾害以及发生故障等特殊情况，应临时增加巡查次数。

② 巡视项目

a. 电杆有无倾斜、变形、腐朽、损坏及基础下沉等现象，如有，应设法修理。

b. 线路沿线的地面是否堆放有易燃、易爆和强腐蚀性物体，如有，应立即设法挪开。

c. 沿线路周围，有无危险建筑物。在雷雨季节和大风季节里，应尽可能保证这些建筑物不致对线路造成损坏。

d. 线路上有无树枝、风筝等悬挂杂物，如有，应设法清除。

e. 拉线和拉线底盘是否完好，绑扎线是否紧固可靠，如有缺陷，应设法修理或更换。

f. 导线的接头是否接触良好，有无过热发红、严重氧化、腐蚀或断脱、绝缘子破损和放电现象，如有，应设法修理或更换。

g. 避雷装置的接地是否良好，接地线有无锈断情况，在雷电季节到来之前，应重点检查，以确保防雷安全。

h. 其他危及线路安全运行的异常情况。

在巡视中发现的异常情况，应记入专用记录本内，重要情况应及时汇报，请示处理。

(2) 电缆线路的运行维护

① 一般要求　电缆线路大多是敷设在地下的，要做好电缆的运行维护工作，就要全面了解电缆的敷设方式、结构布置、线路走向及电缆头位置等。对电缆线路，一般要求每季度巡视检查一次，并应经常监视其负荷大小和发热情况。如遇大雨、洪水及地震等特殊情况及容易发生故障时，应临时增加巡视次数。

② 巡视项目

a. 电缆头及瓷套管有无破损和放电痕迹。对填充有电缆胶（油）的电缆头，还应检查有无漏油溢胶现象。

b. 对明敷电缆，须检查电缆外皮有无锈蚀、损伤，沿线支架或挂钩有无脱落，线路上及附近有无堆放易燃易爆及强腐蚀性物体。

c. 对暗敷及埋地电缆，应检查沿线的盖板和其他保护物是否完好，有无挖掘痕迹，路线标桩是否完整无缺。

d. 电缆沟内有无积水或渗水现象，是否堆有杂物及易燃易爆危险品。

e. 线路上各种接地是否良好，有无松脱、断股和腐蚀现象。

f. 其他危及电缆安全运行的异常情况。

在巡视中发现的异常情况，应记入专用记录本内，重要情况应及时汇报，请示处理。

（3）车间配电线路的运行维护

① 一般要求　要搞好车间配电线路的运行维护工作，必须全面了解车间配电线路的布线情况、结构形式、导线型号规格及配电箱和开关、保护装置的位置等，并了解车间负荷的要求、大小及车间变电所的有关情况。车间配电线路有专职维护电工时，一般要求每周巡视检查一次。

② 巡视项目

a. 检查导线的发热情况。例如，裸母线在正常运行时的最高允许温度一般为 70℃。如果温度过高，将使母线接头处氧化加剧，接触电阻增大，运行情况迅速恶化，最后可能引起接触不良或断线。所以，一般要在母线接头处涂以变色漆或示温蜡，以检查其发热情况。

b. 检查线路的负荷情况。线路的负荷电流不得超过导线的允许载流量，否则导线要过热。对于绝缘导线，导线过热还可能引起火灾。因此，运行维护人员要经常注意线路的负荷情况，一般用钳形电流表来测量线路的负荷电流。

c. 检查配电箱、分线盒，开关、熔断器、母线槽及接地保护装置等的运行情况，着重检查母线接头有无氧化、过热变色和腐蚀等情况，以及接线有无松脱、放电和烧毛的现象，螺栓是否紧固等。

d. 检查线路上和线路周围有无影响线路安全的异常情况。绝对禁止在绝缘导线上悬挂物体，禁止在线路近旁堆放易燃易爆危险品。

e. 对敷设在潮湿、有腐蚀性物质场所的线路和设备，要做定期的绝缘检查，绝缘电阻一般不得低于 0.5MΩ。

在巡视中发现的异常情况，应记入专用记录本内，重要情况应及时向上级汇报，请示处理。

（4）线路运行中突然停电的处理

电力线路在运行中，如突然停电，可按不同情况分别处理。

① 当进线没有电压时，说明是电力系统方面暂时停电。这时总开关不必拉开，但出线开关应全部拉开，以免突然来电时，用电设备同时启动，造成过负荷和电压骤降，影响供电系统的正常运行。

② 当双回路进线中的一回路进线停电时，应立即进行切换操作（又称倒闸操作），将负荷特别是其中重要负荷转移给另一回路进线供电。

③ 厂内架空线路发生故障使开关跳闸时，如开关的断流容量允许，可以试合一次，争取尽快恢复供电。由于架空线路的多数故障是暂时性的，所以多数情况下可能试合成功。如果试合失败，开关再次跳闸，说明架空线路上的故障尚未消除，这时应该对线路故障进行停电隔离检修。

④ 对放射式线路中某一分支线上的故障检查，可采用“分路合闸检查”的方法，将故障范围逐步缩小，找出故障线路，并迅速恢复其他完好线路的供电。

## 技能训练 巡视检查变配电所中的控制盘、保护盘

（1）实训器材

运行中的控制盘、保护盘各一组（可借助变配电所中正在运行的控制盘和保护盘）。

（2）实训目标

① 掌握变配电系统中主要高压电气设备的运行维护内容及方法。

② 掌握变配电系统中成套配电装置的运行维护内容及方法。

③ 掌握变配电系统中电力线路的运行维护内容及方法。

（3）训练内容及操作步骤

① 先熟悉和牢记巡视要求。

② 巡视控制盘。

③ 巡视保护盘。

④ 填写巡视检查记录。

⑤ 如发现变压器运行不正常，应及时报告，以便及时处理。

（4）训练注意事项

① 四名同学为一组，共同完成实训内容。

② 在控制盘、保护盘周围巡视检查时，当心触电，且不能触碰到控制盘、保护盘上的按钮、开关和操作手柄等，以免发生故障。

（5）技能评价

**巡视检查控制盘、保护盘技能考核评分记录表**

姓名：____________ 工位号：____________ 考核时间：10 分钟

| 序号 | 考核内容 | 评分要素 | 配分 | 评分标准 | 扣分 | 得分 | 备注 |
|---|---|---|---|---|---|---|---|
| 1 | 巡视控制盘 | 检查盘面 | 20 | 未检查灯光指示扣 5 分；未检查表计指示扣 5 分；未检查光字信号扣 5 分；未检查开关操作把手位置扣 5 分 | | | |
| | | 检查盘后接线 | 20 | 未检查操作直流保险扣 5 分；未检查盘后接线扣 5 分；未检查端子排扣 5 分；未检查反事故措施扣 5 分 | | | |
| 2 | 巡视保护盘 | 检查继电器 | 20 | 未检查重合闸监视灯扣 5 分；未检查继电器外观扣 5 分；未检查继电器状态扣 5 分；未检查压板扣 5 分 | | | |
| | | 检查盘后接线 | 15 | 未检查盘后接线扣 5 分；未检查端子排扣 5 分；未检查反事故措施扣 5 分 | | | |
| | | 设备标识 | 3 | 未检查单元标识扣 3 分 | | | |
| 3 | 巡视要求 | 按巡视路线，逐点逐项巡视 | 2 | 未按巡视路线巡视设备扣 2 分 | | | |
| 4 | 检查结果分析及记录填写 | 分析控保盘设备运行状态，发现缺陷及时汇报，并填写相关记录 | 20 | 未分析运行状态扣 5 分；发现缺陷未汇报扣 5 分；发现缺陷未填写相关记录扣 5 分；记录内容填写错误扣 5 分 | | | |
| 5 | 考核时限 | 在规定时间内完成 | | 超时停止考试 | | | |
| | | 合　计 | 100 | | | | |

评分员：　　　　　　核分员：　　　　　　年　月　日

# 5.4 电力变压器的检修试验



**能力目标**

① 熟悉变压器的维护检修知识。

② 了解电力变压器的试验内容及实验方法。

### 5.4.1 电力变压器的检修

电力变压器的检修，分大修、小修和临时检修。变压器的大修，是指吊出变压器芯子的检修，小修是指不吊出变压器芯子的检修。规程规定：变压器在投入运行后的5年内及以后每隔5～10年应大修一次，具体时间根据试验结果确定。若变压器没有过负荷运行，则可10年大修一次。变压器在运行中发生了故障，或在预防性试验中发现了问题，也应进行大修。变压器存在内部故障或严重渗漏油时，或其出口短路后经综合诊断分析有必要时，也应进行大修。小修一般是每年一次。但安装在特别污秽地方的变压器，则应根据具体情况决定小修时间。临时检修视具体情况而定。

（1）变压器的大修

变压器的大修，是指变压器的吊芯检修。变压器的大修应尽量安排在室内进行，天气良好（相对湿度不大于75%），且室温应在10℃以上。如在寒冷季节，室温应比室外气温高出10℃以上。室内应清洁干燥，无腐蚀性气体和灰尘。

为防止变压器芯子（器身）吊出后，暴露在空气中时间过长而使绕组受潮，应避免在阴雨天吊芯，而且吊出的芯子暴露在空气中的时间：干燥空气中（相对湿度不大于65%）不超过16小时；湿空气中（相对湿度不大于75%）不超过12小时。

吊芯前，应先对外壳、套管、散热管、防爆管、油枕和放油阀等进行外部检查，然后放油，拆开变压器顶盖，吊出芯子，将芯子放置在平整牢靠的方木上或其他物体上，不得直接放在地上。

接着仔细检查芯子，包括铁芯、绕组、分接开关、接头部分和引出线等有无异常。

对变压器绕组，应根据其色泽和老化程度来判断绝缘的好坏。根据经验，变压器绝缘老化的程度可分四级，如表5-4所示。

**表5-4 变压器绝缘老化的分级**

| 级别 | 绝缘状态 | 说明 |
| --- | --- | --- |
| 1 | 绝缘弹性良好,色泽新鲜均匀 | 绝缘良好 |
| 2 | 绝缘稍硬,但手按时无变形,且不裂纹不脱落,色泽稍暗 | 尚可使用 |
| 3 | 绝缘已经发脆,手挤时有轻微裂纹,但变形不太大,色泽较暗 | 绝缘不可靠,应酌情更换绕组 |
| 4 | 绝缘已碳化发脆,手按时即出现较大裂纹或脱落 | 不能继续使用,应更换 |

对变压器铁芯上及油箱内的油泥，可用铲刀刮除，再用不易脱毛的干布擦干净，最后用变压器油冲洗。对变压器绕组上的油泥，只能用手轻轻剥脱；对绝缘脆弱的绕组，尤其要细心，以防损坏绝缘。擦洗后，用强油流冲洗干净。变压器内的油泥，不可用碱水刷洗，以免碱水冲洗不净时，残留在芯子中影响油质。

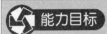

对分接开关，主要是检修其触头表面和接触压力情况。触头表面不应有烧结的疤痕。触头烧损严重时，应予拆换。触头的接触压力应平衡。如果分接开关的弹簧可调，可适当调节触头压力。运行较久的变压器，触头表面往往有氧化膜和污垢。这种情况，轻者可将触头在各个位置上往返切换多次，使氧化膜和污垢自行清除；重者则可用汽油擦洗干净。有时绝缘油的分解物在触头上结成有光泽的薄膜，看似黄铜的光泽，其实是一种绝缘层，应该用丙酮擦洗干净。此外，应检查顶盖开关的标示位置是否与其触头的实际接触位置一致，并检查触头在每一位置的接触是否良好。

对变压器上的所有接头都应检查是否紧固；如松动，应予紧好。对焊接的接头，如有脱焊情况，应予补焊。瓷套管如有破损时，应予更换。

对变压器上的测量仪表、信号和保护装置，也应进行检查和修理，瓦斯继电器二次回路的绝缘电阻应合格。

变压器如有漏油现象，应查明原因。变压器漏油，一般有焊缝漏油和密封漏油两种。焊缝漏油的修补办法是补焊。密封漏油，如属密封垫圈放得不正或压得不紧，则应放正或压紧；如属密封垫圈老化（发黏、开裂）或损坏，则必须更换密封材料。

变压器大修时，应滤油或换油。换的油必须先经过试验，合格的油才能注入变压器。

运行中的变压器大修时一般不必干燥；只有经试验证明受潮，或检修中超过允许暴露时间导致器身绝缘下降时，才需进行干燥。

最后清扫外壳，必要时进行油漆；然后装配还原，并进行规定的试验，合格后即可投入运行。

DL/T 573—1995《电力变压器检修导则》对变压器的检修工艺和质量标准均有明文规定，应予遵循。

（2）变压器的小修

变压器的小修，主要指变压器的外部检修，不需吊芯的检修。变压器小修每年至少一次。安装在特别污秽地区的变压器，应缩短检修周期。

变压器小修的项目包括：

① 消除已发现且就地能消除的缺陷；

② 放出油枕下部的污油；

③ 检修油位计，调整油位；

④ 检修冷却装置，必要时吹扫冷却器管束；

⑤ 检修安全保护装置，包括油枕、防爆管、瓦斯继电器等；

⑥ 检修油保护装置、测温装置和调压装置等；

⑦ 检查接地系统；

⑧ 检修所有阀门和塞子，检查全部密封系统，处理渗漏油；

⑨ 清扫油箱及附件，必要时进行补漆；

⑩ 清扫绝缘套管，检查接头；

⑪ 按有关规程规定进行测量和试验，如满足规定要求，即可投入运行。

### 5.4.2 电力变压器的试验

变压器试验的目的，在于检验变压器的性能是否符合有关规程或标准的技术要求，是否存在缺陷或故障征象，以便确定能否出厂或者检修后能否投入运行。

变压器安装后，在投入运行前应进行交接试验。大修后应进行大修试验。每年还应进行一次绝缘预防性试验。

变压器的试验项目，包括测量绕组连同套管的绝缘电阻，测量铁芯的绝缘电阻，变压器油的试验，测量绕组连同套管的直流电阻，检查变压器的连接组别和所有分接头的变压比，绕组连同套管的交流耐压试验等。

(1) 变压器绕组连同套管的绝缘电阻的测量

绕组应分别测量高压绕组对外壳、低压绕组对外壳、高低压绕组对外壳的绝缘电阻值。3kV 及以上的电力变压器应采用 2500V 兆欧表来测量其绕组绝缘电阻，读取 15 秒和 60 秒时的绝缘电阻值 $R_{15}$、$R_{60}$。测量时，其他未测绕组连同其套管应予接地。绝缘电阻值 $R_{60}$ 不应低于出厂值的 70%。

油浸式变压器的绝缘试验，应在充满合格油且静置 24 小时以上、待气泡消失后方可进行。当实测时温度高于出厂试验时温度（一般为 20℃），则绝缘电阻值应乘以表 5-5 所示温度换算系数（如果实测时温度低于出厂试验时温度则除以换算系数）后，才能与出厂试验的绝缘电阻进行比较。例如温度为 30℃时测得绝缘电阻为 80MΩ，则换算到出厂时试验温度 20℃时的绝缘电阻为 $R_{60}=80\text{M}\Omega\times1.5=120\text{M}\Omega$。

**表 5-5 绝缘电阻的温度换算系数**

| 温度差/℃ | 5 | 10 | 15 | 20 | 25 | 30 | 35 | 40 | 45 | 50 | 55 | 60 |
|---|---|---|---|---|---|---|---|---|---|---|---|---|
| 换算系数 | 1.2 | 1.5 | 1.8 | 2.3 | 2.8 | 3.4 | 4.1 | 5.1 | 6.2 | 7.5 | 9.2 | 11.2 |

注：表中温度差为实测时温度减去 20℃的绝对值。

(2) 铁芯绝缘电阻的测定

对变压器进行交接试验和大修试验时，应测定变压器铁芯的绝缘电阻。

① 铁芯对夹件、穿心螺杆、方铁的绝缘电阻测定，其值不应低于出厂值的 50%。如无初始值，当绕组温度为 20℃时，对 10～35kV 的变压器应不低于 300MΩ；对 3～10kV 的变压器应不低于 200MΩ。

② 铁芯对铁轭螺杆的耐压试验。试验电压：交流 1000V，直流 2500V，时间 1 分钟，应无闪络及击穿现象。35kV 及以下的变压器可用 2500V 摇表测试。

(3) 变压器油的试验

新的变压器油呈浅黄色，运行后变为浅红色，均应清澈透明。如果油色变暗，则说明油质变坏。

按规定，依试验目的的不同，绝缘油可进行下列三类试验。

① 全分析试验　对每批新到的油及运行中发生故障后认为有必要检验的油，应做此类试验，以全面检验油的质量。绝缘油的试验项目及标准可参看有关书籍。

② 简化试验　其目的在于按绝缘油的主要特性参数来检查其老化过程。对准备注入变压器的新油，应做简化试验。

③ 电气强度试验　其目的在于对运行中的绝缘油进行日常检查。对注入 6kV 及以上设备的新油也需进行此项试验。

图 5-2 所示为绝缘油电气强度试验电路图。图 5-3 所示为绝缘油电气强度试验用油杯及电极的结构尺寸图。油杯用瓷或玻璃制成，容积约为 500mL。电极用黄铜或不锈钢制成，直径为 25mm，厚 4mm，两电极间距离为 2.5mm。两极的极面应平行，均垂直于杯底面。从电极到杯底、到杯壁及到上层油面的距离，均不得小于 15mm。

试验前，用汽油将油杯和电极清洗干净，并调整电极间隙，使间隙精确地等于 2.5mm。被试油样注入油杯后，应静置 10～15 分钟，使油中气泡逸出。

试验时，合上电源开关，调节调压器，升压速度约为 3kV/s，直至油被击穿放电、电压表读数骤降至零、电源开关自动跳闸为止。

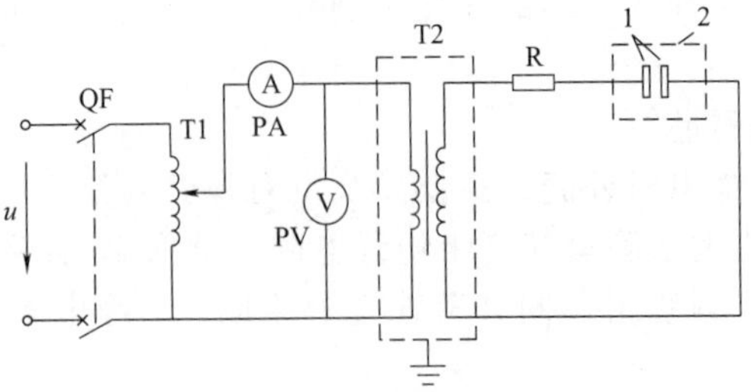


图 5-2　绝缘油电气强度试验电路图

T1—调压器；T2—升压器；1—电极；2—试验油杯

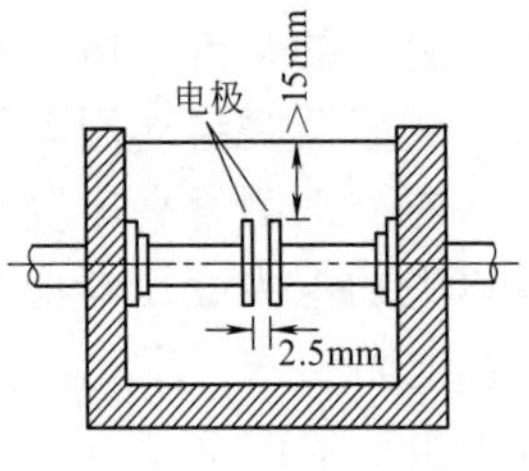


图 5-3　绝缘油电气强度试验用油杯及电极的结构尺寸图

发生击穿放电前一瞬间的最高电压值，即为油的击穿电压。

油样被击穿后，可用玻璃棒在电极中间轻轻搅动几次（注意不要触动电极），以清除滞留在电极间隙的游离碳。静置 5 分钟后，重复上述升压击穿试验。如此进行 5 次，取其击穿电压平均值作为试验结果。

试验过程中应记录：各次击穿电压值，击穿电压平均值，油的颜色，有无机械混合物和灰分，油的温度，试验日期和结论等。

（4）变压器绕组连同套管的直流电阻测量

对高压绕组应分别测量不同分接头位置时的直流电阻。如三相的中性点引出时，应补测一个相电阻，以检查中性点的连接质量。按 GB50150—2016 规定，1600kV·A 及以下三相变压器，各相测得值的相互差值应小于平均值的 4%，相间测得值的相互差值应小于平均值的 2%；1600kV·A 以上三相变压器，各相测得的相互差值应小于平均值的 2%，相间测得值的相互差值应小于平均值的 1%。

（5）变压器连接组别的检查

变压器在更换绕组后，应检查其连接组别是否与变压器铭牌的规定相符。变压器大修时，如引线未重新连接，则此项试验可不做。

（6）测定各分接头的电压比

变压器在大修时如果更换了绕组，则大修后必须测量各分接头上的电压比。在高压侧加入 1%～25% 的工频额定电压，依次测量变压器两侧的相间电压 $U_{AB}$、$U_{ab}$，$U_{BC}$、$U_{bc}$，$U_{CA}$、$U_{ca}$，然后计算出实测的电压比：$K_{AB}=U_{AB}/U_{ab}$，$K_{BC}=U_{BC}/U_{bc}$，$K_{CA}=U_{CA}/U_{ca}$。

一般规定，实测的电压比与铭牌规定的额定电压比 $K_N$ 的允许误差为±1%（220kV 及以上的变压器为±0.5%）。

（7）交流耐压试验

变压器绕组连同套管进行的交流耐压试验，是检查变压器绝缘状况的主要方法。如果其绕组绝缘受潮、损坏或夹杂异物等，都可能在试验中产生局部放电或击穿。

图 5-4 所示是变压器交流耐压试验电路图，与图 5-2 所示绝缘油电气强度试验电路图基本相同。图中 R1 用来保护试验变压器，一般按试验电压以每伏 0.1～0.2Ω 来选择。当试验高压绕组时，将高压各相绕组连在一起，接到高压试验变压器 T2 上，低压各相端线、中线和油箱一起接地，即可加电试验。如要测试低压绕组，则要把高压各相端线、中线和油箱一起接地。

试验时，合上电源，调节调压器 T1。在试验电压的 40%之前，电压上升速度不限，但此后应以缓慢均匀的速度升压至要求的数值。试验电压升至要求的数值后，应保持 1 分钟（对干式变压器应保持 5 分钟）。然后匀速降压，大约在 5 秒内降至试验电压的 25%以下时，切断电源。

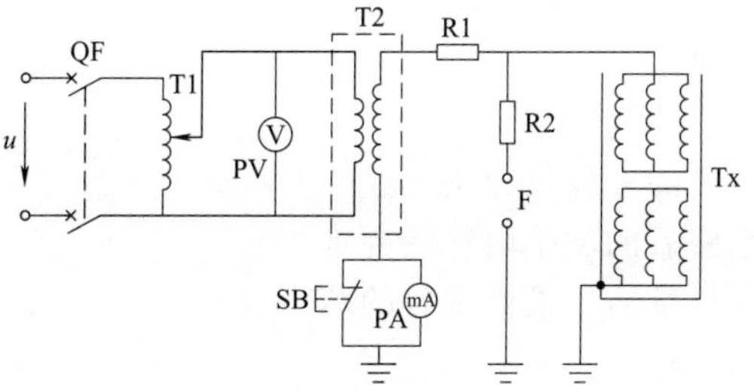

图 5-4 变压器交流耐压试验接线图

T1—调压器；T2—试验变压器；Tx—被试变压器；R1、R2—限流电阻；F—保护球隙；SB—短路按钮

当电压升至 0.5 倍试验电压时，通过毫安表 PA 读取一次电流值（按下短路按钮 SB，读数后让 SB 复位）。

在试验过程中，应仔细探听变压器内部有无打火、放电的声音，密切注意电压、电流的变化。若电流上升加快，即为击穿的先兆，应立即降压到零，停止试验。如果在耐压期间，仪表指示没有变化，没有击穿放电声，油枕及其排气孔没有表征变压器内部击穿的迹象，则应认为变压器的内部绝缘是满足规定的耐压要求的。

检修后的试验电压值一般按出厂试验电压的 85%。如果出厂试验电压不详，可按表 5-6 所示试验电压值进行耐压试验。

**表 5-6 电力变压器工频耐压试验电压值** kV

| 变压器高压电压等级 | 3 | 6 | 10 | 15 | 20 | 35 | 66 |
|---|---|---|---|---|---|---|---|
| 油浸式变压器 | 15 | 21 | 30 | 38 | 47 | 72 | 120 |
| 干式变压器 | 8.5 | 17 | 24 | 32 | 43 | 60 | — |

耐压试验时注意事项：

① 电源电压应比较稳定；

② 应按图 5-3 所示电路图可靠地接地；

③ 被试变压器注油后要静置 24 小时以上才能进行耐压试验；

④ 被试变压器的所有气孔均应打开，以便击穿时排除变压器内部产生的气体和油烟；

⑤ 变压器试验后必须进行充分放电才允许触及。

变压器的更多试验项目可参看有关试验标准和手册。

**技能训练** 对配电变压器 S9-315/10kV（S9-100/10kV 也可以）的小修与试验

（1）实训器材

① 摇表 1 块。

② QJ44 双臂电桥 1 台。

③ 电工常用工具 1 套。

④ 套筒扳手及开口扳手各 1 套。

⑤ 白土布 5m。

⑥ 汽油 3kg。

⑦ 备用螺栓螺母 10 个（根据实际选配）。

⑧ 各类密封胶垫若干。

⑨ 检修报告1份。

（2）实训目标

① 掌握配电变压器小修的内容。

② 掌握配电变压器小修的过程及方法。

③ 掌握配电变压器小修后的试验内容及要求。

④ 学会配电变压器小修试验后检修报告的填写方法。

（3）训练内容及操作步骤

对S9-315/10kV（S9-100/10kV也可以）配电变压器进行小修与试验，并完成下列工作：

① 准备工具；

② 熟悉检修过程；

③ 清洗外壳；

④ 处理缺陷；

⑤ 检修试验；

⑥ 填写检修报告；

⑦ 清理现场。

（4）训练注意事项

四名同学为一组，共同完成实训内容。

（5）技能评价

**对配电变压器小修与试验技能考核评分记录表**

姓名：__________ 级别：__________ 考核时间：30分钟

| 序号 | 考核内容 | 评分要素 | 配分 | 评分标准 | 扣分 | 得分 | 备注 |
|---|---|---|---|---|---|---|---|
| 1 | 准备工具 | 电工工具、摇表、双臂电桥、汽油、扳手、备用螺栓螺母、白土布、检修报告 | 8 | 少选一件扣8分 | | | |
| 2 | 清洗外壳 | 清洗外壳 | 5 | 未清洗外壳扣5分 | | | |
| 3 | 检修过程 | 分别检查变压器瓷套管、分接开关、储油柜、高压导电杆(3个)、低压导电杆(4个)呼吸器内干燥剂、油位计、油箱外壳、散热器、放油阀和密封胶垫 | 22 | 未检查变压器瓷套管扣2分;未检查分接开关扣2分;未检查储油柜扣2分;未检查高压导电杆扣2分;未检查低压导电杆扣2分;未检查呼吸器内干燥剂扣2分;未检查油位计扣2分;未检查油箱外壳扣2分;未检查散热器扣2分;未检查放油阀扣2分;未检查密封胶垫扣2分 | | | |
| 4 | 处理缺陷 | 更换所有的密封垫圈;处理缺陷并更换不可修复的零件 | 10 | 未更换密封胶垫扣2分;缺陷处理不彻底扣3分;未更换不可修复的零件扣5分 | | | |
| 5 | 检后试验 | 用摇表测试变压器高、低压对地绝缘电阻;用双臂电桥测变压器直流电阻 | 40 | 未用摇表测变压器高压侧对地绝缘电阻扣10分;未用摇表测变压器低压侧对地绝缘电阻扣10分;未测变压器直流电阻扣20分 | | | |

续表

| 序号 | 考核内容 | 评分要素 | 配分 | 评分标准 | 扣分 | 得分 | 备注 |
| --- | --- | --- | --- | --- | --- | --- | --- |
| 6 | 填写检修报告 | 填写变压器缺陷；填写更换的零部件及材料 | 15 | 未填写变压器缺陷扣5分；未填写更换的零部件扣5分；未对试验数据进行分析扣5分 | | | |
| 7 | 清理现场 | 清理现场 | | 未清理现场从总分中扣5分 | | | |
| 8 | 安全文明操作 | 遵守安全操作规程 | | 每违反一项规定从总分中扣5分；严重违规停止操作 | | | |
| 9 | 考核时限 | 在规定时间内完成 | | 超时停止操作 | | | |
| 合计 | | | 100 | | | | |

评分员：　　　　核分员：　　　　年　月　日

## 【思考与练习】

(1) 电力变压器的大修和小修期限是如何规定的？

(2) 电力变压器检修后的试验内容主要是哪些项目？

# 5.5 配电装置的检修和试验

**能力目标**

① 进一步熟悉配电装置开关设备的作用及动作原理。

② 掌握配电装置开关设备的调整与技术参数测量。

③ 熟悉配电装置开关设备的检修、调整及工艺要求。

### 5.5.1 配电装置的检修

(1) 检修期限

配电装置的检修，也分大修和小修。按《电力工业技术管理法规》规定，配电装置应按下列期限进行大修。

① 高压断路器及其操动机构，每3年至少大修一次。低压断路器及其操作机构，每2年至少大修一次。高低压断路器在断开4次短路故障后要进行临时性检修；但根据运行情况并经有关领导批准，可适当增加或减少断开次数，就应进行检修。

② 高压隔离开关及其操作机构，每3年至少大修一次。

③ 配电装置其他设备的大修期限，按预防性试验和检查的结果而定。

④ 配电装置除定期清扫外，还应进行以检查操作机构动作和绝缘状况为主的小修，其期限为每年至少一次。

(2) 隔离开关的检修

隔离开关大修时，要进行导电回路和传动、操作机构的分解、清洗、检查、修理和调整。小修则进行清扫、触头检修、机构注油和调整。

① 导电回路的检修

a. 检查导电部分的接触面，应清洁、平整，无烧伤和过热痕迹。清除接触面的氧化层。

b. 接触表面上涂以薄层中性凡士林。

c. 用螺栓拧紧的接触面应紧密牢固。

d. 检查固定触头夹片与活动刀闸的接触压力。用0.05mm×10mm的塞尺检查，其塞入深度在接触面宽度为50mm及以下时，不应超过4mm；在接触面宽度为60mm及以上时，不应超过6mm。如果接触不紧，对户内型隔离开关，可以调节刀闸两侧弹簧的压力；对于户外型隔离开关，应根据触头的不同结构进行调整。

e. 户内型隔离开关（刀闸式）在合闸位置时，刀闸应距静触头底部3～5mm，以免刀闸冲击绝缘子。若间隙不够，应调节拉杆的长度或拉杆绝缘子调节螺钉的长度。

f. 检查两接触面的中心线是否在同一直线上，若有偏差，可略微改变静触头与支持瓷柱的位置予以调整。

g. 隔离开关处于合闸位置时，触头压力应符合标准，转动的瓷柱转动应灵活。

h. 三相联动的隔离开关，不同期差不应超过规定值：额定电压为10kV及以下为3mm，110kV及以下为10mm。否则，应调整拉杆的长度或拉杆绝缘子调节螺钉的长度，至达到要求为止。

② 绝缘支柱的检修

a. 检查固定及转动的支柱绝缘子表面，应光洁发亮，无破损、裂纹、斑点和放电痕迹，无松动现象。底座应无变形、锈蚀及损伤等情况。

b. 活动绝缘子与传动机构部分的紧固螺钉、连接销子及垫圈应齐全紧固。

③ 传动装置和操动机构的检修

a. 清除传动装置和操动机构的积灰和脏污，检查各部分的螺钉、垫圈、销子应齐全完备，连接紧固。各零件应无锈、无开焊、无变形。各转动部分应涂以润滑油。

b. 传动拉杆应无变形、无开裂情况。

c. 蜗轮蜗杆机构组装后应检查啮合情况，不能有磨损和卡涩现象。

d. 辅助接点、闭锁装置应清洁，接触良好，有完好的防尘防雨罩。

e. 操动机构检修完毕，应进行分、合闸操作3～5次，检查操动机构和传动部分动作是否灵活可靠，有无松动现象。

④ 接地刀闸的检修

a. 接地刀闸闭合时，动、静触头应准确闭合，且不能自动断开。

b. 接地刀闸分闸后，至带电部分的最小距离应满足规定的要求。

c. 接地刀闸操作机构与隔离开关操动机构应满足联锁要求，即接地刀闸处于合闸位置时，隔离开关应处于分断位置；隔离开关处于合闸位置时，接地刀闸应处在分断位置。

(3) 真空断路器的检修

① 各部件润滑良好，动作灵活。

② 检查真空度。如真空度降低，应更换灭弧室。

③ 在不具备测量真空度的情况下，可在真空灭弧室的动、静触头两端施加工频电压进行检查（一般10kV断路器施加工频42kV，1min），应无闪络。

④ 测量调整各相触头的开距和超行程，应符合制造厂的规定，以此来检查接触面腐蚀情况，如果超过时应换灭弧室。

a. 触头开距测量与调整　所谓触头开距，是真空断路器处于分闸状态时，真空灭弧室中动、静触头之间的距离。在灭弧室动、静触头刚接触时，参照灭弧室固定部件上一点在动触杆上标记一点位置，然后将动触杆分闸到位，参照固定部件一点在动触杆上再标记一点，动触杆上两点之间距离即为触头开距。旋转动触杆连接件来调整开距。对以橡胶垫、毡垫作为分闸定位的真空断路器，增加垫的厚度，可减小开距，反之则增大开距。

在调整触头开距时，应同时进行三相触头合闸同时性的调整。检查断路器触头合闸同时性的电路如图 5-5 所示。检查时，缓慢地手动合闸，三灯应同时发亮。否则调节有关动静触头的相对位置，直到满足要求。

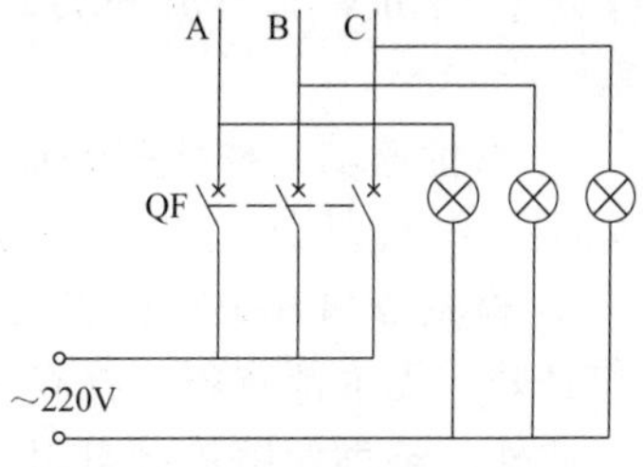


图 5-5　断路器三相合闸同时性检查电路

b. 触头超行程的测量与调整　触头的超行程也叫压缩行程。真空灭弧室动触头由分闸位置运动与静触头接触后，触头弹簧被压缩的距离，称压缩行程。不同型号的真空断路器，在测量压缩行程时都有其指定的位置。通常用调节绝缘拉杆长度和操动机构输出连杆长度来调整单相或三相的压缩行程。10kV 真空断路器的超行程一般 3～5mm。

超行程的减少就是触头的磨损量。因此，每次调整超行程时必须进行记录，当触头磨损量累计超过 4mm 时，应更换灭弧室。

### 5.5.2　配电装置的试验

按《电力工业技术管理法规》规定，新建和改建后的配电装置，在投入运行前，应进行下列各项检查和试验。大修后的配电装置，也应进行相应的检查和试验。检查和试验项目如下。

① 检查开关设备的各相触头接触的严密性、分合闸的同时性以及操动机构的灵活性和可靠性，测量分合闸时间及二次回路的绝缘电阻。按 GB50150—2016 规定，小母线在断开所有其他并联支路时，小母线的绝缘电阻不应小于 10MΩ；二次回路的每一支路及断路器、隔离开关的操作电源回路的绝缘电阻，均不应小于 1MΩ，而在比较潮湿的地方，可不小于 0.5MΩ。

② 检查和测量互感器的变比和极性等。

③ 检查母线接头接触的严密性。

④ 充油设备绝缘油的简化试验，如前面变压器油的试验所述；油量不多的可仅做耐压试验。

⑤ 绝缘子的绝缘电阻、介质损耗角及多元件绝缘子的电压分布测量；对 35kV 及以下绝缘子仅做耐压试验。

⑥ 检查接地装置，必要时测量接地电阻。

⑦ 检查和试验继电保护装置和过电压保护装置。

⑧ 检查熔断器及其他防护设施。

下面着重介绍隔离开关和真空断路器的试验。

(1) 隔离开关的试验

① 测量绝缘电阻　设备交接及大修时，或每隔 1～3 年（根据当地的气候条件和设备状况），使用 2500V 摇表测量绝缘电阻。

整体绝缘电阻：自行规定。有机材料传动杆的绝缘电阻：额定电压为 5～15kV，应大于 1000MΩ；额定电压为 20～220kV，应大于 2500MΩ。各胶合元件的绝缘电阻：应大于 300MΩ（对各胶合元件分层耐压时，可不测绝缘电阻）。

② 交流耐压试验　大修时对 35kV 及以下的隔离开关应进行交流耐压试验，其目的是检查隔离开关支柱绝缘子的绝缘水平。试验电压如表 5-7 所示。

表 5-7　隔离开关交流耐压试验电压

| 额定电压/kV | 3 | 6 | 10 | 35 | 60 | 110 | 220 |
|---|---|---|---|---|---|---|---|
| 试验电压/kV | 24 | 32 | 42 | 95 | 155 | 250 | 470 |

对于 220kV 的隔离开关，因试验电压太高，现场不具备试验条件，可不做交流耐压试验。

③ 测量操动机构线圈的最低动作电压　操动线圈的最低动作电压，应在额定操作电压的 30%～80%范围内。气动或液动机构应在额定压力下进行。

④ 检查隔离开关动作情况　在额定电压 85%、100%及 110%下，分、合闸各两次，应动作良好，无卡涩现象。检查主刀闸与接地刀闸应闭锁良好，手动操作两次，应动作正常。

此外，辅助回路绝缘电阻应大于 1MΩ；测量触头接触电阻，应不超过制造厂家规定的数值。

（2）真空断路器的试验

① 绝缘拉杆绝缘电阻的测量　采用 2500V 兆欧表测量。10kV 断路器大修后，由有机物制成的绝缘拉杆在常温下的绝缘电阻不应低于 1000MΩ。

② 分、合闸线圈和合闸接触器线圈绝缘电阻的测量　采用 2500V 兆欧表测量，其绝缘电阻不应低于 1MΩ。

③ 交流耐压试验　在交接时、大修后及每 1～3 年一次预防性试验中，都要进行交流耐压试验。10kV 断路器，对地和断口间的试验电压为 38kV。试验方法与前述变压器的试验相同。

④ 触头接触电阻的测量　在交接时、大修后、每 1～3 年一次的预防性试验中，均应对断路器触头进行检查，并测量其接触电阻。可采用双臂电桥，也可采用较大直流电流通过触头，测量其电流和触头上电压降，然后计算触头的接触电阻值。触头接触电阻值应符合制造厂规定。

⑤ 分、合闸时间的测量　在交接时和大修后，应测量其固有分闸时间和合闸时间，检查这两个时间是否符合断路器出厂的技术要求。所谓固有分闸时间，是指从断路器的跳闸线圈通电时起到断路器触头刚开始分离时止的一段时间。所谓合闸时间，是指从断路器的合闸接触器通电时起到断路器触头刚开始接触时止的一段时间。

对于低、中速断路器，一般采用电秒表法测量分、合闸时间，高速断路器则用电磁录波器进行测量。以下仅介绍电秒表法的测量方法。

**合闸时间的测量**　其测量接线如图 5-6 所示，试验步骤如下。

a. 合上交、直流电源，分别给电秒表和断路器操作机构送电。

b. 合上单相刀闸开关 QS，电秒表开始转动，同时合闸接触器 KO 动作，断路器合闸。当断路器的主触头接通后，电秒表停走，它所指示的时间即为本次断路器的合闸时间。

c. 拉开刀闸开关 QS，手动跳开断路器 QF，记录时间。

d. 复位电秒表，重复试验三次，取三次的平均值作为该断路器的合闸时间。

**固有分闸时间的测量**　其测量接线如图 5-7 所示，其测量步骤如下。

a. 手动合上断路器 QF，合上交、直流电源，分别给断路器操作机构和电秒表送电。

b. 合上单相刀闸开关 QS，电秒表开始转动，同时分闸线圈 YR 接通电源，断路器跳闸。当断路器动、静触头开时，电秒表停走，它所指示的时间即为本断路器的固有分闸时间。

c. 拉开刀闸开关 QS，记录时间。

d. 复位电秒表，重复测量三次，取三次的平均值作为该断路器的固有分闸时间。

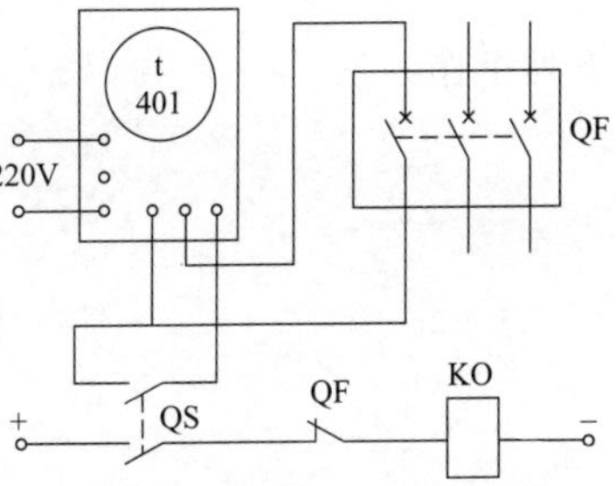


图 5-6 测量断路器合闸时间的接线图

t—401 型电秒表；QF—被试断路；
KO—合闸接触器；QS—刀闸开关

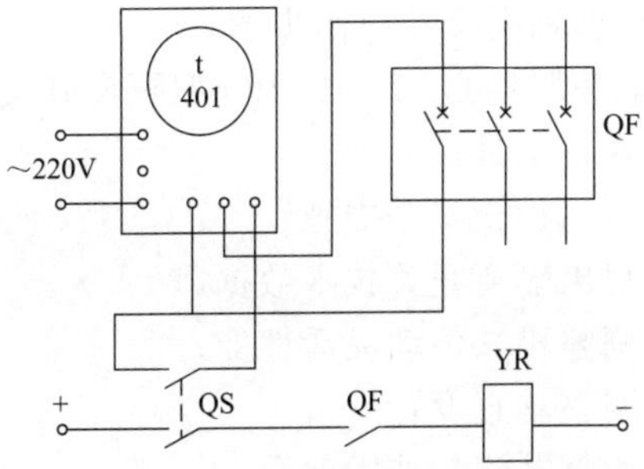


图 5-7 测量断路器固有分闸时间的接线图

t—401 型电秒表；QF—被试断路器；
YR—分闸线圈；QS—刀闸开关

**注意事项**

a. 刀闸开关 QS 应保证操作灵活，接触良好。

b. 合刀闸开关 QS 时，动作要快，以免由于闭合时双刀开关的两刀片不同时闭合产生测量误差。

c. 断路器的合闸线圈、分闸线圈及合闸接触器线圈均按短时通电设计。试验时，线圈回路要串入 QF 的辅助触点，以保证断路器动作后立即切断电源，以免烧坏线圈。

⑥ 操作机构试验　在交接和大修试验时，应对操作机构进行试验检查。其内容主要包括以下三项。

a. 用电桥测量合闸接触器线圈、合闸电磁铁线圈、分闸电磁铁线圈的直流电阻，与制造厂家试验值或以往测量值比较，应无明显差别。

b. 用 500V 或 1000V 兆欧表测量操作机构线圈的绝缘电阻，其绝缘电阻值要求不小于 1MΩ。

c. 测量合闸接触器和分闸电磁铁的最低动作电压，应在额定操作电压的 30%～65%之间；电磁操作机构合闸电磁铁线圈两端电压为额定操作电压的 80%（关合电流峰值等于或大于 50kA 时为 85%）时，应可靠动作。

**技能训练**　测量并调整户内型 10kV 隔离开关

（1）实训器材

① GN19-10/400 型隔离开关 1 台。

② 500mm 钢板尺 1 支。

③ 0.05mm 塞尺 1 把。

④ A4 记录纸若干张。

⑤ 钢笔 1 支（自备）。

⑥ 标示牌 5 块。

⑦ 5 件套电工工具 1 套。

（2）实训目标

① 掌握隔离开关的技术数据。

② 掌握隔离开关的机械传动灵活性和垂直度的调整方法。

③ 掌握隔离开关的技术数据测量。

④ 正确使用工具。

（3）训练内容及操作步骤

测量并调整 GN19-10/400 型隔离开关，并完成下列工作：

① 准备工具；

② 写出检查安全措施；

③ 写出隔离开关技术数据；

④ 调整机械传动灵活性能；

⑤ 调整垂直度；

⑥ 调整并测量技术数据；

⑦ 恢复设备及清理现场。

（4）训练注意事项

四名同学为一组，共同完成实训内容。

（5）技能评价

**测量并调整户内 10kV 隔离开关操作技能考核评分记录表**

姓名：________________　　级别：________________　　考核时间：30 分钟

| 序号 | 考核项目 | 评分要素 | 配分 | 评分标准 | 扣分 | 得分 | 备注 |
|---|---|---|---|---|---|---|---|
| 1 | 准备工作 | 钢板尺、塞尺、电工工具、记录本、笔 | 5 | 少检查或少准备一件扣 1 分 | | | |
| 2 | 检查安全措施 | 检查工作地点两侧接地线 | 6 | 未检查安全措施扣 6 分 | | | |
| 3 | 写出隔离开关技术数据 | 写出开距不小于 160mm、三相同期不大于 3mm、接触深度（塞尺插入深度不大于 4mm） | 15 | 数据错一项扣 5 分 | | | |
| 4 | 调整机械传动灵活性能 | 操作主刀或接地刀灵活 | 3 | 不灵活扣 3 分 | | | |
| | | 检查操作部件无变形、缺损 | 3 | 未检查扣 3 分 | | | |
| | | 主刀和接地刀能闭锁 | 3 | 主刀和接地刀未能实现闭锁扣 3 分 | | | |
| | | 辅助开关动作正确 | 3 | 辅助开关动作错误扣 3 分 | | | |
| 5 | 调整垂直度 | 调整开关的垂直度；检查每相开关支柱绝缘子外表面清洁状况 | 6 | 未调整扣 4 分；发现有脏物未进行清擦扣 2 分 | | | |
| 6 | 调整并测量技术数据 | 测量并调整三相开距 | 15 | 不会测量扣 15 分；未记录数据扣 5 分；开距小于 160mm 不能调整扣 5 分 | | | |
| | | 测量并调整三相同期 | 15 | 不会测量扣 15 分；未记录数据扣 5 分；不会调整同期扣 5 分 | | | |
| | | 测量并调整接触深度 | 15 | 不会用塞尺测量扣 15 分；未记录数据扣 5 分；不会调整接触深度扣 5 分 | | | |
| 7 | 恢复设备 | 检查各部位螺栓紧固 | 5 | 未检查扣 5 分 | | | |
| | | 复查传动系统的灵活性 | 6 | 未检查扣 6 分 | | | |
| 8 | 清理现场 | 清理现场 | | 未清理现场从总分中扣 5 分 | | | |
| 9 | 安全文明操作 | 按国家颁发或企业有关安全规定执行 | | 违反操作规程一次从总分中扣 5 分；严重违规停止操作 | | | |
| 10 | 考核时限 | 按规定时间完成 | | 超时停止操作 | | | |
| | | 合　计 | 100 | | | | |

评分员：　　　　　　核分员：　　　　　　年　月　日

# 5.6 电力线路的检修和试验

**能力目标**

① 熟悉电力线路的结构与检修。

② 了解电力线路的常规试验项目与要求。

### 5.6.1 电力线路的检修

（1）电力线路的检修

电力线路的检修一般分为维修、大修和事故抢修三种。对工厂电力线路，除有特殊要求外，一般均为停电检修。

电力线路的维修，是指为了维持电力线路及附属设备的安全运行和供电可靠性而进行的检修工作。

电力线路的大修，是为了提高设备的完好水平，恢复电力线路及附属设备至原设计的电气性能或力学性能而进行的检修工作。

电力线路的事故抢修，是指由于自然灾害及外力破坏等所造成的电力线路倒杆、电杆倾斜、断线、金具和绝缘子脱落或混线等停电事故，需要迅速进行的检修工作。

（2）架空线路的检修

架空线路的检修，主要进行停电登杆检查清扫、导线的检修、电杆的维修等三方面的工作。

① 停电登杆检查清扫　停电登杆检查一般与清扫线路绝缘子同时进行，对一般架空线路每两年至少进行一次，对重要线路每年至少进行一次，对污秽线路段按其污秽程度及性质可适当增加次数。其主要检查在地面巡视难以发现的导线、金具、横担、绝缘子等部件的缺陷，并按要求检修。

② 导线的检修　架空线路的导线，如发现缺陷时，其检修要求如表5-8所示。

**表5-8　导线缺陷的处理要求**

| 导线类型 | 钢芯铝绞线 | 单一金属线 | 处理方法 |
|---|---|---|---|
| 导线缺陷 | 磨损 | 磨损 | 不做处理 |
| | 铝线7%以下断股 | 截面7%以下断股 | 缠绕 |
| | 铝线7%～25%断股 | 截面7%～17%断股 | 补修 |
| | 铝线25%以上断股 | 截面17%以上断股 | 锯断重接 |

③ 电杆的维修　对架空线路的电杆，如果受损使其断面缩减至50%以下时，应立即修补或加绑桩；损坏更严重时，应予换杆。

（3）电缆线路的检修

电缆线路的故障，常见的有绝缘损坏而发生放电，受外力作用而出现芯线断线以及油浸纸绝缘电缆漏油等。上述电缆故障大都发生在电缆的中间接头和终端头。

对于局部损坏及芯线断线故障，应立即停电，借助相应的测量仪器来判断故障性质，查找故障地点，迅速检修。对于电缆头和中间接头漏油，也应立即停电，重做电缆头和中间

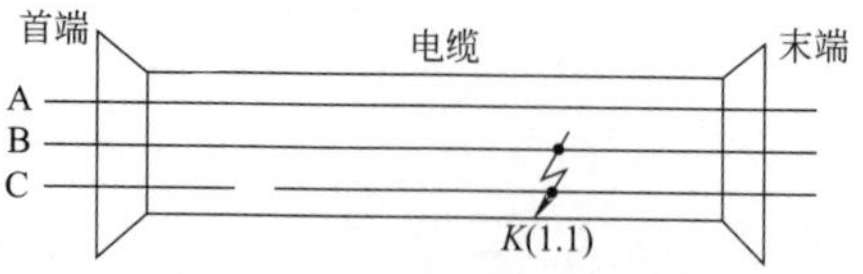

图 5-8　电缆内部故障示例

接头。

电缆线路出现的故障点，一般外观无法检查，须借助一定的测量仪器和测量方法才能确定。如图 5-8 所示的故障，只有借助兆欧表，在电缆两端摇测各相对地（外皮）及相与相之间的绝缘电阻，并将一端所有相线短接接地，在另一端重做上述相对地（外皮）及相与相之间的绝缘电阻摇测，测量结果如表 5-9 所示。

**表 5-9　图 5-8 所示故障电缆的绝缘电阻测量结果**

| 测量顺序 | 电缆绝缘电阻/MΩ | | | | | |
|---|---|---|---|---|---|---|
| | 相—地 | | | 相—相 | | |
| | A | B | C | A—B | B—C | C—A |
| 在首端测量 | ∞ | 0 | ∞ | ∞ | ∞ | ∞ |
| 在末端测量 | ∞ | 0 | 0 | ∞ | 0 | ∞ |
| 末端短路接地，在首端测量 | 0 | 0 | ∞ | 0 | ∞ | ∞ |

注：表中∞值在实测中可为几百或几千兆欧，0 值在实测中可为几千或几万欧。

对表 5-9 的绝缘电阻测量结果进行分析，可得如下结论：此电缆故障为 C 相断线、BC 两相又对地（外皮）击穿，如图 5-8 所示。

在确定了电缆故障性质以后，接着要探测故障地点，以便检修。

探测电缆故障点的方法，按所利用的故障点绝缘电阻高低来分，有低阻法和高阻法两大类。这里只介绍探测电缆故障点的低阻法。

采用低阻法探测电缆故障点，一般要经过烧穿、粗测和定点等三道程序。

① 烧穿　由于电缆内部的绝缘层较厚，往往在电缆内发生闪络性短路或接地故障后，故障点的绝缘水平能得到一定程度的恢复而呈高阻状态，绝缘电阻可达 0.1MΩ 以上。因此采用低阻法探测故障点时，必须先将故障点的绝缘用高电压予以烧穿，使之变为低阻，最好几千欧以下。加在故障电缆芯线上的高电压，一般为电缆额定电压的 4～5 倍，略低于电缆的直流耐压试验电压。

② 粗测　粗测就是粗略地测定电缆故障点的大致线段。对于芯线未断而有一相或多相短路或接地故障的电缆，可采用直流单臂电桥（回路法）来粗测故障点位置。接线如图 5-9 所示。这里利用完好芯线（A 相）作为桥接线的回路。如果电缆的三根芯线均有故障时，则可借助其他电缆芯线作为桥接线的回路。

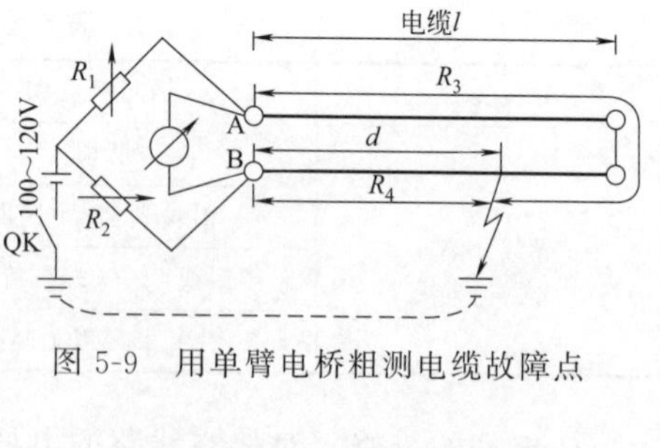

图 5-9　用单臂电桥粗测电缆故障点

当电桥平衡时，$R_1:R_2=R_3:R_4$，或者 $(R_1+R_2):R_2=(R_3+R_4):R_4$。设电缆长度为 $l$，电缆首端至故障点距离为 $d$，则 $(R_3+R_4):R_4=2l:d$，因此 $(R_1+R_2):R_2=2l:d$。由此可求得电缆首端至故障点的大致距离为

$$d=2l\frac{R_2}{R_1+R_2}$$

必须注意：为了提高测量的准确度，测量时应将电流计直接接在被测电缆的一端，以减

小电桥与电缆间的接线电阻和接触电阻的影响，同时电缆另一端的短接线的截面积也应不小于电缆芯线的截面积。

对于芯线折断及可能兼有绝缘损坏的故障电缆，则应利用电缆的电容与其长度成正比的关系，采用交流电桥来测量电缆的电容（电容法），以粗测电缆的故障点。

③ 定点　定点就是比较精确地确定电缆的故障点。通常采用音频感应法或电容放电声测法来定点。

a. 音频感应法定点接线如图 5-10 所示。将低压音频信号发生器（输出电压为 5～30V）接在电缆的一端，然后利用探测用感应线圈、信号接收放大器和耳机沿电缆线路进行探测。音频信号电流沿电缆的故障芯线经故障点形成一个回路，使得探测线圈内感应出音频信号电流，经过放大，传送到耳机中去。探测人员可根据耳机内音响的改变，来确定地下电缆的故障点。探测人员一走离故障点，耳机内的音响将急剧减弱乃至消失，由此可测定电缆的故障点。

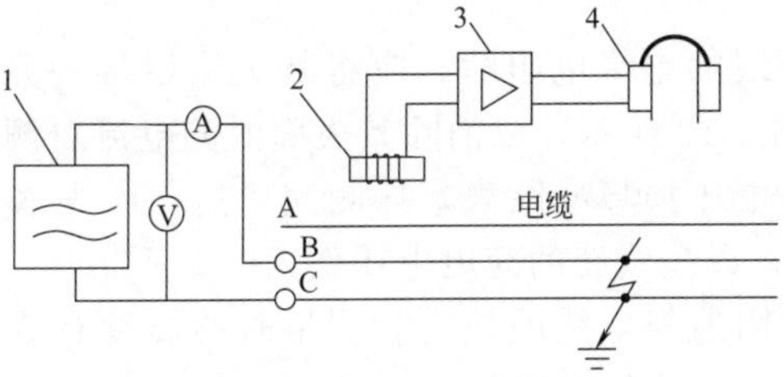


图 5-10　音频感应法探测电缆故障点

1—音频信号发生器；2—探测线圈；3—信号接收放大器；4—耳机

b. 电容放电声测法定点接线如图 5-11 所示。利用高压整流设备使电容器组充电。电容器组充电到一定电压后，放电间隙就被击穿，此时电容器组对故障点放电，使故障点发出“啪”的火花放电声。电容器组放电后，接着又被充电。电容器组充电到一定电压后，放电间隙又被击穿，电容器组又对故障点放电，使故障点再次发出“啪”的火花放电声。因此利用探听棒或拾音器沿电缆线路探听时，在故障点能够特别清晰地听到断续性的“啪—啪—啪”的火花放电声，由此即可确定电缆的故障点。

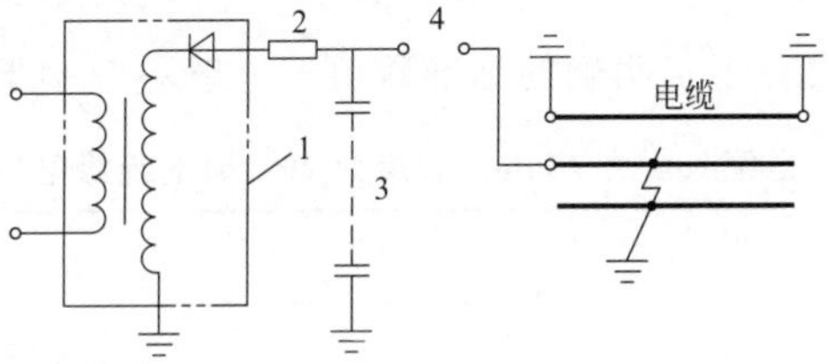


图 5-11　电容放电声测法探测电缆故障点

1—高压整流设备；2—保护电阻；3—高压电容器组；4—放电球间隙

**说明**　图 5-10 所示电路，实际上也是前面所说的用于故障点“烧穿”的高电压电路，利用电容器组连续充放电，使电缆故障点连续产生火花放电而使绝缘烧穿。

### 5.6.2　电力线路的试验

电力线路的试验项目，主要有绝缘电阻试验、直流耐压和泄漏电流试验以及三相线路的相位测定。这里只介绍电力线路绝缘电阻的测量和三相线路的相位测定。

（1）绝缘电阻的测量

测量线路的绝缘电阻，目的在于检查绝缘导线和电缆的绝缘是否完好，有无接地或相间短路故障。测量绝缘电阻，通常在耐压试验前进行，一般利用兆欧表来完成。测量时必须注

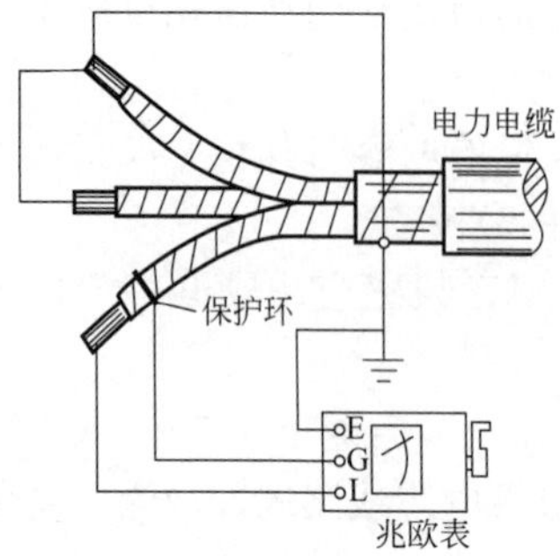

图 5-12 用兆欧表测量电缆的绝缘电阻

意以下几点。

① 高压线路一般采用 2500V 兆欧表测量，低压线路采用 1000V 兆欧表测量。

② 在摇测绝缘电阻前，应仔细检查沿线有无外物搭接，线路上有无人在工作，线路电源和负荷是否全部断开。只有线路上无外物搭接，线路上无人工作，且线路电源和负荷全部断开的情况下，才能摇测线路的绝缘电阻。

③ 运行中的电缆应充分放电，拆除一切对外连线，并用清洁干燥的布擦净电缆头，然后将非被试相缆芯与铅片一同接地，逐相测量，读取 1 分钟的指示值。

④ 雷雨时不得摇测室外线路的绝缘电阻，以免雷电过电压伤人。

⑤ 摇测电缆和绝缘导线的绝缘电阻时，应将其绝缘层接到兆欧表的“保护环”（或称“屏蔽环”）接线端，如图 5-12 所示，以消除其表面泄漏电流对测量结果的影响。

⑥ 为避免线路的充电电压损坏兆欧表，摇测完毕后，应先取下火线，再停止摇动；并且应立即使线路短接放电，以免线路的充电电压伤人。

⑦ 电力电缆的绝缘电阻值与电缆的长度和测量时的温度有关，为便于比较，应进行温度和长度的换算。换算到 20℃ 的公式如下：

$$R_{20}=R_tK_t$$

式中 $R_{20}$——温度为 20℃ 时的绝缘电阻值，MΩ；

$R_t$——温度为 $t$（℃）时实测的绝缘电阻值，MΩ；

$K_t$——电缆绝缘电阻温度换算系数，如表 5-10 所示。

**表 5-10 电缆绝缘电阻温度换算系数**

| 温度/℃ | 0 | 5 | 10 | 15 | 20 | 25 | 30 | 35 | 40 |
|---|---|---|---|---|---|---|---|---|---|
| $K_t$ | 0.48 | 0.57 | 0.70 | 0.85 | 1.00 | 1.13 | 1.41 | 1.66 | 1.92 |

电力电缆的绝缘电阻没有规定明确的标准数值，一般不应小于表 5-11 所示数值。

**表 5-11 电缆长度为 250m、温度为 20℃ 时的绝缘电阻参考值**

| 额定电压/kV | 1 及以下 | 3 | 6～10 | 20～35 |
|---|---|---|---|---|
| 绝缘电阻/MΩ | 10 | 200 | 400 | 600 |

注：当电缆长度大于 250m 时，其参考值允许有所降低。

多芯电缆在测量绝缘电阻后，还可以用不平衡系数来分析判断绝缘状况。不平衡系数等于同一电缆各芯线的绝缘电阻值中最大值与最小值之比。绝缘良好的电缆，其不平衡系数一般不大于 2.5。

（2）三相线路的相位测定

新装电力电缆竣工交接时、运行中电力电缆重装接线盒或终端头后，必须检查电缆的相位，电缆两端相位应一致。检查电力电缆相位的方法很多，一般都比较简单，常用的是用万用表或兆欧表检查。检查时，依次在一端将电

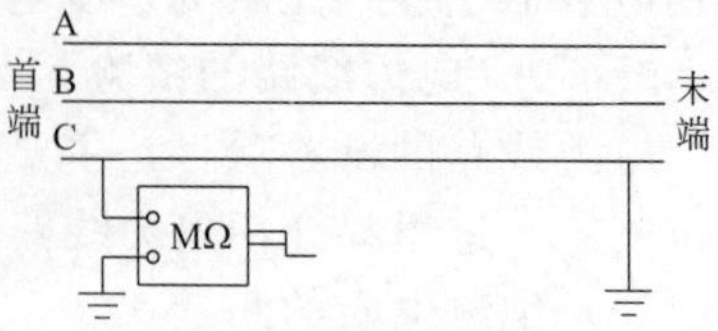

图 5-13 用兆欧表核对三相线路两端的相位

缆芯线接地，在另一端用万用表或兆欧表测量对地的通断。图 5-13 是用兆欧表核对线路两端相位的接线。线路首端接兆欧表，其 L 端接线路，E 端接地。线路末端逐相接地。如果兆欧表指示为零，则说明末端接地的相线与首端测量的相线属同一相。每芯测量 3 次，共 9 次，然后将两端的相位标记一致即可。



### 技能训练 用兆欧表测量 6kV 电力电缆绝缘电阻

（1）实训器材

① 2500V 兆欧表 1 块。

② 300mm 活动扳手 1 把。

③ 水银温度计 1 支。

（2）实训目标

① 掌握兆欧表的使用方法。

② 掌握用兆欧表测量电缆绝缘电阻方法。

（3）训练内容及操作步骤

用兆欧表测量 6kV 电力电缆绝缘电阻，并完成下列工作：

① 准备工具；

② 检查兆欧表；

③ 核对线路名称，办理停电工作票，停电后进行验电，并做好安全措施；

④ 将电缆解开并放电；

⑤ 测量绝缘电阻；

⑥ 测量后放电；

⑦ 连接电缆头；

⑧ 拆除兆欧表引线及安全措施；

⑨ 清理现场。

（4）训练注意事项

两名同学为一组，共同完成实训内容。

（5）技能评价

**用兆欧表测量 6kV 电力电缆绝缘电阻操作技能考核评分记录表**

姓名：____________　　级别：____________　　考核时间：30 分钟

| 序号 | 考核内容 | 评分要素 | 配分 | 评分标准 | 扣分 | 得分 | 备注 |
|---|---|---|---|---|---|---|---|
| 1 | 准备工作 | 准备工具、仪表 | 2 | 少选择一种扣 1 分 | | | |
| 2 | 检查兆欧表 | 对兆欧表进行开路试验、短路试验 | 10 | 未进行开路试验扣 5 分<br>未进行短路试验扣 5 分 | | | |
| 3 | 做安全措施 | 核对线路名称，履行停电手续 | 10 | 未核对线路名称扣 10 分<br>未履行停电手续停止操作 | | | |
| | | 停电后进行验电，并做好安全措施 | 10 | 停电后未进行验电扣 5 分<br>未做安全措施扣 5 分 | | | |
| 4 | 放电 | 将电缆解开并放电 | 6 | 未放电扣 6 分 | | | |

续表

| 序号 | 考核内容 | 评分要素 | 配分 | 评分标准 | 扣分 | 得分 | 备注 |
| --- | --- | --- | --- | --- | --- | --- | --- |
| 5 | 测量绝缘电阻 | 接线柱“L”接电缆芯线，“E”接电缆金属外皮，接线柱“G”引线缠绕在电缆的屏蔽纸上；将非被测相线芯短接并接地 | 10 | 未将接线柱“L”接电缆芯线扣2分；未将接线柱“E”接电缆金属外皮扣2分；未将接线柱“G”引线缠绕在电缆的屏蔽层上扣2分；未将非被测相线芯短接并接地扣4分 | | | |
| | | 按顺时针方向由慢到快摇动兆欧表手柄，然后以120r/min的转速均匀地摇动兆欧表手柄 | 10 | 转速不均匀扣5分<br>未达到120r/min扣5分 | | | |
| 6 | 读数 | 保持均匀转速，待表盘上的指针停稳后(1分钟)，指针指示值就是被测电缆的绝缘电阻值(20℃时一般不低于400MΩ) | 10 | 指针未停稳就读数扣5分<br>读数不准或数值单位错误扣5分 | | | |
| | | 和以前的测量值进行比较 | 6 | 未与以前测量值比较扣6分 | | | |
| 7 | 测量后放电 | 测量后将电缆充分放电 | 6 | 测量后未将电缆充分放电扣6分 | | | |
| 8 | 连接电缆头 | 将电缆头按原来的相序重新连接 | 10 | 未连接不得分<br>未按原来的相序连接扣5分 | | | |
| 9 | 拆除兆欧表引线及安全措施 | 拆下兆欧表的引线，拆除安全措施 | 10 | 未拆下兆欧表的引线扣5分<br>未拆除安全措施扣5分 | | | |
| 10 | 清理现场 | 清理现场 | | 未清理现场从总分中扣5分 | | | |
| 11 | 安全文明操作 | 按国家或企业颁发有关安全规定执行操作 | | 每违反一项规定从总分中扣5分，严重违规停止操作 | | | |
| 12 | 考核时限 | 在规定时间内完成 | | 超时停止操作 | | | |
| | | 合计 | 100 | | | | |

评分员：　　　　核分员：　　　　年　月　日

第6章
# 电气安全管理

## 6.1 保证电气安全的措施

能力目标

① 掌握电气安全管理的基本要求。
② 懂得电气安全管理的重要性。
③ 明白保证电气安全的组织措施和技术措施。
④ 牢记电气安全作业规程。

电气安全包括供配电系统的安全、用电设备的安全及人身安全三个方面。加强电气安全管理，确保用电安全，防止电气事故发生，是电气安全管理的基本要求，同时要做好下列各项工作。

(1) 健全管理制度

安全管理工作必须贯彻“安全第一、预防为主”的方针。各级领导必须在思想上、行动上重视，健全安全管理机构，专人负责，统一管理。各企业应在厂长（经理）和总工程师的领导下，指定有关业务部门，从技术上做好变配电系统及其他用电设备的安装、试验、维护和使用等电气安全管理工作。安全部门应做好电工的培训、考核、安全用电宣传教育和安全检查等组织管理工作，还要协同有关部门制定合理有效、切实可行的各项安全规程或制度，并经常检查执行情况。

为了做好电气安全管理工作，在变配电场所，应绘制明确的系统图、布线图、架空线路和电缆线路图，以及其他的重要图纸和资料。

对重要的电气设备应有单独的资料，且要妥善保存，以便查对。

对于本单位所发生的电气事故和触电事故等记录，也应作为重要资料保存，并用此资料作为安全用电的宣传教育资料。

(2) 加强安全教育

① 安全教育　为了贯彻“安全第一、预防为主”的方针，必须经常地、广泛地开展安全教育。教育的形式宜多样化，包括广播、电视、图片、标语、事故现场会、专业培训班等。同时应认真做好电气作业人员的培训、考核、鉴定、发证工作。

对新入厂的工作人员，必须进行各级安全教育。对外单位来的有关人员，工作前必须介绍现场电气设备的接线情况和有关安全措施。

② 电工作业人员的安全职责　电工作业人员必须有良好的职业道德和严格的工作纪律，要有高度的安全责任感和对人民群众极端负责的精神。不能麻痹大意，不能冒险操作，必须做到“装得安全，拆得彻底，修得及时，用得正确”的安全用电要求。

电工作业人员的安全职责是：

a. 认真学习、积极宣传贯彻劳动保护和用电安全法规；

b. 严格执行上级有关部门和本单位内现行的有关安全用电的规章制度；

c. 认真做好电气线路和电气设备的监护、检查、保养、维修、安装等工作；

d. 爱护和正确使用机电设备、工具和电工安全用具；

e. 在工作中发现有用电不安全情况，除积极采取紧急安全措施外，应向有关领导或上级部门汇报；

f. 努力学习电气安全技术知识，不断提高电气技术操作水平；

g. 在工作中有权拒绝违章瞎指挥，有权制止任何人违章作业。

(3) 坚持安全检查

组织有效的安全用电检查，是及时发现不安全因素，消除隐患的有效方法。安全检查的主要内容有：

① 电气线路和设备的绝缘有无破损；

② 绝缘电阻是否合格；

③ 保护接地和保护接零是否正确可靠；

④ 接地装置的接地电阻是否合格；

⑤ 保护装置是否符合要求，动作是否可靠；

⑥ 局部照明、手提行灯是否使用安全电压；

⑦ 电气设备的安装是否符合规程要求，位置是否合理；

⑧ 导线与导线、导线与开关以及导线开关与电气设备的连接是否紧密可靠；

⑨ 临时用电装置是否经过批准和是否过期；

⑩ 各种安全用电制度是否健全，执行情况如何。

安全检查可分为日常巡视检查、定期检查、不定期专项重点检查。

日常巡视检查是专业人员和值班人员的正常工作，一般每天巡视一次或两次。定期检查是本单位安全技术部门的正常业务，除确保安全运行的检查工作之外，应特别注意雨季前的安全检查。不定期专项重点检查，是指对某项电气设备等进行有重点的严格检查。

### 6.1.1 保证电气安全的组织措施

在电气设备上工作，保证安全的组织措施有工作票制度、工作许可制度、工作监护制度、工作间断、转移和终结制度。

(1) 工作票制度

① 工作票的意义及种类　工作票是准许在电气设备上工作的书面命令，也是明确安全职责，向工作人员进行安全交底，以及履行工作许可手续，履行工作间断、转移和终结手续，并实施保证安全技术措施等的书面依据。因此，在电气设备上工作时，应按要求认真使用工作票或按命令执行。工作票的方式有三种，即第一种工作票（表 6-1）；第二种工作票（表 6-2）；口头或电话命令。

**表 6-1 第一种工作票** 第　　号

1. 工作负责人(监护人)：__________ 班组：__________
2. 工作班人员：______ ______ ______ 共______人
3. 工作内容和工作地点：__________
4. 计划工作时间：自___年___月___日___时___分
　至___年___月___日___时___分
5. 安全措施：

下列由工作票签发人填写　　　　下列由工作许可人填写(值班员)填写

| 应拉开关和刀闸，包括填写前已拉开关和刀闸(注明编号) | 已拉开关和刀闸(注明编号) |
|---|---|
| | |
| | |
| | |
| 应装接地线(注明确实地点) | 已装接地线(注明接地线编号和装设地点) |
| | |
| | |
| 应设遮栏，应挂标示牌 | 已设遮栏，已挂标示牌(注明地点) |
| | |
| | |
| | 工作地点保留带电部分和补充安全措施 |
| | |
| | |
| 工作票签发人签名：______ | 工作许可人签名：______ |
| 收到工作票时间___年___月___日___时___分<br>值班负责人签名：______ | 值班负责人签名：______ |

6. 许可开始工作时间：___年___月___日___时___分
　工作许可人签名：______ 工作负责人签名：______
7. 工作负责人变动：
　原工作负责人______离去，变更______为工作负责人。
　变动时间：___年___月___日___时___分
　工作票签发人签名：______
8. 工作票延期有效期延长到：___年___月___日___时___分
　工作负责人签名：______ 值班负责人签名：______
9. 工作终结：
　工作班人员已全部撤离，现场已清理完毕。
　全部工作于___年___月___日___时___分结束。
　工作负责人签名：______ 工作许可人签名：______
　接地线共___组已拆除。
10. 备注：__________

值班负责人签名：______

表 6-2　第二种工作票　　编号：

1. 工作负责人(监护人)：________班组：________工作班人员：____________共___人
2. 工作任务：____________________________________________
3. 计划工作时间：
　自___年___月___日___时___分
　至___年___月___日___时___分
4. 工作条件(停电或不停电)：________________________________
5. 注意事项(安全措施)：__________________________________
__________________________________
工作票签发人签名：__________
6. 许可开始工作时间：___年___月___日___时___分
　工作许可人(值班员)签名：________工作负责人签名：________
7. 工作结束时间：___年___月___日___时___分
　工作负责人签名：________工作许可人(值班员)签名：________
8. 备注：________________________________________________

② 填用第一种工作票的工作

a. 在高压设备上工作，需要全部停电或部分停电的工作。

b. 在高压室内二次接线和照明等回路上工作，需要将高压设备停电或做安全措施的工作。

③ 填用第二种工作票的工作

a. 带电作业和在带电设备外壳上的工作。

b. 控制盘和低压配电盘、配电箱、电源干线上的工作。

c. 无需将高压设备停电而需在二次接线回路上的工作。

d. 转动中的发电机、同步调相机的励磁回路或高压电动机转子电阻回路上的工作。

④ 口头或电话命令　值班员按现场规程规定所进行的工作，可根据发令人（电气负责人）的口头或电话命令执行。值班员应将发令人姓名及工作任务详细记入操作记录簿中，并向发令人复诵核对一遍，正确无误后方可执行。

工作票签发人对以下四条应负完全责任：

a. 工作的必要性；

b. 工作是否安全；

c. 工作票上所签的安全措施是否正确完备；

d. 所派工作负责人和工作班人员是否适当，精神状态是否良好。

工作负责人（监护人）在工作前应将工作任务、停电范围、安全措施和工作时间等详细情况向工作人员交底，并负责检查工作票中所写安全措施是否切实可行，是否符合现场条件。工作中应不断检查，发现问题，并采取措施迅速解决。

工作许可人（值班员）应负责检查工作票上所写各项安全措施是否完备及符合现场条件，并正确执行，负责检查停电设备有无突然来电的可能。

参加工作班的所有工作人员，工作中应互相关心，为每个人的安全共同负责。

工作中不需要采取安全措施时，可只填写工作中应注意事项。工作票签发人对工作注意事项填写不完善时，工作许可人根据现场情况应予补充。

需要变更工作班中的成员时，须经文件负责人的同意，并由工作负责人将增减人员的姓名填写在工作票上或划掉。如果扩大工作地区或变更工作任务时，则必须填用新的工作票。

填写工作票应一式两份，须用钢笔或圆珠笔填写，内容要正确，字迹要清楚，不得任意涂改。

工作票上有关人员必须签名或盖章。

两份工作票中的一份必须经常保存在工作地点，由工作负责人收执，作为进行工作的依据；另一份由值班员收执，按值移交，妥为保管，以供备查。一般保留期为三个月。

一个工作负责人只能发给一张工作票。工作票上所列的工作地点，以一个电气连接部分为限。所谓一个电气连接部分，指的是配电装置中的一个电气单元，可以用刀闸和其他电气部分作截然分开的部分。

如施工设备属于同一电压、位于同一楼层、同时停送电、且不会触及带电导体时，则允许在几个电气连接部分共用一张工作票。

开工前，工作票内的全部安全措施应一次做完。

事故抢修工作可不用工作票，但应记入操作记录簿内。在开始工作前，必须做好安全措施，并应指定专人负责监护。

工作票应在工作开始以前交给值班员。

值班员或工作负责人在接受工作票时，如对工作票内容产生疑问，应立即向工作票签发人询问清楚。

⑤ 工作票签发人的条件　工作票签发人应由熟悉工作人员技术水平、熟悉设备情况、熟悉安全工作规程的生产领导人、技术人员或经厂主管生产领导批准的人员担任。

工作负责人和允许办理工作票的值班员（工作许可人）应由主管生产的领导书面批准。

工作负责人可以填写工作票。工作许可人不得签发工作票。为了使所填写的工作票得到必要的审核或制约，工作票签发人不得兼任工作负责人。

（2）工作许可制度

履行工作许可手续的目的，是为了在完成好安全措施以后，进一步加强工作责任感，确保万无一失所采用的一种必不可少的措施。因此，在完成各项安全措施之后，必须再履行工作许可手续。

工作许可人（值班人）在完成工作现场的准备工作后，应会同工作负责人再次检查必要的接地、短路、遮栏和标示牌是否装设齐备，然后才许可工作班开始工作。工作许可手续包括下列各项：

① 值班员应在工作地点对工作班人员当面用手触试已停电并已接地和短路的导电部分，证明已无电压；

② 值班员应对工作人员指明带电设备所在的位置；

③ 值班员应在两份工作票上签名，然后交给工作负责人签收。

工作开始后，无关人员不得进入工作现场。

工作负责人、工作许可人任何一方不得擅自变更安全措施，值班人员不得变更有关检修设备的运行接线方式。工作中如有特殊情况需要变更时，应事先取得对方的同意。

（3）工作监护制度

执行工作监护制度的目的是使工作人员在工作过程中得到监护人一定的指导和监督，及时纠正一切不安全的动作和其他错误做法，特别是在靠近有电部位及工作转移时更为重要。

工作负责人（监护人）必须始终在工作地点，不间断地监护工作人员。若因故必须离开工作地点，则应指定能胜任此项工作的人员临时代替。在离开前应向代替人详细交代工作任务和安全事项，并通知全体工作人员。当原监护人返回工作地点时，也应履行同样的交接手续。

工作负责人除担任监护工作以外，不得兼做其他工作。在全部停电时，工作负责人可以参加工作班工作。在部分停电时，只有在安全措施可靠，人员集中在一个工作地点，不致发生误触导电部分的情况下，才能参加工作。

值班员如发现工作人员严重违反安全工作规程或任何危及工作人员安全的情况，应立即停止该工作班的工作，收回工作票，并立即报告领导处理。

(4) 工作间断、转移和终结制度

① 在一个工作日中，工作需要间断（如吃饭、休息等）时，工作票仍由工作负责人执存，所有标示牌、遮栏和接地线仍保持不动。工作间断后再开始时，无需通过值班员，由工作负责人带领全班人员回到工作地点继续工作。

工作班每日收工，应将工作票交回。次日复工，工作负责人应向值班员领取工作票，并会同查看安全措施有无变动；如有变动，则须重新履行工作许可手续。

② 在同一电气连接部分，用同一工作票依次在几个工作地点转移工作时，全部安全施工票，由值班员在开工前一次做完，不需要再办理转移手续。但工作负责人在转移工作地点时，应向工作人员交代带电范围、安全措施和注意事项后方能开工。

③ 全部工作结束以后，工作班应仔细清理工作地点，工作负责人应周密检查。值班员在接到工作班的工作负责人关于工作结束和工作地点清理完毕、工作班已全部撤出的通知后，应立即巡视设备状况和工作地点有无遗留物件，是否清洁等。然后在工作票上填明工作结束时间，交工作负责人签名后，值班员则将两份工作票留存。

④ 值班员完成下列手续后，工作票方告终结：

a. 拆除所有接地线，清点接地线的数目，并对照编号检查接地线有无遗漏；

b. 拆除临时遮栏和标示牌；

c. 恢复常设遮栏。

测量绝缘电阻工作应在拆除临时遮栏和标示牌以前进行。

⑤ 在同一电气连接部分上，若有几个工作班同时进行工作，则须待所有工作票均告结束后方可将设备投入运行。

⑥ 线路停电检修工作终结时，应先查明所有工作人员确已从线路全部撤出，线路上的接地线确已拆除，临时遮栏和标示牌也已拆除，且恢复常设遮栏，并得到值班调度员或值班负责人的许可命令后，方可合闸送电。

⑦ 工作票终结后，一份由值班员保存，另一份交回工作票签发人保管。已终结的工作票，应加盖“已执行”印章后妥善保存三个月，以便于检查和进行交流。

### 6.1.2 保证电气安全的技术措施

在全部停电或部分停电的电气设备上工作，保证安全的技术措施有停电、验电、装设接地线、悬挂标示牌、装设遮栏等。

上述安全措施，应由管理该设备的值班电气人员或断开电源人执行，并应有监护人在场。

(1) 停电

在施工设备上断开电源时，必须将全部设备或部分设备的所有电源完全断开，必须拉开刀闸，使各方面至少有一个明显的断开点。禁止在只经断路器断开电源的设备上工作，为了防止发生由低压侧通过变压器向高压侧倒送电，应将与停电设备有关的变压器从高、低压两侧断开。

断路器远方控制回路的保险应取下，开关和刀闸的操作把手应锁住或绑死。工作人员必须与导电部分保持足够的安全距离，见表 6-3。安全距离不够时，即使非施工设备，也应断开电源。

表 6-3　电气作业安全距离

| 电压等级 | 低压部分 | 10kV 以下 | 25～35kV | 60～110kV | 220kV | 330kV |
|---|---|---|---|---|---|---|
| 安全距离 | 0.20m 以上 | 0.70m 以上 | 1.00m 以上 | 1.50m 以上 | 3m 以上 | 4m 以上 |

（2）验电

验电前应先将验电器在带电的设备上试验，证明其良好后，再在施工设备的进出线两侧验电，不同电压等级的验电器不得混用。高压验电时，应戴绝缘手套，并有人监护，验电器应逐渐接近带电体。

500V 以下的设备验电工作，可以用白炽灯或试电笔检验有无电压（室外线路验电，最好用白炽灯泡）。

表示设备断电的常设信号装置，只能作参考，不得作为设备确无电压的根据。但若信号装置指示有电，则绝对禁止在该设备上工作。

（3）装设接地线

装设接地线应注意的事项如下。

① 当验明设备确无电压后，应立即将检修设备接地并三相短路，这是在工作地点防止突然来电致使工作人员触电的可靠安全措施；同时设备断开部分的剩余电荷，也可因接地而放尽。

② 凡是可能向停电设备突然送电的各电源侧，均应装设接地线。对电源而言，应始终保证工作人员在接地线的后侧工作，以确保安全。

所装的接地线及带电部分的距离，在考虑了接地线摆动后，不得小于表 6-3 所规定的安全距离。

当有可能产生危险感应电压的情况时，应视具体情况适当增挂接地线，至少应保证在感应电源两侧的检修设备上各有一组地线。

装设接地线的工作，应由值班人员执行，但在某些地点装设接地线确有困难时，如需要上杆、登高等，则可委托检修人员代为执行，值班人员进行监护。

③ 在母线上工作时，应根据母线的长短和有无感应电压等实际情况，确定接地线数量。装设 10m 及以下的母线时，可以只装设一组接地线；装设 10m 以上的母线时，则应视连接在母线上电源进线的多少和分布情况及感应电压的大小，适当增加装设接地线的数量。

④ 检修部分若分为几个在电气上不相连接的部分（如分段母线以刀闸或开关隔开分成几段），则各段应分别验电接地短路。接地线与检修部分之间不得连有开关或保险器。降压变电所全部停电时，应将各个可能来电侧的部分都分别接地短路，其余部分不必每段都装设接地线。

⑤ 为了保证接地线和设备导体之间接触良好，对室内配电装置来说，应将接地线悬挂在刮去油漆的导电部分的固定处。因为如果接地线和导电部分接触不良，当流过短路电流时，在接触电阻上产生的压降将施加于停电设备上，这是不允许的。

接地线的接地端应固定牢靠，连接良好，以保证可靠的接地。在配电装置的适当地点，应设置接地网的接头，供固定接地线用；也可采用在接地线的接地端设专用的夹具固定在接地体上的连接方式。

变电所接地网的接地电阻，必须符合电力设备接地设计技术规程的规定。

⑥ 装设或拆除接地线，必须由两人进行，即一人监护，一人操作。若为单人值班，只允许操作接地刀闸或使用绝缘棒来合、拉接地刀闸。

⑦ 在装拆接地线的过程中，应始终保持接地线处于良好的接地状态，这样在突然来电

时，能有效地限制接地线上的电位，从而保证装拆接地线人员的人身安全。因此，在装设接地线时，必须先接接地端，后接导体端。拆接地线时则与此相反。为确保操作人员的人身安全，装拆接地线均应使用绝缘棒或戴绝缘手套。

⑧ 接地线应用多股软裸铜线，其截面积应符合短路电流的要求，但不得小于 $25mm^2$。接地线在每次装设以前应做详细检查。损坏的接地线应及时修理或更换。禁止使用不符合规定的导线作接地或短路之用。

接地线必须使用专用的线夹固定在导体上，严禁用缠绕的方法进行接地或短路。

⑨ 高压回路上的工作，需要拆除全部或一部分接地线后始能进行工作的（如测量母线和电缆的绝缘电阻，检查开关触头是否同时接触），需经特别许可。

下述工作必须征得值班员的许可（根据调度员命令装设的接地线，必须征得调度员的许可），方可进行。

a. 拆除一相接地线；

b. 拆除接地线，保留短路线；

c. 将接地线全部拆除或拉开接地刀闸。

工作完毕后，立即恢复。

⑩ 每组接地线均应编号，并存放在固定地点。存放位置也应编号，接地线号码与存放位置号码必须一致。

⑪ 装拆接地线，应做好记录，交接班时应交代清楚。

（4）悬挂标示牌，装设遮拦

悬挂标示牌和装设遮栏的地点如下。

① 一经合闸即可送电到工作地点的开关和刀闸的操作把手上，均应悬挂“禁止合闸，有人工作!”的标示牌。如果线路上有人工作，应在线路开关和刀闸操作把手上悬挂“禁止合闸，线路有人工作!”的标示牌。标示牌的悬挂和拆除，应按调度员的命令执行。

② 部分停电的工作，安全距离小于表 6-3 规定距离以内的未停电设备，应装设临时遮栏。临时遮栏与带电部分的距离，不得小于表 6-3 规定的数值。临时遮栏可用干燥木材、橡胶或其他坚韧绝缘材料制成。装设应牢固，并悬挂“止步，高压危险!”的标示牌。

35kV 及其以下设备的临时遮栏，如因工作特殊需要，可用绝缘挡板与带电部分直接接触。但此种挡板必须具有高度的绝缘性能，并符合有关要求。

③ 为防止检修人员误入有电设备的高压导电部分或其附近，确保检修人员在工程中的安全，在室内高压设备上工作，应在工作地点两旁间隔和对面间隔的遮栏上，以及禁止通行的过道上，悬挂“止步，高压危险!”的标示牌。

④ 在室外地面高压设备上工作，应在工作地点四周用绳子做好围栏，围栏上悬挂适当数量的“止步，高压危险!”标示牌，标示牌必须朝向围栏里面（即工作人员所处场所）。

⑤ 在工作地点悬挂“在此工作!”的标示牌。

⑥ 在室外构架上工作，则应在工作地点邻近带电部分的横梁上，悬挂“止步，高压危险!”的标示牌。此项标示牌应在值班人员的监护下，由工作人员悬挂。在工作人员上下用的铁架或梯子上，应悬挂“从此上下!”的标示牌。在邻近其他可能误登的架构上，应悬挂“禁止攀登，高压危险!”标示牌。

严禁工作人员在工作中移动或拆除遮栏、接地线和标示牌。

### 6.1.3 电气安全作业规程

电气安全作业规程是电气安全管理的重要内容，是确保电气设备正常运行和电气作业人员安全的有效措施。

(1) 倒闸操作的安全规程

倒闸操作，是值班运行电工的一项重要而复杂的工作。倒闸操作是指合上或断开开关、闸刀和熔断器，以及与此有关的操作。如交直流操作回路的合上或断开，继电保护及自动重合闸的投入或停用，校核相序及测定绝缘电阻等。

① 倒闸操作的基本要求　倒闸操作应根据电力调度或主管领导的命令，按倒闸操作票顺序，由专职电工进行操作。复杂的倒闸操作应一人监护，一人操作，且应实行“二点一等再执行”的操作方法。即操作人员先指点铭牌，再指点操作设备，等监护人核对后发出“对”或者“执行”命令时，操作人再执行操作。

② 倒闸操作的基本程序　切断电源（断电）时，为了防止带负荷拉闸，应先拉开断路器，再拉开闸刀。合上电源（送电）时，为了防止带负荷合闸，应先合上闸刀，然后再合上断路器。

③ 倒闸操作票　倒闸操作票是防止由于倒闸操作错误而引起的错拉、错合、带负荷拉合隔离开关及未拆接地线合闸等。高压设备倒闸操作必须填写操作票，应由两人进行操作。单人值班，操作票由发令人用电话向值班员传达、填写操作票，复诵无误，并在“监护人”签名处填入发令人的姓名。倒闸操作票的格式如表 6-4 所示。

**表 6-4　倒闸操作票**

| | | |
|---|---|---|
| 操作时间 | 开始时间 | 年　　月　　日　　时　　分 |
| | 停止时间 | 年　　月　　日　　时　　分 |
| 操作任务 | | |
| √ | 顺　序 | 操　作　项　目 |
| | | |
| | | |
| | | |
| | | |

操作人：__________　　监护人：__________　　值班负责人：__________　　值长：__________

倒闸操作票应书写清楚，不得涂改。操作顺序不得颠倒填错，每项在操作完毕后应打“√”号。操作结束，操作人应注明“已执行”。

操作中发生疑问时，不能擅自更改操作票，必须向主管领导或技术负责人报告，弄清楚后再进行操作。操作票应先编号，按编号顺序使用，保存三个月。

下列各项工作可以不用操作票：

a. 事故处理；

b. 拉合开关的单一操作；

c. 拉开接地刀闸或拆除全站（所）仅有的一组接地线；

（但上述操作应记入操作记录本内）

d. 拆装携带型临时接地线。

携带型临时接地线是保护电气作业人员在工作时防止突然来电的有效措施。同时在电气设备的断开部分如有剩余电荷，也可因接地而放尽。接地线应采用不小于 $25mm^2$ 截面的裸铜线制成，严禁使用不符合规定的导线作接地线，接地线应装在明显的地方。

装拆接地线应由两人操作，并须戴绝缘手套。装设时，应先接接地端，在证明工作设备上确实无电后，则将接地线接到设备的各个导体上。各连接点的接触均须紧密可靠。拆除时，应先拆工作设备导体上的接地线，再拆接地端。

(2) 临时用电装置的安全规程

临时用电装置是指因生产或生活急需而装设的临时用电设备和临时用电线路。由于临时用电装置的使用时间短暂，容易忽视安全措施，故易导致触电事故。

临时用电装置应严格控制，如确需装设时，应由使用部门填写“临时线路安装申请单”，经设备、安全技术部门批准方可装设。

临时用电线路的基本要求及装拆顺序，可参见有关内容。

在临时用电装置的电源端及操作处均应装设熔断器和开关。电动机和操作开关的安装部位，应在能看清电动机运行的地方，以防事故。

(3) 停电检修工作的安全规程

停电检修工作是指电气设备和电气线路的检修工作是在全部停电或局部停电后进行。停电检修工作必须得到设备动力部门的同意或使用工作票。

① 停电检修工作的安全要求　停电检修工作，必须在验明确实无电以后才能进行。停电检修时，对有可能送电到所检修的设备及线路的开关和闸刀，均应全部断开，并做好防止误合闸的措施。在已断开的开关和闸刀的操作手柄上，挂上“禁止合闸，有人工作”的标示牌，必要时应加锁。

② 停电检修工作的基本顺序　首先应根据工作票内容，做好全部停电的倒闸操作。停电后再对电力电容器和电缆线等，应用携带型接地线及绝缘棒放电。然后用验电笔，对所检修的设备及线路进行验电。在证实无电后，才能开始工作。

③ 检修完毕后的送电顺序　必须先将遗留在工作现场的工具、器具材料等彻底收拾清理，再拆除携带型临时接地线、临时遮栏及护罩。检查无遗留后，按工作票（或倒闸操作票）内容，拆除开关、闸刀等操作手柄上的标示牌，然后进行通电的倒闸操作。

(4) 不停电工作的安全规程

不停电工作是指在带电设备、带电体附近或在带电设备的外壳上进行检修工作。如电力部门在不停电的带电体上进行绝缘杆工作、等电位工作、带电水冲洗等。

① 不停电工作的安全要求　不停电工作必须严格执行监护制度，应指派有经验的电工专人监护，由经过培训、鉴定（考核）合格，且能熟练掌握不停电检修技术的电工担任。

所使用的工具应经过检查和试验。

不停电工作必须保证足够的安全距离。

不停电检修工作的时间不宜太长，以免检修人员的精力分散而导致事故。

不停电工作严禁使用无绝缘柄的钳子、螺丝刀、活络扳手、金属尺和有金属物的毛刷等工具。

在带电的低压导线上工作，导线与导线之间未采取绝缘措施时，工作人员不得穿越导线。在带电的低压配电装置上工作时，应采取防止相间短路、相地短路的隔离防护措施。

带电作业的电工，应穿好长袖上衣和长裤，扣紧袖口。严禁穿汗背心和短裤。带电工作时，应戴绝缘手套和安全帽，穿绝缘鞋或站在干燥的绝缘垫上。

② 不停电工作的顺序　在带电的低压线路上工作时，上杆前应分清相线和零线，选好工作位置。

断开导线时，应先断开相线，后断开零线。搭接导线时，应先将线头试搭，然后先接零线，后接相线。

## 【思考与练习】

(1) 电气安全管理的基本要求是什么？电气安全管理要做好哪些工作？
(2) 保证电气安全的组织措施包含哪些内容？技术措施含哪些内容？
(3) 第一种工作票适用于哪些工作？第二种工作票适用于哪些工作？
(4) 电气安全作业规程包含哪些具体规程？

# 6.2 防止电气事故的安全技术措施

**能力目标**

① 了解电气事故的分类和预防原则。
② 掌握防止电气事故的安全技术措施。
③ 掌握电气设备接地的重要性和各种接地方式。
④ 学会接地装置的制作和安装。

### 6.2.1 电气事故的分类

电气事故可以分为人身事故、设备事故和操作事故三类。

(1) 人身事故

人身事故指触电造成的人身伤亡事故。触电是指电流流过人体所引起的损伤。这种损伤可以分为直接损伤和间接损伤两类。直接损伤包括电击和电伤。电击是指电流对人体内脏的伤害，主要有心室纤维颤动、呼吸中枢抑制、心血管中枢衰竭等；电伤是指电流对人体皮肤的伤害，主要有电弧的高温灼伤、皮肤金属化形成的电烙印、电弧强光对人眼的刺伤等。间接损伤主要有因触电从高处落下的摔伤、电气起火的烧伤、电气爆炸的伤害等。

(2) 设备事故

设备事故通常有两种：一是过电压击穿，原因有雷电过电压、操作过电压、电源电压升高等；二是过电流烧毁，原因有过载、短路、环境温度过高等。过电流损坏和过电压损坏往往是互相关联的。

(3) 操作事故

主要指误操作而引起的事故和停电。

### 6.2.2 电气事故的预防原则

电气事故会造成人员和设备损失，给家庭和生产带来影响。预防电气事故，必须从采取严密的组织措施和严格的安全技术措施两方面着手。

采取严密的组织措施，主要是要建立健全用电安全制度体系，并认真执行。实践证明，大量电气事故都是主观因素造成的，如规章制度不健全，无章可循，自由作业；执行制度不严格，有章不循，违章作业；设备维修不及时，“带病”运行，凑合作业，以及职工技术素质差，盲目操作，凭经验作业等。

完整的用电安全制度体系应该包括以下各个方面：

① 岗位合格证制度，明确“什么人可以上岗”；
② 岗位责任制度，明确“做什么”；

③ 安全操作制度和设备维护检修制度，明确“怎样做”；

④ 职工培训制度和安全教育制度，明确“为什么这样做”；

⑤ 安全检查制度和事故分析制度，明确“做得怎么样”。

### 6.2.3 防止电气事故的安全技术措施

（1）合理选择电气设备和导线电缆

① 按正常工作条件选择　电气设备和导线电缆的额定电压、额定频率要符合电网电压和频率，额定电流不小于所在回路的负荷计算电流。切断负荷电流的电器（如负荷开关）应校验断开电流，开闭启动尖峰电流的电器（如接触器）应校验通断能力和操作频率。当实际环境温度与电气设备和导线电缆的额定环境温度不一致时，还应对其定额进行校正。导线电缆还应满足电压损失和机械强度的要求。

② 按短路工作条件选择　电气设备的电动稳定性和热稳定性，应按短时通过的最大短路电流校验。直接断开短路电流的电器（如断路器、熔断器），应校验其断流容量或分断能力。

③ 按使用环境条件选择　多尘场所，应使用防尘型或尘密型电气设备；腐蚀场所，应使用防腐型电气设备；爆炸和火灾危险型场所，应采用防爆型或安全火花型电气设备；热带地区，应选用湿热带型或干热带型电气设备；高原地区，是指海拔高度超过 1000m 的地区，考虑到气压降低导致的空气绝缘强度减弱和空气密度降低导致的散热条件变坏，应使用高原型电气设备，但普通型低压电气设备允许在海拔不超过 2500m 的高原地区使用，6～10kV 普通型高压电气设备允许在海拔不超过 2000m 的高原地区使用。导线电缆的结构也要适应环境要求。

④ 按其他特殊要求选择　如安装条件、控制要求等。

（2）绝缘、屏护和安全间距

绝缘是指用绝缘材料把带电体封闭起来。对电气设备和线缆的绝缘电阻应经常检查，使之符合规定。一般采用摇表检查，对高压电气设备和导线电缆，应使用 2500V 高压摇表，绝缘电阻不能低于 1MΩ/kV；对低压电器设备和导线电缆，应使用 500V 或 1000V 低压摇表，绝缘电阻不能低于 0.5MΩ。

屏护是指用遮栏、护罩、箱柜等物品把带电体隔离开。

安全间距是指线路间距、设备间距、检修间距等，都要符合安全规程的规定。

（3）接地及保护

① 接地的一般概念　将电气设备或线路的某一部分通过接地装置与大地相连，称为接地。接地装置通常由接地线和接地体组成。根据目的的不同，接地可以分为保护接地和工作接地两大类，如图 6-1 所示。

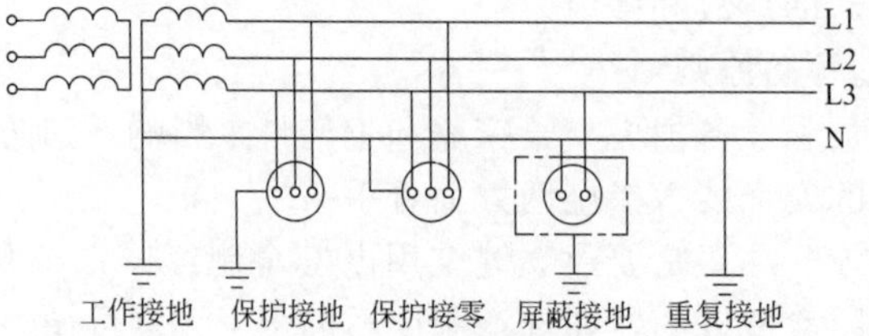


图 6-1　接地类型

a. 保护接地　是将电气设备中平时不处在电压下，但可能因绝缘损坏而呈现电压的所有部分接地。因为这种接地是保护人身安全的，故而称为保护接地或安全接地。保护接地是为了人身、设备安全的接地，包括：

- 避免电气设备绝缘损坏而触电的接地，有保护接地和保护接零；
- 避免雷击的接地，称为防雷接地；
- 避免静电的接地，称为防静电接地。

b. 工作接地　凡运行所需的接地称为工作接地。工作接地是为了设备正常工作的接地，包括：

- 大电流接地系统的中性点接地，称为工作接地；
- 防止外界电磁波对电气设备干扰的接地，称为屏蔽接地；
- 三相四线系统中线上的重复接地。

② 保护接地　将电气设备不带电的金属外壳和金属构件通过接地装置与大地相连，称为保护接地，如图6-2所示。保护接地的接地电阻要求在4Ω以下，比人体电阻小得多。当电气设备发生“碰壳”故障时，将有接地电流经故障相电源线→外壳→接地装置入地，与接地装置并联的人体流过的电流极小。在小电流接地系统中，接地电流很小，流经人体的电流更小，不会危及人身安全；由于接地相对地电压为零，也不会构成对人体高电压的威胁。在大电流接地系统中，接地电流为单相短路电流，该电流作用于保护装置，使线路跳闸，从而保障了与故障设备接触的人身安全。

保护接地是设备的外露可导电部分经PE线直接接地，例如TT系统和IT系统。

③ 保护接零　在三相四线制系统中，将电气设备不带电的金属外壳和金属构件用导线和中性线相连，称为保护接零，如图6-3所示。由于与中性线相连的变压器工作接地的接地电阻要求在4Ω以下，当电气设备“碰壳”时，形成单相短路电流，使保护装置动作，线路跳闸，从而保证了人身安全。

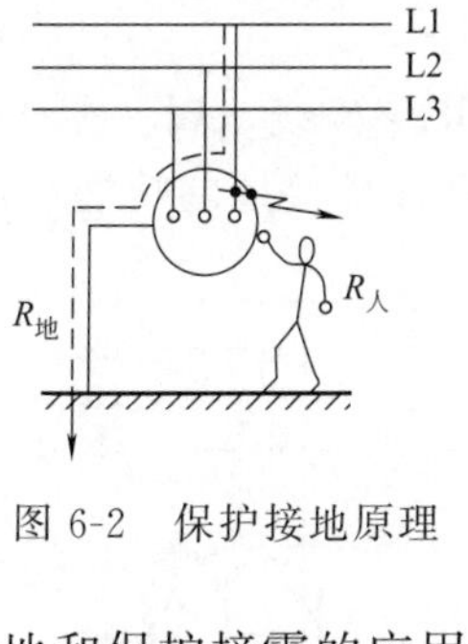


图6-2　保护接地原理

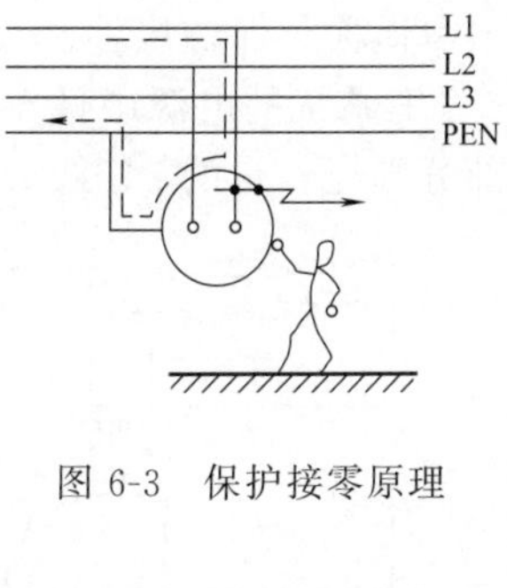


图6-3　保护接零原理

（4）保护接地和保护接零的应用

我国的低压配电系统，通常采用三相四线制系统，即380/220V低压配电系统。该系统采用电源中性点直接接地方式，而且引出中性线（N线）和保护线（PE线）。按保护接地或保护接零的型式不同，可以把低压系统分为TN系统、TT系统和IT系统三大类型。

① TN系统　TN系统是将中性点直接接地，而且引出中性线和保护线的三相四线制系统。

在低压配电的TN系统中，中性线（N线）的作用：一是用来接相电压220V的单相设备；二是用来传导三相系统中的不平衡电流和单相电流；三是减少负载中性点的电压偏移。保护线（PE）的作用，是为保障人身安全，防止触电事故发生。在TN系统中，当用电设备发生单相接地故障时，就形成单相短路，线路的过电流保护装置动作，迅速切除故障部分，从而防止人身触电。

TN系统可因其N线和PE线的不同形式，分为TN-C系统、TN-S系统和TN-C-S系统，如图6-4所示。

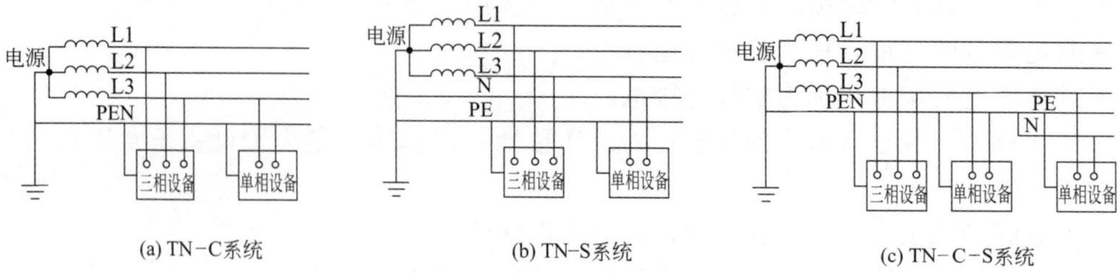


图 6-4　TN 系统

a. TN-C 系统　这种系统的 N 线和 PE 线合用一根导线，叫保护中性线（PEN 线），所有设备外露可导电部分（如金属外壳等）均与 PEN 线相连。当三相负荷不平衡或只有单相用电设备时，PEN 线上有电流通过。这种系统一般能够满足供电可靠性的要求，而且投资较省，节约有色金属，所以在我国低压配电系统中应用最为普遍。

b. TN-S 系统　这种系统的 N 线和 PE 线是分开的，所有设备的外露可导电部分均与公共 PE 线相连。这种系统的特点是公共 PE 线在正常情况下没有电流通过，因此不会对接在 PE 线上的其他用电设备产生电磁干扰。此外，由于其 N 线与 PE 线分开，因此 N 线即使断线也并不影响接 PE 线的用电设备防间接触电的功能。所以，这种系统多用于环境条件较差，对安全可靠性要求高及用电设备对电磁干扰要求较严重的场所。

c. TN-C-S 系统　这种系统前边为 TN-C 系统，后边为 TN-S 系统（或部分为 TN-S 系统），兼有 TN-C 系统和 TN-S 系统的优点，常用于配电系统末端环境条件较差，或有要求无电磁干扰的数据处理精密检测装置等设备的场所。

在 TN 系统中，设备外露可导电部分经低压配电系统中公共的 PE 线或 PEN 线接地，这种接地形式我国习惯称为保护接零。

② TT 系统　TT 系统的电源中性点直接接地，也引出 N 线，属三相四线制系统，而设备的外露可导电部分则经各自的 PE 线分别直接接地，其保护接地的功能可用图 6-5 来说明。

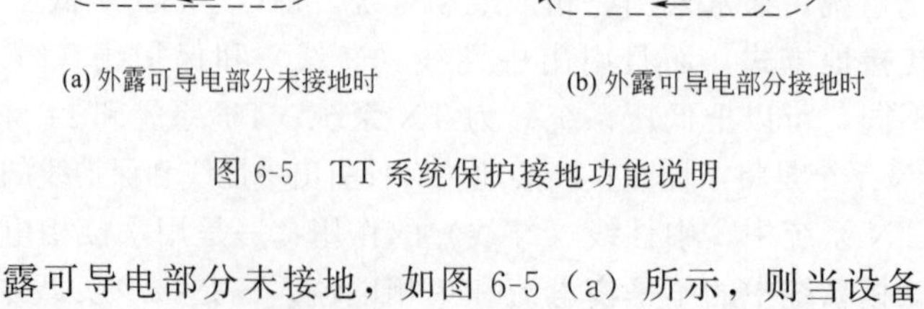

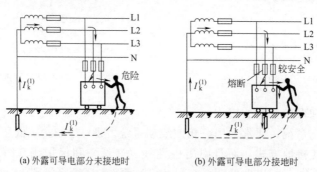

图 6-5　TT 系统保护接地功能说明

如果设备的外露可导电部分未接地，如图 6-5（a）所示，则当设备发生一相接地故障时，外露可导电部分就要带上危险的相电压。由于故障设备与大地接触不良，这一单相故障电流可能较小，通常不足以使故障设备电路中的过电流保护装置动作而切除故障设备，这样就增加了人体触电的危险。

如果设备的外露可导电部分采取直接接地，如图 6-5（b）所示，则当设备发生一相接地故障时，就通过保护接地装置形成单相短路电流 $I_k^{(1)}$，这一电流通常足以使故障设备电路中的过电流保护装置动作，迅速切除故障设备，从而大大减少了人体触电的危险。即使在故障未切除时人体触及故障设备的外露可导电部分，也由于人体电阻远大于保护接地电阻，因此通过人体的电流也比较小，对人体的危险性也较小。

但是，如果这种 TT 系统中的设备只是绝缘不良引起漏电，则由于漏电电流较小而可能使电路中的过电流保护装置不动作，从而使漏电设备的外漏可导电部分长期带电，这就增加了人体触电的危险。因此，为保障人身安全，这种系统应考虑装设灵敏的触电保护装置（如漏电保护器）。

③ IT 系统　IT 系统的电源中性点不接地或经阻抗（约 1000Ω）接地，且通常不引出 N 线，因此它一般为三相三线制系统，其中电气设备的外露可导电部分经各自的 PE 线分别直接接地。这种接地系统中的设备如发生一相接地故障时，其外露可导电部分将呈现对地电压，并经设备外露可导电部分的接地装置、大地和非故障的两相对地电容，以及电源中性点接地装置而形成单相接地故障电流，如图 6-6 所示。如果电源中性点不接地，则故障电流完全为电容电流。

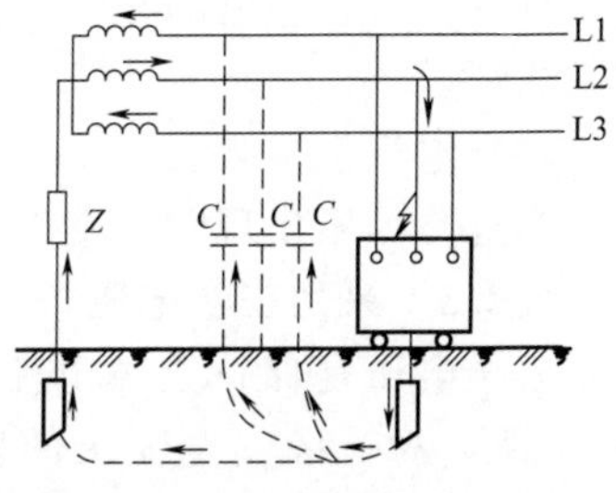


图 6-6　IT 系统在发生一相接地故障时的故障电流

这种 IT 系统属小电流接地系统。小电流接地系统在发生一相接地故障时，其三个线电压仍维持不变，因此三相用电设备仍可继续正常运行，但应装设绝缘监察装置或单相接地保护。在 IT 系统发生单相接地故障时，由绝缘监察装置或单相接地保护发出音响或灯光信号，以提醒运行值班人员及时排除接地故障，否则当另一相再发生接地故障时，将发展为两相接地短路，导致供电中断。

（5）重复接地

在电源中性点直接接地的 TN 系统中，为确保公共 PE 线或 PEN 线安全可靠，除在电源中性点进行工作接地外，还必须在 PE 线或 PEN 线的一些地方进行必要的重复接地。

当未进行重复接地时，在 PE 线或 PEN 线发生断线，并有设备发生一相接地故障时，接在断线后面的所有设备外露可导电部分，都将呈现接近于相电压的对地电压，即 $U_E=U_\varphi$，如图 6-7（a）所示，这是很危险的。如果进行了重复接地，如图 6-7（b）所示，则在发生同样故障时，断线后面的 PE 线或 PEN 线的对地电压 $U'_E=I_E R'_E$。假设电源中性点接地电阻 $R_E$ 与重复接地电阻相等，则断线后面一段 PE 线或 PEN 线的对电压 $U'_E \approx U_\varphi/2$，危险程度大大降低。当然，实际上由于 $R'_E>R_E$，所以 $U'_E \approx U_\varphi/2$，对人体还是有危险的。因

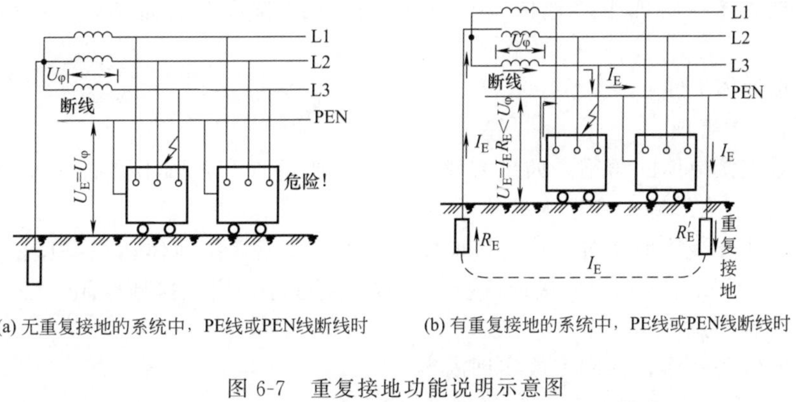


(a) 无重复接地的系统中，PE线或PEN线断线时　(b) 有重复接地的系统中，PE线或PEN线断线时

图 6-7　重复接地功能说明示意图

此应尽量避免发生 PE 线或 PEN 线的断线故障。PE 线和 PEN 线上一般不允许装设开关或熔断器。

应当指出，同一系统中的设备，不允许同时保护接地和保护接零。

### 6.2.4 电气安全装置

(1) 漏电保护装置

主要是漏电保护自动开关（RCD）。

(2) 电气安全联锁装置

可分为防止触电的联锁、排除故障线路的联锁、保证安全操作程序的联锁、防止非电事故的联锁。

(3) 电气信号装置

当危险因素出现时，发出灯光、音响信号报警。

### 6.2.5 采用安全电压

安全电压是保持人体电流在安全电流以下的电压，通常定为 42V、36V、24V、12V、6V 五级。对一般安全要求的场所，如行灯、机床照明、灯头，离地达不到规定高度的场所，通常采用 36V；对有特殊安全要求的场所，如在大型锅炉、管道及金属容器内工作时，通常采用 12V。应当指出，没有绝对的安全电压。人体电阻一般可在 800～2000Ω 范围内变化，那么对 36V 的电压，通过人体的电流可在 18～60mA 范围内变化，而 60mA 的电流足以使人致死。

**技能训练** 接地装置的制作与安装

(1) 实训器材

接地体、接地体连接干线、钳工工具、电工工具等。

(2) 实训目标

① 掌握接地装置的制作方法。

② 掌握接地体和接地线的安装方法。

③ 能正确维修接地装置。

(3) 训练步骤

① 用角钢制作垂直接地体。

② 加工接地体的连接干线。

③ 在地面画线，定好四个接地体的安装位置。

④ 用打桩法逐一将四个接地体垂直打入地面，顶端露出地面 100～200mm，将四周夯实。

⑤ 连接接地体干线。

(4) 训练注意事项

① 制作垂直接地体的角钢，如果有弯曲，一定要矫直，否则不易打入地面，同时导致接地体与土壤之间有缝隙，会增大接地电阻。

② 用打桩法安装接地体时，扶持接地体者双手不要紧握接地体，只要握稳、扶持平直、不要摆动即可，否则打入地面的接地体会与土壤产生缝隙，增大接地电阻。

③ 安装时要注意操作安全。

④ 六名同学为一组，共同完成实训内容。

(5) 技能评价

**接地装置的制作与安装技能考核评分表**

姓名：____________ 级别：____________ 考核时间：60分钟

| 序号 | 考核内容 | 评分要素 | 配分 | 评分标准 | 扣分 | 得分 | 备注 |
|---|---|---|---|---|---|---|---|
| 1 | 准备工作 | 实训器材及工具准备齐全<br>穿工作服、绝缘胶鞋，戴安全帽 | 10 | 少准备一件扣2分<br>少穿戴一样扣2分 | | | |
| 2 | 制作接地体和连接线 | 角钢下料符合尺寸要求<br>角钢入地端加工成30°尖端<br>扁铁（接地体连接线）下料符合尺寸要求 | 20 | 角钢长度量错扣5分<br>角钢尖端角度不合要求扣5分<br>扁铁符合尺寸量错扣5分 | | | |
| 3 | 将接地体打入地面 | 在地面上画四个接地体安装位置<br>将四个接地体垂直打入地面 | 20 | 四个接地体安装位置画错5分<br>四个接地体打入地面后，顶端露出地面的尺寸不正确或不一致扣5分 | | | |
| 4 | 连接接地体干线 | 用电焊焊接接地体干线 | 20 | 焊接不牢固每处扣5分<br>焊点不美观扣3分 | | | |
| 5 | 清理现场 | 清理现场 | 10 | 未清理现场扣10分<br>未收拾工具，每件扣2分 | | | |
| 6 | 安全文明操作 | 遵守安全操作规程 | 10 | 每违反规定一项扣5分<br>严重违规停止操作，并从总分中再扣10分 | | | |
| 7 | 考核时限 | 在规定时间内完成 | 10 | 每超时1分钟扣2分 | | | |
| 合计 | | | 100 | | | | |

评分员： 核分员： 年 月 日

## 【思考与练习】

（1）电气事故可以分为哪几类？各类事故是如何引起的？

（2）预防电气事故的原则是什么？

（3）什么叫接地？接地可分为哪些类型？

（4）常用的电气安全装置有哪些？

（5）什么是安全电压？常采用的安全电压有哪些等级？如何辩证地看待安全电压？

# 6.3 雷电的防护

**能力目标**

① 掌握雷电过电压的基本形式。

② 掌握雷电的危害。

③ 熟悉各种防雷设备的结构原理。

④ 明确雷电防护的各种方法。

⑤ 掌握防雷设备的安装方法。

⑥ 加强运算能力训练。

### 6.3.1 过电压的概念

供电系统正常运行时，由于某种原因，使某些部分的电压升高，甚至大大超过正常状态下的数值，这种对电气设备及线路绝缘造成危害的电压升高称之为过电压。

供电系统中，过电压按其产生的原因不同，一般分为内部过电压和雷电过电压两类。

（1）内部过电压

内部过电压是由于供电系统内部电磁能量的转化或传递引起的电压升高。也可分为操作过电压和谐振过电压。操作过电压是由于系统中的开关操作、负荷骤变或由于故障出现断续性电弧而引起的过电压。谐振过电压是由于系统中的电路参数（$R$、$L$、$C$）在特定组合时发生谐振而引起的过电压。

运行经验证明，内部过电压一般不会超过供电系统正常运行时额定电压的 3～3.5 倍。只要对电气设备及线路的绝缘强度预先进行合理考虑，即可防止其破坏性。

（2）雷电过电压

雷电过电压又称为大气过电压，它是由于供电系统内的设备或建筑物遭受雷击而产生的过电压。由于引起这种过电压的能量来源于外界，故又称为外部过电压。雷电过电压产生雷电冲击波，其电压幅值高达1亿伏，其电流幅值可高达几十万安，因此对供电系统危害极大，必须采取有效措施进行保护。

雷电过电压的基本形式有三种：

① 直击雷过电压　雷电直接对建筑物、电气设备或线路放电，其过电压引起强大的雷电流，通过这些物体入地，称为直击雷过电压；

② 感应雷过电压　雷电的静电感应或电磁感应所引起的危险过电压，称为感应过电压；

③ 雷电波侵入　由于直击雷或感应雷而产生的高电位雷电波，沿架空线路或金属管道侵入变配电所或用户而造成危害，称为雷电波侵入。

### 6.3.2 雷电及其危害

（1）雷电现象

雷电是雷云之间或雷云对地面瞬间放电的一种自然现象。雷电放电的过程称为雷电现象。带电雷云临近地面时，对大地或架空线路将感应出与雷云极性相反的电荷。当雷云中的电荷积聚到足够数量时，电场强度达到一定数值，就会使正、负雷云之间或雷云与大地之间产生放电，出现强大的雷电流。整个放电的温度可达数万摄氏度，并出现耀眼的光亮和巨响，称为雷电，亦即通常所说的“闪电”和“打雷”。

（2）雷电的危害

雷电的破坏作用主要是雷电流和雷电压引起的，其主要表现在以下几方面：

① 雷电的机械效应——雷电流所产生的电动力，可摧毁设备、杆塔和建筑物，伤害人、畜；

② 雷电的热效应——雷电流所产生的热量，可烧断导线和烧毁电力设备；

③ 雷电的电磁效应——雷电过电压，将会击穿电气绝缘，甚至引起火灾和爆炸，造成人身伤亡和设备破坏；

④ 雷电的闪络放电——将会烧坏绝缘子，使断路器跳闸，线路停电或引起火灾。

### 6.3.3 防雷设备

为了避免上述雷电的危害，工厂供电系统通常采用防雷设备进行过电压保护。

一个完整的防雷设备，一般由接闪器或避雷器、引下线和接地装置等三个部分组成。其中接闪器通常用来防直击雷，避雷器通常用来防止雷电波侵入。

（1）接闪器

接闪器是专门用来直接接受雷击的金属体。接闪的金属杆，称为避雷针；接闪的金属线，称为避雷线；接闪的金属带、金属网，称为避雷带、避雷网。所有接闪器都必须经过引下线与接地装置相连。

① 避雷针　避雷针一般用镀锌圆钢或镀锌焊接钢管制成。它通常安装在构架、支柱或建筑物上，其下端经引下线与接地装置焊接。

由于避雷针高出被保护物，又和大地直接相连，当雷云先导接近时，它与雷云之间的电场强度最大，因而可将雷云放电的通路吸引到避雷针本身，并经引下线和接地装置将雷电流安全地泄放到大地中去，使被保护物体免受直接雷击。所以避雷针实质上是引雷针。

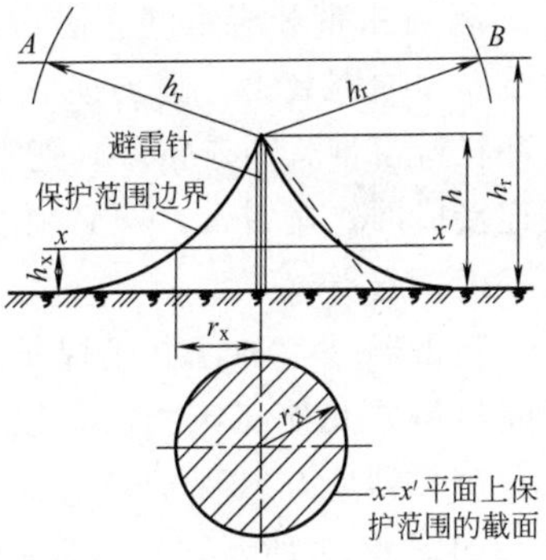


图 6-8　单支避雷针的保护范围

在一定高度的避雷针下面，有一个安全区域，在这个区域的空间基本上不致遭受雷击。这个安全空间称为避雷针的保护范围。

我国对避雷针（或避雷线）的保护范围，现采用“滚球法”来确定。所谓滚球法，就是选择一个半径为$h_r$（滚球半径）的球体，沿需要防护直击雷的部分滚动。如果球体只触及接闪器或者接闪器和地面，而不触及需要保护的部位时，则该部位就在这个接闪器的保护范围之内。而滚球半径$h_r$是按建筑物的防雷类别确定的。

第一类防雷建筑物，滚球半径$h_r=30$m；第二类防雷建筑物，滚球半径$h_r=45$m；第三类防雷建筑物，滚球半径$h_r=60$m。

单支避雷针的保护范围，按下列方法确定（图 6-8）：

$$r_x=\sqrt{h(2h_r-h)}-\sqrt{h_x(2h_r-h_x)}\quad(h\leqslant h_r)\tag{6-1}$$

式中　$r_x$——避雷针在某平面上的保护半径，m；

$h_r$——滚球半径，m；

$h_x$——被保护物高度，m；

$h$——避雷针高度，m。

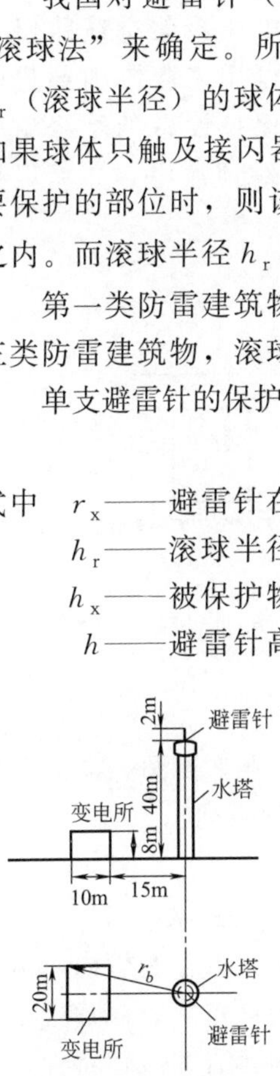


图 6-9　例 6-1 避雷针的保护范围

**例 6-1**　某厂一座 40m 高的水塔旁边，建有一个车间变电所（属第三类防雷建筑物），尺寸如图 6-9 所示。水塔上面装有一支高 2m 的避雷针，试问此避雷针能否保护这个变电所？

**解**　已知滚球半径$h_r=60$m，而$h=40+2=42$m，$h_x=8$m，因此由式（6-1）得到保护半径

$$r_x=\sqrt{42\times(2\times60-42)}-\sqrt{8\times(2\times60-8)}=27.31\text{m}$$

现变电所$h_x=8$m高度上最远一角距离避雷针最远的水平距离为

$$r_b=\sqrt{(10+15)^2+10^2}=26.92\text{m}<r_x$$

由此可见，水塔上安装的避雷针是完全可以保护这个变电所的。

② 避雷线　避雷线又称架空地线，它一般架设在架空线路上边，引下地线与接地装置相连接，用于保护架空线路或其他物体免遭直接雷击。避雷线的原理和功能与避雷针基本相同。单根避雷线的保护范围如图 6-10 所示，按下列方法确定：

a. 避雷线高度 $h<2h_r$ 时，如果满足 $2h_r>h>h_r$，则保护范围最高点的高度按下式计算：

$$h_0=2h_r-h \tag{6-2}$$

避雷线在被保护物高度 $h_x$ 的某平面上的保护宽度 $b_x$ 可按下式计算：

$$b_x=\sqrt{h(2h_r-h)}-\sqrt{h_x(2h_r-h_x)} \tag{6-3}$$

b. 当避雷线高度 $h\geqslant 2h_r$ 时，无保护范围。

③ 避雷带和避雷网　避雷带和避雷网普遍用来保护较高的建筑物免受雷击。避雷带一般沿屋顶周围装设，高出顶面 100～150mm，支持卡间距离 1～1.5m。装在烟囱、水塔顶部的环状避雷带又叫避雷环。避雷网除沿屋顶周围装设外，需要时屋顶上面还用圆钢或扁钢纵横连接成网。避雷带、网必须经引下线与接地装置可靠地连接。

(2) 避雷器

避雷器是一种过电压保护设备，用来防止雷电所产生的大气过电压沿架空线路侵入变配电所或其他建筑物内，以免危及被保护设备的绝缘。避雷器也可用来限制内部过电压。避雷器应与被保护设备并联且位于电源侧，其放电电压低于被保护设备的绝缘耐压值。如图 6-11 所示，沿线路侵入的过电压，将首先使避雷器击穿并对地放电，从而保护了它后面设备的绝缘。

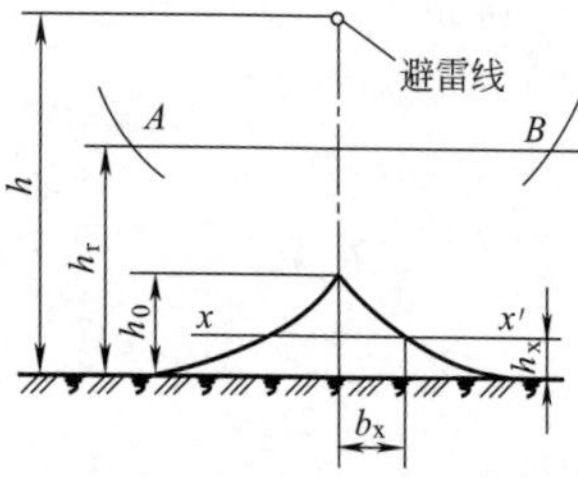


图 6-10　单根避雷线的保护范围

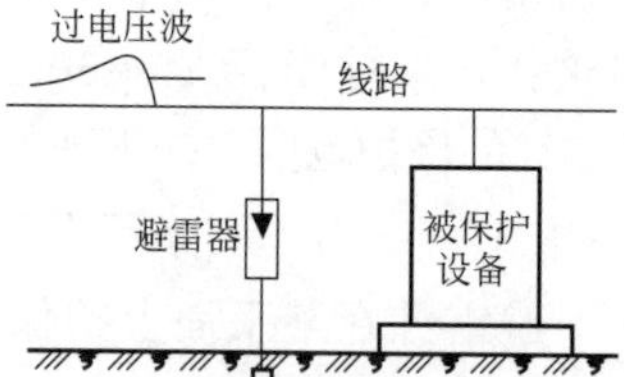


图 6-11　避雷器的连接

避雷器的类型，主要有阀式、管式、保护间隙和金属氧化物避雷器。

① 阀式避雷器　阀式避雷器主要分为普通阀式避雷器和磁吹阀式避雷器两大类。普通阀式避雷器有 FS 和 FZ 两种系列；磁吹阀式避雷器有 FCD 和 FCZ 两种系列。

阀式避雷器型号中的符号含义如下：

F——阀式；S——线路用；Z——电站用；D——保护电机用；C——磁吹。

阀式避雷器主要由火花间隙和阀性电阻（阀片）串联组成，装在密封的瓷套管内。由于火花间隙具有足够的绝缘强度，因此在正常工频电压作用下，间隙不会被击穿，阀片中不会有电流通过，但在雷电过电压作用下，火花间隙被击穿放电。阀片电阻具有非线性特性，正常电压时，阀片电阻阻值很大；过电压时阀片电阻阻值变得很小，如图 6-12（c）所示。因此，当线路出现过电压时，火花间隙被击穿，阀片电阻使雷电流顺利流入大地；而当过电压消失后，线路恢复工频电压时，阀片电阻则呈现很大的电阻值，使火花间隙迅速恢复而切断工频续流，从而保证线路恢复正常运行。

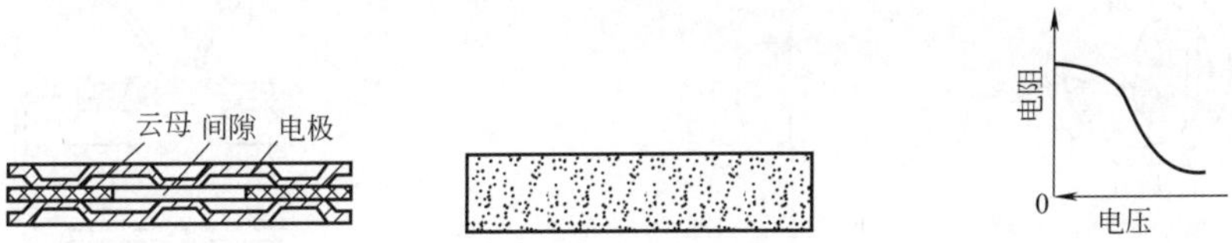


(a) 单元火花间隙　　(b) 阀片　　(c) 阀片电阻的伏安特性曲线

图 6-12　阀式避雷器的组成部件及特性

FS 系列阀式避雷器结构如图 6-13 所示。此种避雷器阀片的直径较小，火花间隙无分路电阻，所以其通流容量较低，一般用来保护小容量的配电装置。6～10kV 及以下的小型工厂配电系统中，广泛用作变压器及电气设备的保护。

FZ 系列阀式避雷器结构如图 6-14 所示。此种避雷器阀片直径较大，火花间隙并联有分路电阻，所以其通流容量较大，一般用于保护 35kV 及以上大中型工厂中总降压变电所的电气设备。

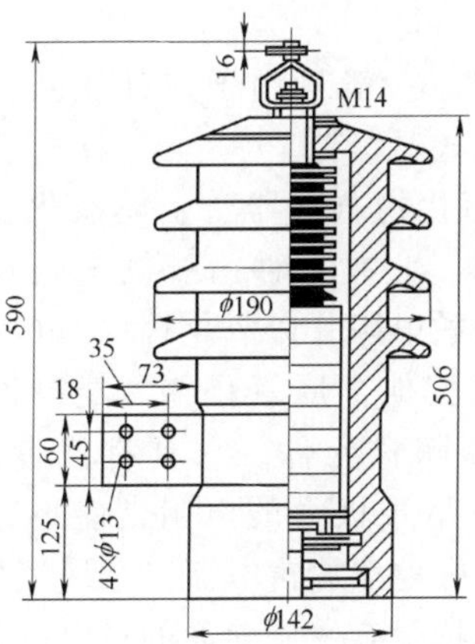


图 6-13　FS-10 型阀式避雷器

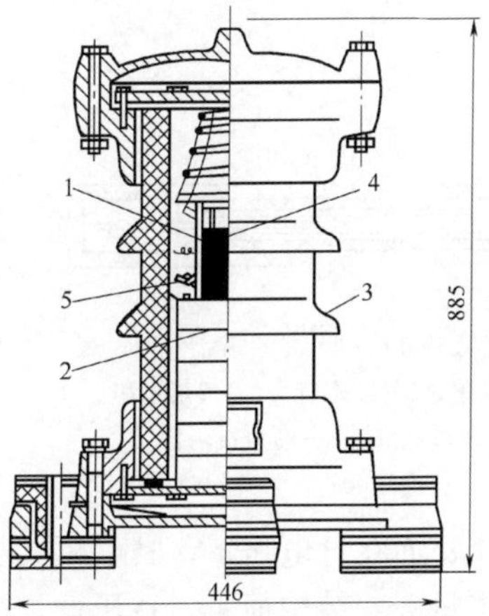


图 6-14　FZ-10 型阀式避雷器

1—火花间隙；2—阀片；3—瓷套；
4—云母片；5—分路电阻

磁吹阀式避雷器（FCD 型）如图 6-15 所示。它内部附有磁吹装置来加速火花间隙中电弧的熄灭，专门用来保护重要的或绝缘较为薄弱的设备，例如高压电动机等。

② 保护间隙和管式避雷器　保护间隙是最简单的防雷设备。其结构形式较多，但基本结构是由两个金属电极构成，如图 6-16 所示。对于 6～10kV 系统，其主间隙有 15mm 及 25mm 两种。为了防止主间隙被鸟兽短路引起误操作，在其下方还串联有辅助间隙，其值为 10mm。正常运行时，间隙对地绝缘；当雷击时，间隙被击穿，将雷电流泄入大地，使被保护电气设备的绝缘不致发生闪络。但这种防雷设备保护性能较差，灭弧能力小，而且容易造成接地和短路故障。因此，对于装有保护间隙的线路，一般要求装设 ARD 与之配合，以提高供电的可靠性。

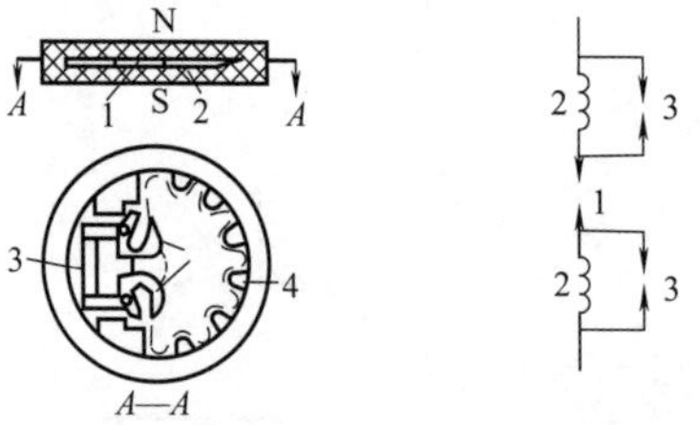


(a) 拉长电弧型磁吹间隙　　(b) 等值回路图

1—电极；2—灭弧盒；3—分路电阻；4—灭弧栅　　1—主间隙；2—磁场线圈；3—分流间隙

图 6-15　磁吹阀式避雷器

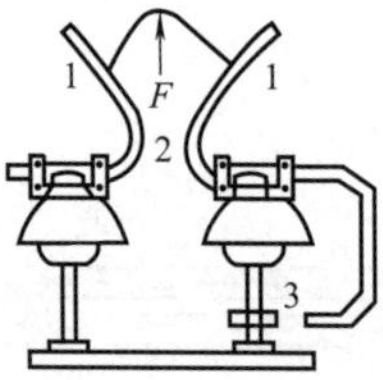


图 6-16　保护间隙

1—$\phi$6～12mm 的圆钢；2—主间隙；3—辅助间隙

管式避雷器实质上是一个具有较高灭弧能力的保护间隙，其结构如图 6-17 所示。它由装在产气管的内部间隙（由棒形电极和环形电极构成）和外部间隙组成。当线路遭受雷击时，管式避雷器外部间隙和内部间隙击穿，将雷电流泄入大地，接着工频续流在内部间隙处发生强烈电弧，使产气管内壁材料燃烧，产生大量气体，管内压力升高，气体在高压作用下由环形电极开口喷出，形成强烈的纵吹作用，在工频交流电流第一次过零时电弧熄灭。这时外部间隙恢复了绝缘，使管式避雷器与系统隔开，恢复系统正常运行。

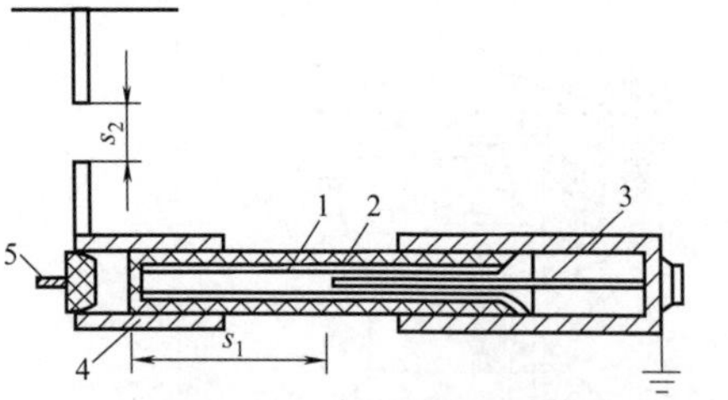


图 6-17　管式避雷器

1—产生管；2—胶木管；3—棒形电极；4—环形电极；5—动力指示器；$s_1$—内间隙；$s_2$—外间隙

管式避雷器一般只用于户外线路，变配电所内一般采用阀式避雷器。

③ 金属氧化物避雷器　金属氧化物避雷器又称压敏避雷器，它是一种由压敏电阻片构成的新型避雷器。压敏电阻片以氧化锌（ZnO）为主要原料，附加少量其他金属氧化物，经高温焙烧而成为多晶半导体陶瓷元件。它具有优良的阀特性，在工频电压下呈现极大的电阻，能迅速有效地抑制工频续流；而在过电压下，其电阻又变得很小，能很好地泄放雷电流。金属氧化物避雷器体积小，重量轻，结构简单，残压低，响应迅速，是一种很有发展前途的过电压保护设备。

### 6.3.4　防雷保护

工厂变配电所的防雷保护有两个重要方面，即对直击雷的防护和由线路侵入的过电压的防护。运行经验表明，装设避雷针和避雷线对直击雷的保护是很有效的，但是沿线路侵入的雷电波造成的雷害事故相当频繁，所以必须装设避雷器加以防护。

（1）架空线路的防雷保护

架空线路的防雷保护可以从以下几个方面考虑。

① 装设避雷线　装设避雷线是以防线路遭受直击雷击。避雷线的装设，一般按线路电压等级和其他具体情况考虑。63kV 及以上的架空线路需沿全线装设避雷线；35kV 的架空线路一般只在经过人口稠密区或进出变电所的一段线路上装设；而 10kV 及以下线路上一般不装设避雷线。

② 加强线路绝缘或装设避雷器　加强线路绝缘或装设避雷器是以防线路绝缘闪络。为使架空线路杆塔或避雷线遭受雷击后线路不致发生闪络，应设法改善避雷线的接地，或适当加强线路绝缘，或在绝缘薄弱点装设避雷器。对于 10kV 线路，可采用高一电压等级的绝缘

子或瓷横担；也可在三角形排列的顶线绝缘子上加装保护间隙（图 6-18），并利用顶线兼作防雷保护线。当雷击时，顶线承受雷击，击穿保护间隙，对地泄放雷电流，从而保护了下面两相导线。对于架空线路上个别绝缘薄弱点，如跨越杆、转角杆、分支杆、带拉线杆等，可装设管式避雷器或保护间隙。

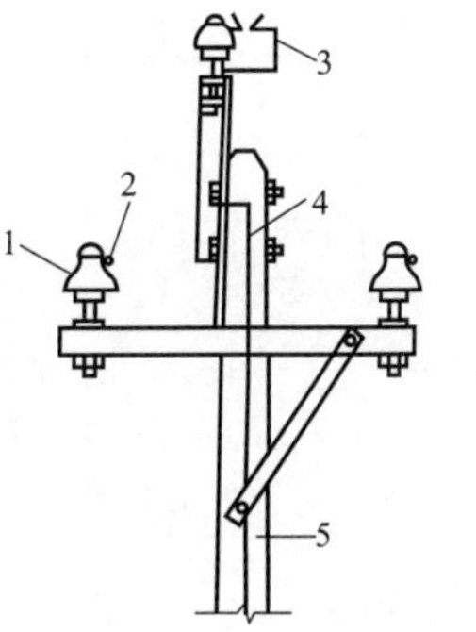

图 6-18　顶线绝缘子附加保护间隙

1—绝缘子；2—架空导线；3—保护间隙；4—接地引下线；5—支柱（电杆）

③ 装设自动重合闸装置（ARD）　为使架空线路在雷击而跳闸时也能迅速恢复供电，可装设自动重合闸装置，或采用双回路及环形供电。

以上对高压架空线路的防雷保护，应全面考虑线路的重要程度、沿线地带雷电活动情况、地形地貌特点等因素，进行经济技术比较，因地制宜，合理采用。

④ 低压架空线路的防雷保护　为防止雷击低压架空线路时雷电波侵入建筑物，对低压架空进出线，应在进出处装设避雷器，并与绝缘子铁脚、金具连在一起接到电气设备的接地装置上。当多回路进出线时，可仅在母线或总配电箱处装设一组避雷器，但绝缘子铁脚、金具仍需接到接地装置上。进出建筑物的架空金属管道，在进出处应就近接到接地装置上或者单独接地。

（2）变配电所的防雷保护

① 装设避雷针或避雷线　用来保护整个变配电所，使之免遭直接雷击。如果变配电所在附近高大建（构）筑物上的避雷针保护范围以内或变配电所本身为室内型，不必另考虑直击雷的保护。

② 高压侧装设阀式避雷器　主要用来保护变电所的主变压器，以免雷电冲击波沿高压线路侵入变电所，损坏主变压器。为此要求避雷器应尽量靠近变压器安装，其接地线应与变压器低压侧接地中性点及金属外壳连在一起接地，如图 6-19 所示。图 6-20 是 6～10kV 配电装置对雷电波侵入的防护接线示意图。在每路进线终端和母线都装有阀式避雷器。如果进线是具有一段引入电缆的架空线路，则阀式避雷器或排气式（管式）避雷器应装在架空线路终端的电缆头处。

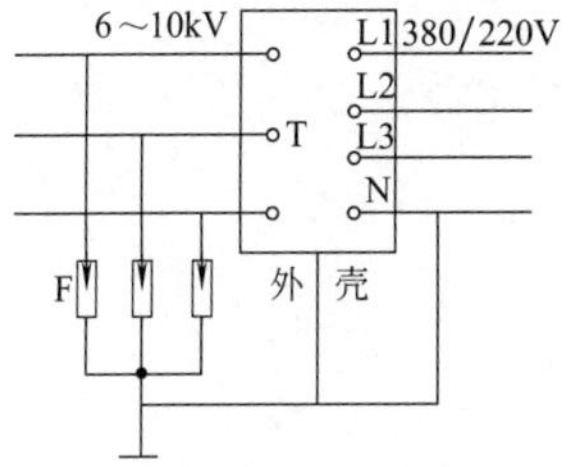

图 6-19　电力变压器的防雷保护及其接地系统

T—电力变压器；F—阀式避雷器

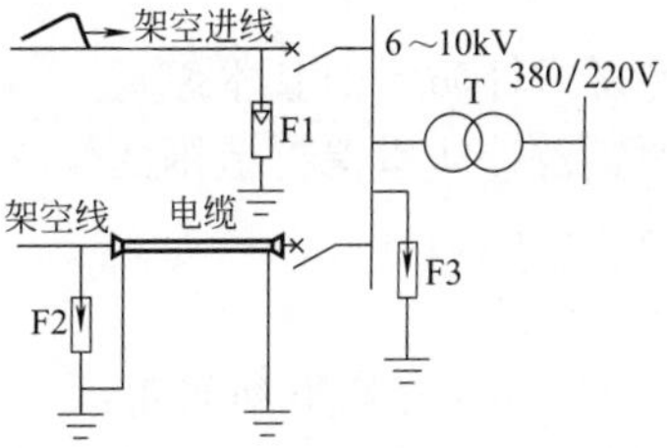

图 6-20　高压配电装置防护雷电波侵入示意图

F1、F2—排气式或阀式避雷器；F3—阀式避雷器

③ 低压侧装设阀式避雷器或保护间隙　这主要是在多雷地区用来防止雷电波沿低压线路侵入而击穿变压器的绝缘。当变压器中性点不接地时，其中性点可装设阀式避雷器或保护间隙。

（3）高压电动机的防雷保护

高压电动机的定子绕组是采用固体介质绝缘的，其绝缘水平比变压器低。加之长期运行后，固体绝缘介质可能受潮、腐蚀和老化，会进一步降低其耐压水平。因此高压电动机对雷

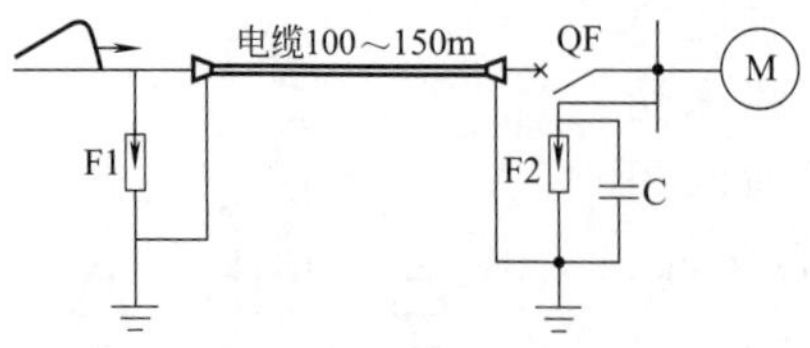

图 6-21　高压电动机的防雷保护接线示意图
F1—排气式避雷器或普通阀式避雷器；
F2—磁吹阀式避雷器

电波的防护，不能采用普通的阀式避雷器，而要采用专门用于保护旋转电机的FCD型磁吹阀式避雷器或具有串联间隙的金属氧化物避雷器。

对于定子绕组中性点能引出的高压电动机，可在中性点装设上述两种之一的避雷器。

对于定子绕组中性点不能引出的高压电动机，可采用图6-21所示接线。为降低沿线路侵入的雷电波波头陡度，减轻其对电动机绕组的危害，可在电动机前加一级引入电缆，并在电缆头处安装一组排气式（管式）或阀式避雷器，利用雷电流将避雷器F1击穿后的集肤效应，可大大减少流过电缆芯线的雷电流。同时在高压电动机入口前母线上安装一组并联电容器C（0.25～0.5$\mu$F），则可降低母线上雷电冲击波陡度。

（4）建筑物的防雷保护

工厂中的建筑物按其重要性、使用性质、发生雷击事故的可能性及其后果，分为下列三类。

① 第一类防雷建筑物　对于工业建筑物为：因电火花而引起爆炸，会造成巨大破坏和人身伤亡的建筑物。

② 第二类防雷建筑物　对于工业建筑物为：电火花不易引起爆炸或不致造成巨大破坏和人身伤亡的建筑物。对于一般民用建筑物为：年预计雷击次数大于0.3次/年的建筑物。

③第三类防雷建筑物　除第一、二类防雷建筑物以外的需要进行防雷保护的一般工业建筑物（如厂房、工业烟囱等）和一般民用建筑物（如住宅楼、办公楼及烟囱、水塔等孤立的高耸建筑物）。

按国家标准有关规定，第一类防雷建筑物和第二类防雷建筑物中有爆炸危险的场所，应有防直击雷、防感应雷和防雷电波侵入的保护措施；第二类防雷建筑物（除有爆炸危险者外）及第三类防雷建筑物，应有防直击雷和防雷波侵入的保护措施。

对其他不需装设防直击雷装置的建筑物，只要求在进户处或终端杆上将绝缘子铁脚接地。

## 技能训练　避雷针保护范围的计算

（1）实训目标

① 熟悉避雷针防雷的基本原理。

② 掌握避雷针防雷保护范围的计算方法。

③ 提高运算能力。

（2）训练内容

以做习题的方式完成下列问题：

① 某厂有一变电所为第二类防雷建筑物，高10m，其屋顶最远一角距离高50m的烟囱为15m，烟囱上装有一根2.5m高的避雷针。试验算此避雷针能否保护这个变电所？

② 某石油化工厂的柴油储存罐，属第一类防雷建筑物，该储存罐为圆柱体，直径为5m，高出地面6m，拟定由单根避雷针作为其防雷保护，要求避雷针距离油罐5m，试计算避雷针的高度不应低于多少？

（3）训练注意事项

① 每个同学独立完成实训内容。

② 每个问题的演算过程必须清晰列出。

③ 演算结果必须写出明确的结论。

（4）技能评价

每题50分，合计100分，每题的评分标准如下，如有错误时酌情扣分。

① 掌握式（6-1）中各字母 $r_x$、$h_r$、$h_x$、$h$ 的含义，给10分。

② 会用式（6-1），代入数字正确，给15分。

③ 能正确算出结果，给15分。

④ 能根据计算结果得出正确结论，给10分。

## 【思考与练习】

（1）雷电过电压的基本形式有哪几种？

（2）防止直击雷过电压和雷电波侵入，通常各用什么防雷设备？

（3）防雷的主要设备有哪些？

（4）架空线路的防雷保护，主要采取哪些措施？

（5）变配电所的防雷保护，主要采取哪些措施？

（6）建筑物的防雷保护，主要采取哪些措施？

# 6.4 电气防火

**能力目标**

① 了解电气火灾的发生原因。

② 掌握电气火灾的扑灭方法。

③ 掌握电气火灾的预防措施。

④ 学会使用灭火器。

### 6.4.1 电气装置运行状态

从电气防火角度观察，电气装置的运行状态可分为正常运行状态、故障运行状态和电气火灾隐患状态，每种运行状态有不同的基本特征。

（1）电气装置正常运行状态

正常运行状态的基本特征是各项技术参数，如电压、电流、有功功率、功率因数、频率和绝缘电阻等符合运行规程的技术规定，满足电气装置安全、可靠和稳定运行的技术要求，能够为用户提供质量合格的电能。

（2）电气装置故障运行状态

故障运行状态的基本特征是某些技术参数不符合运行规程的技术规定，未能满足安全、可靠和稳定的技术要求，将会造成人身遭受电击或电气设备损坏。这种情况下，电气装置必须立即停止运行并及时进行检修。

（3）电气装置火灾隐患状态

火灾隐患状态也是一种故障状态，其基本特征除了某些技术参数不符合运行规程的技术规定外，还具有引发电气火灾的各种可能性，或者说已经具备了形成电气火灾的基本条件。如果不及时发现和采取相应有效的技术措施进行整改，可能形成电气引燃源，形成电气火灾。

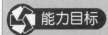

以上电气装置运行状态的分类方法，反映了电气装置运行中的实际情况，有助于对电气火灾隐患的检测。

### 6.4.2 电气火灾的成因

电气火灾是由于电火种引起的火灾。电火种是电荷通过电力线路和电气设备形成的火种。电火种有电气火种、静电火种和雷电火种等三类。由电气火种引起的电火灾叫电气火灾。静电和雷电的放电具有短时性，故静电火灾和雷电火灾与普通火灾没有什么区别，唯有电气火灾因电流的持续性，起火后设施可能仍然带电，因而与其他火灾有一定区别。

电气火种又可分为三类。

① 导体过热类火种　具体来源有：由于线路设备选用不正确、安装不合格、绝缘老化、保护设施不完善等原因引起的短路；由于线路设备选用不正确、安装不合格、生产机械过载、电动机单相运行、擅自增加用电设备、环境温度升高、电压过低等原因引起的过载。

② 电火花类火种　由于开闭电路、过电压击穿、事故状态产生的电弧和电火花形成的火种。

③ 油浸变压器及开关电器爆炸形成的火种。

### 6.4.3 电气火灾的扑灭

电气火灾对国家和人民生命财产有很大威胁，电气防火应贯彻预防为主的方针，防患于未然。同时，还要做好扑救电气火灾的充分准备。用电单位发生电气火灾时，应立即组织人员使用正确方法进行扑救，同时向消防部门报警，并立刻报告电力部门。

火灾发生后电气设备和电气线路可能是带电的，如不注意，可能引起触电事故。根据现场条件，可以断电的应断电灭火，无法断电的则带电灭火。电力变压器、多油断路器等电气设备充有大量的油，着火后可能发生喷油甚至爆炸事故，造成火焰蔓延，扩大火灾范围，这是必须加以注意的。

(1) 电气火灾的扑救常识

① 扑灭电气火灾的安全措施　当发生电气火灾时，应该先切断电源再进行扑救，以防造成触电事故。切断电源时要注意：

a. 应使用绝缘工具按照规程所规定的程序进行操作，严防带负荷拉闸；

b. 当低压断路器距火灾现场较远时，可采用剪断导线的方法切断电源，剪断不同相的导线时，断口不能在同一部位，防止导线剪断后造成接地短路或触电事故；

c. 如果夜间发生电气火灾，在切断电源的同时还要考虑照明问题。

② 灭火的基本方法　人们根据长期灭火的经验，总结出一些灭火措施，其意义都是为了破坏已经具备的燃烧条件。一般有以下几种灭火方法：

a. 隔离法　其灭火原理是使燃烧物和未燃烧物隔离，限制灭火范围；

b. 窒息法　其灭火原理是稀释燃烧区的氧气含量，隔绝新鲜气体进入燃烧区；

c. 冷却法　其灭火原理是将燃烧物体的温度降低至燃点以下，从而停止燃烧；

d. 抑制法　其灭火原理是覆盖火焰，中断燃烧的连锁反应。

(2) 断电灭火

电气设备或电气线路发生火灾，如果没有及时切断电源，扑救人员身体或所持器械可能接触带电部分而造成触电事故。使用导电的灭火剂，如水枪射出的直流水柱、泡沫灭火器射出的泡沫等射至带电部分，也可能造成触电事故。火灾发生后，电气设备可能因绝缘损坏而碰壳短路；电气线路可能因电线断落而接地短路，使正常时不带电的金属构架、地面等部位带电，也可能导致接触电压或跨步电压触电危险。因此，发现起火后，首先要设法切断电源，力争做到断电灭火，以免在灭火过程中造成触电事故。切断电源应注意以下几点：

① 由于受潮和烟熏，火灾发生后开关设备绝缘能力降低，要采取绝缘防护措施，拉闸

时应用绝缘工具操作；

② 高压系统应防止带负荷拉隔离开关，先操作断路器而不能先操作隔离开关切断电源，低压系统应先操作电磁启动器而不应该先操作刀开关切断电源，以免引起弧光短路；

③ 切断电源的地点要选择适当，防止切断电源后影响灭火工作；

④ 剪断低压线路及空中的电线时，应用绝缘钳在有支持物的地方断开，防止剪断的带电火线落地，造成接地短路和触电事故，断开几根线时，断口应当错开，以免造成短路；

⑤ 对高压线路，应通知供电所拉闸。

断开所有电源后，可使用一般灭火器材灭火。

(3) 带电灭火

无法及时断电或因特殊需要不能断电时，为了争取灭火时间，防止火灾扩大，则需要带电灭火。带电灭火要采取周密的防止触电的安全措施，要戴绝缘手套、穿绝缘靴或穿戴均压服等，谨防消防器材、身体与带电导体接触。同时，还须注意以下几点。

① 应按现场特点选择适当的灭火器　二氧化碳灭火器、干粉灭火器的灭火剂都是不导电的，可用于带电灭火。泡沫灭火器不宜用于带电灭火，因它的灭火剂（水溶液）有一定的导电性，而且对电气设备的绝缘性能有影响。电气火灾时不同灭火器的适用性如表 6-5 所示。

**表 6-5　灭火器在电气火灾时的适用性**

| 灭火类型 | 水型 | 干粉型 | 泡沫型 | 卤代烷型 | 二氧化碳型 |
|---|---|---|---|---|---|
| 带电灭火 | 不适用 | 适用。但干粉会附着在电气设备上形成硬壳，冷却后不易清除 | 不适用 | 适用。不导电，不污染仪器设备 | 适用。不留残渍，不损坏仪器设备 |
| 不带电灭火 | 适用 | | 适用 | | |

② 用水枪灭火时宜采用喷雾水枪，这种水枪流过水柱的泄漏电流小，带电灭火比较安全。用普通直流水枪灭火时，为防止泄漏电流通过水柱进入人体，可以将水枪喷嘴接地，也可以让灭火人员戴绝缘手套、穿绝缘靴或穿戴均压服操作。

③ 人体与带电体之间保持必要的安全距离。用水灭火时，水枪喷嘴至带电体的距离：电压为 10kV 及其以下者不应小于 3m，电压为 220kV 及其以上者不应小于 5m。用二氧化碳等不导电灭火剂的灭火器灭火时，机体、喷嘴至带电体的最小距离：电压为 10kV 者不应小于 0.4m，电压为 35kV 者不应小于 0.6m 等。

④ 对架空线路等空中设备进行灭火时，人体位置与带电体之间的仰角不应超过 45°。

(4) 充油电气设备的灭火

充油电气设备内填充的油，其闪点多在 130～140℃间，有较大的危险性。如果只在该设备外部起火，可用二氧化碳、干粉灭火器带电灭火。如火势较大，应切断电源，并可用水灭火。如油箱破坏，喷油燃烧，火势很大时，除切断电源外，有事故储油坑的应设法将油放进储油坑，坑内和地面上的油火可用泡沫扑灭。要防止燃烧着的油流入电缆沟而顺沟蔓延，电缆沟内的油火只能用泡沫覆盖扑灭。

发电机和电动机等旋转电机起火时，为防止轴承变形，可令其慢慢转动，用喷雾水灭火，并使其均匀冷却；也可用二氧化碳或蒸气灭火，但不宜用干粉、砂子或泥土灭火，以免损伤电气设备的绝缘。

对油断路器、油接触器等有油的电气设备，应使用灭火剂和覆盖砂子的方法灭火，严禁用水灭火。

### 6.4.4　电气火灾的预防

(1) 线路防火

要认真检查线路的安装质量，定期检测线路的绝缘状况，正确选用线路的保护电器，防止线路短路起火；正确选择线缆截面，禁止擅加用电设备，监视线路运行情况，防止线路过载起火；导线绞合要牢固，接线螺母应旋紧，铜铝连接有过渡，电气触点要维修，防止接触电阻过大发热起火。

（2）电动机防火

电动机选型要适应环境，机座采用不可燃材料，要装设过负荷保护，并经常监测单相运行，经常除灰清洗，保持电刷完整，注意检测电机绝缘。

（3）变压器防火

变压器安装要符合防火规定（耐火建筑物，挡油设施，储油池），油箱盖上设防爆管，油温超限要减负荷（上层油温85℃为限），继电保护符合要求，定期进行预防试验。

（4）油断路器防火

油断路器的断流容量要与系统短路容量相适应，油面位置要恰当，不能过低或过高（位于油标两红线之间，否则都有燃烧、爆炸危险）。安装要符合防火规定，并加强监测、管理和检修。

（5）电缆头防火

要保证电缆头施工质量，防止潮气侵入；发现漏油应及时修复。

（6）低压设备防火

低压开关选型、安装要合理，接线要牢固，底板要防火。低压屏木结构者应采用耐火盘面，铁结构者应接地，元件布局合理，布线规范。熔断器选择合理，基座不可燃。电灯远离可燃物，电热设备使用有人管，人走不使用。

**6.4.5 常用灭火器**

（1）泡沫灭火器

① 灭火原理　是利用硫酸或硫酸铝与碳酸氢钠作用释放出二氧化碳的原理而制成的。其中加入甘草根汁等化学药品形成泡沫，浮在固体和液体燃烧物的表面，可起到隔热、隔氧的作用而使燃烧停止。

②适用范围及使用方法　适用于扑灭油类及一般物质引起的火灾。使用时，一手握住握把，另一只手握住筒身的底部，将灭火器颠倒过来，喷嘴对准火源，用力摇晃几下即可喷射。

（2）二氧化碳灭火器

① 灭火原理　二氧化碳是一种常用的电气火灾灭火剂，它是一种惰性气体，不导电。当二氧化碳喷射时，体积会扩大400～700倍，强烈的吸热冷却凝结成霜状干冰，而干冰在燃烧区又变为气体，吸热降温并且使燃烧物体隔离空气，从而达到灭火的目的。

② 适用范围及使用方法　适用于扑救600V以下的各种带电设备火灾，扑救油类火灾的效果也很好。使用时，一手握住喷筒对准火源，另一只手拔去安全保险销，打开开关即可喷射。

（3）干粉灭火器

① 灭火原理　常用的干粉不导电，可在着火区域内覆盖燃烧物并与其发生反应，产生二氧化碳和水蒸气，具有隔热、吸热和阻隔空气的作用，从而使燃烧不能进行。

② 适用范围及使用方法　适用于扑救可燃气体、液体、忌水物质及10kV以下的高压电气火灾；还适宜扑救泡沫油类火灾。使用时拔去灭火器的保险，让喷嘴对准火焰根部，将粉末喷射覆盖在燃烧物体上，而达到灭火的目的。

（4）1211灭火器（二氟一氯一溴甲烷灭火器，也叫卤代烷灭火器）

① 灭火原理　这是一种高效、低毒、腐蚀性小、灭火后不留痕迹、不导电、使用安全、储存期长的新型优良灭火器。其灭火原理主要是抑制燃烧并且有一定的冷却和窒息效果。

② 适用范围及使用方法　适用于扑灭油类、仪器及文物档案等贵重物品发生的火灾。使用时，先要拔去保险销或撕去铝封，然后将喷嘴对准火源，紧紧握住手柄压下开关，灭火剂就会喷出。

## 技能训练 灭火器的使用

(1) 训练目标

① 掌握灭火器类型的选择方法，能正确使用灭火器进行灭火。

② 熟练掌握灭火的常用方法，能在扑灭火灾的同时保障自身的安全。

③ 培养良好的职业道德和职业习惯，安全文明生产。

(2) 训练器材

各类灭火器若干，大铁锅，燃烧材料（油类、干柴等）。

(3) 情景设计

① 设置发生火灾的现场。

② 学生每4人分成一组，轮流使用灭火器进行灭火。

(4) 训练步骤

① 工作前工具、材料的准备。

② 确定灭火方案，选择灭火器。

③ 使用灭火器进行灭火。

④ 灭火后清理现场，整理灭火材料。

(5) 技能评价

**灭火器的使用技能考核评分表**

姓名：______ 组别：______ 考核时间：2分钟

| 序号 | 考核内容 | 评分要素 | 配分 | 评分标准 | 扣分 | 得分 | 备注 |
|---|---|---|---|---|---|---|---|
| 1 | 准备工作 | 灭火器材及燃烧材料准备齐全<br>穿工作服、绝缘胶鞋，戴安全帽 | 10 | 少准备一件扣2分<br>少穿戴一样扣5分 | | | |
| 2 | 确定灭火方案 | 正确选择灭火器的类型 | 20 | 灭火器拿错扣10分 | | | |
| 3 | 使用灭火器灭火 | 正确使用灭火器灭火 | 40 | 未拔保险销扣5分<br>该倒置灭火器未倒置灭火的扣5分；该摇晃灭火器未摇晃灭火的扣5分<br>灭火剂该对准火源的未对准扣5分<br>灭火剂该对准火焰根部的未对准扣5分 | | | |
| 4 | 清理现场 | 灭火后清理现场，察看是否有余火 | 10 | 未清理现场扣10分<br>发现有余火的扣5分 | | | |
| 5 | 清理灭火器 | 清理灭火器 | 10 | 未清理灭火器扣10分 | | | |
| 6 | 安全文明操作 | 遵守安全操作规程 | 10 | 每违反规定扣5分；严重违规停止操作，并从总分中再扣10分 | | | |
| 7 | 考核时限 | 在规定时间内完成 | | | | | |
| 合计 | | | 100 | | | | |

评分员： 核分员： 年 月 日

## 【思考与练习】

(1) 灭火的基本方法有哪几种？

(2) 如何带电灭火？如何对充油设备进行灭火？

(3) 电气火灾的预防主要考虑哪些方面？

# 参考文献


［1］ 李友文.工厂供电技术［M］.北京：化学工业出版社，2012.
［2］ 胡光甲.工厂电器与供电［M］.北京：中国电力出版社，2004.
［3］ 梁慧敏，张奇，白春华.电气安全工程［M］.北京：北京理工大学出版社，2010.
［4］ 诸笃运.供用电技术项目教程［M］.北京：机械工业出版社，2013.
［5］ 杨一平.供配电技术［M］.郑州：黄河水利出版社，2011.
［6］ 王晓文.供用电系统［M］.北京：中国电力出版社，2011.
［7］ 邓自力.变电设备安装工［M］.北京：化学工业出版社，2006.
［8］ 黄永铭.电动机与变压器维修［M］.北京：高等教育出版社，2002.
［9］ 朱宝林.变电运行值班技能考核问答［M］.北京：中国电力出版社，2008.
［10］ 孙琴梅.工厂供配电技术［M］.北京：化学工业出版社，2012.
［11］ 刘介才.工厂供电［M］.北京：机械工业出版社，2009.
［12］ 黄林根，吴卫国，熊杰.电气设备运行与维修［M］.南京：河海大学出版社，2005.